新曲綫 New Curves | 用心雕刻每一本......

用心字里行间　雕刻名著经典

心理学与生活

第20版

第1册

行为的生物学基础与感知觉

[美] 理查德·格里格 著

王 垒 等译

人民邮电出版社

北 京

图书在版编目（CIP）数据

心理学与生活：第 20 版 . 第 1 册，行为的生物学基础与感知觉 /（美）理查德 · 格里格著；王垒等译 .
北京：人民邮电出版社，2024. 10. -- ISBN 978-7-115-64638-5

Ⅰ . B84-49

中国国家版本馆 CIP 数据核字第 2024YC6844 号

心理学与生活（第 20 版，第 1 册）

◆ 著　［美］理查德 · 格里格
译　王　垒等
策　划　刘　力　陆　瑜
特约编审　谢呈秋
责任编辑　刘冰云　蔡　祎
装帧设计　陶建胜

◆ 人民邮电出版社出版发行　北京市丰台区成寿寺路 11 号
邮编　100164　电子邮件　315@ptpress.com.cn
网址　http://www.ptpress.com.cn
电话（编辑部）010-84931398　（市场部）010-84937152
北京奇良海德印刷股份有限公司印刷
新华书店经销

◆ 开本：710 × 1000　1 /16
印张：20.25
字数：280 千字　2024 年 10 月第 1 版　2024 年 10 月第 1 次印刷

著作权合同登记号　图字：01-2023-4782

定价：88.00 元

本书如有印装质量问题，请与本社联系　电话：(010) 84937152

本书的翻译工作由北京大学心理与认知科学学院19位教授通力合作完成，各部分的译者依序为：

第1册

- **前　言** 王垒 教授

第1章
- **生活中的心理学** 王垒 教授

第2章
- **心理学的研究方法** 朱滢 教授、毛利华 副教授

第3章
- **行为的生物学和进化基础** 沈政 教授

第4章
- **感觉与知觉** 吴艳红 教授、韩世辉 教授

第5章
- **心理、意识和其他状态** 苏彦捷 教授

第2册

第6章
- **学习与行为分析** 包燕 副教授

第7章
- **记忆** 耿海燕 教授

第8章
- **认知过程** 张亚旭 副教授

第9章
- **智力与智力测量** 杨炯炯 副教授

第3册

第10章
- **人的毕生发展** 周晓林 教授

第11章
- **动机** 方方 教授、肖健 教授

第12章
- **情绪、压力与健康** 王垒 教授、吴艳红 教授

第13章
- **理解人类人格** 谢晓非 教授、毛利华 副教授

第4册

第14章
- **心理障碍** 甘怡群 教授

第15章
- **心理治疗** 钱铭怡 教授

第16章
- **社会心理学** 侯玉波 副教授、张智勇 副教授

图 1.1　分析水平

假如你要约一位朋友在这幅画前和你见面。你会如何描述这幅画？假如你的朋友想要精确复制这幅画，你会如何描述它？

（见正文第 6 页）

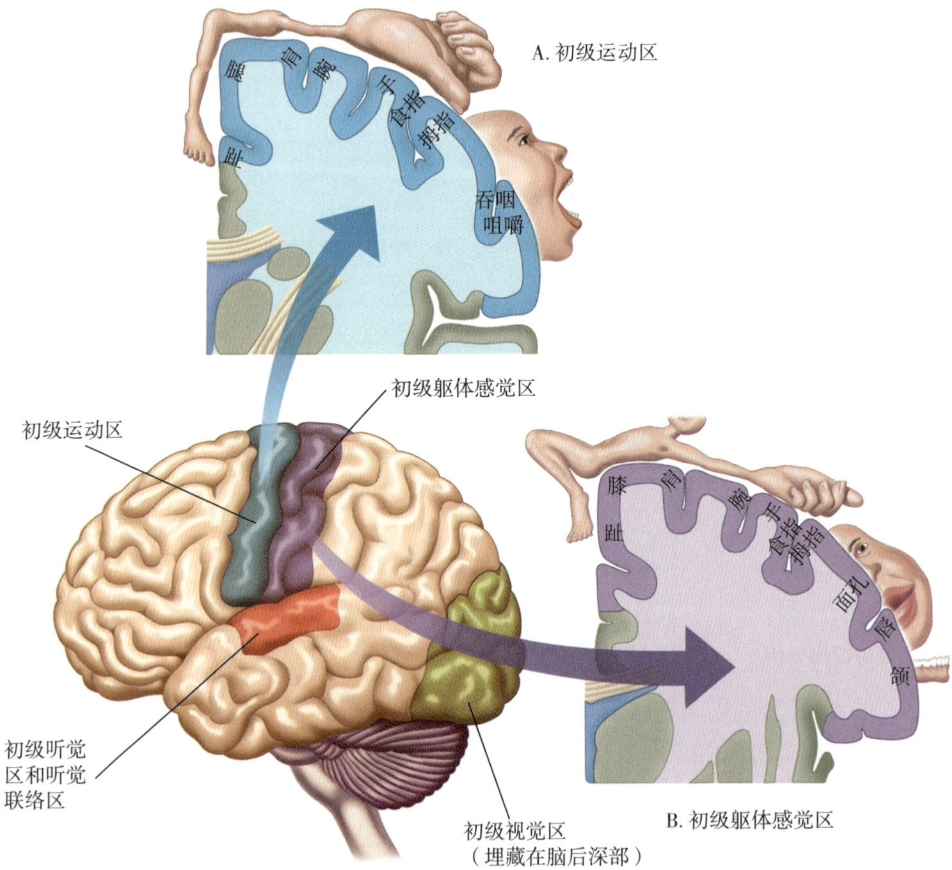

图 3.18　运动和躯体感觉皮层

身体的不同部位对于环境刺激和脑控制的敏感性各不相同。身体特定部位的敏感性与专门负责该部位的大脑皮层的大小有关联。如图所示，图中的身体部位画得越大，表示专门负责该部位的大脑皮层越大，同时对环境刺激也越敏感，脑对其运动的控制程度也越高。（见正文第 129 页）

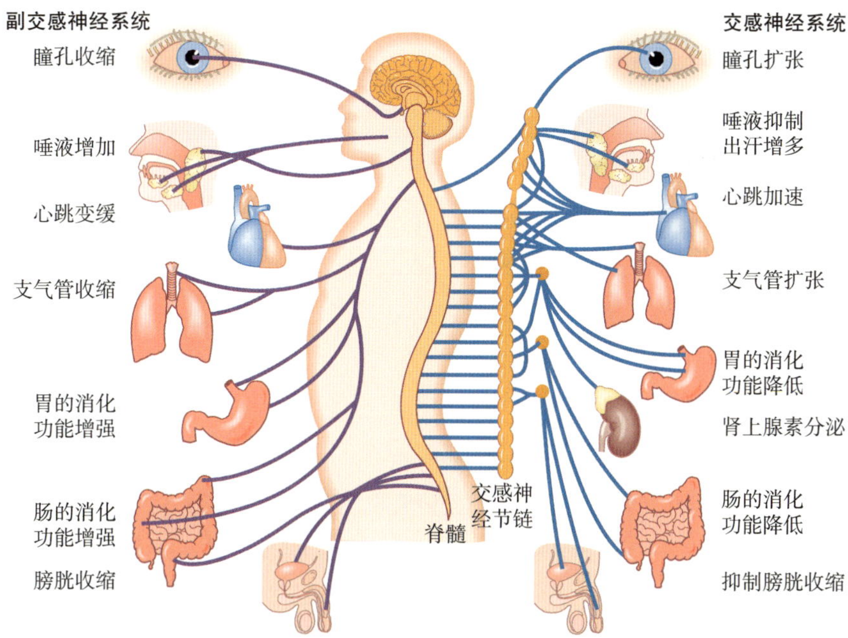

图 3.13　自主神经系统

副交感神经系统调节日常的内部过程和行为，在图左边显示。交感神经系统调节应激情境下的内部过程和行为，在图右边显示。请注意交感神经系统的神经纤维从脊髓发出或传入脊髓的途中，会连接到神经节，即特化的神经链簇。（见正文第 124 页）

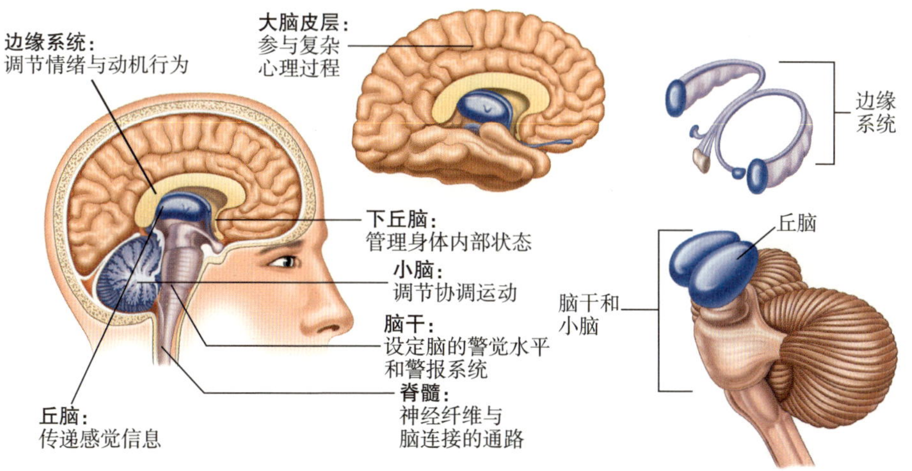

图 3.14　脑结构

脑包括以下主要组成部分：脑干、小脑、边缘系统和大脑皮层。这些组成部分以错综复杂的方式联结在一起。（见正文第 124 页）

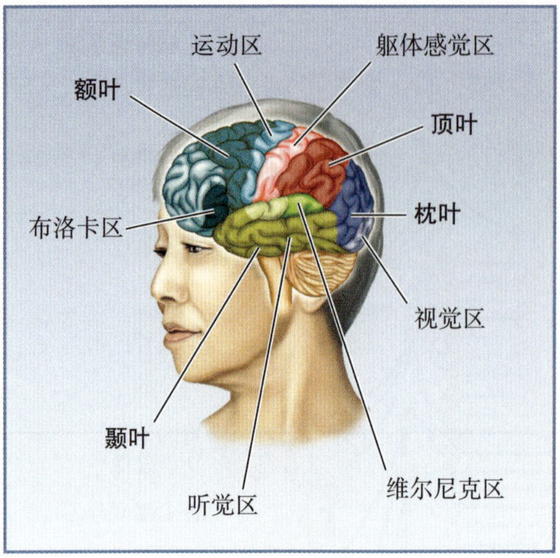

图 3.17　大脑皮层

大脑皮层的每个半球均含四个脑叶，每个脑叶的特定部位与不同的感觉和运动功能相关。（见正文第 127 页）

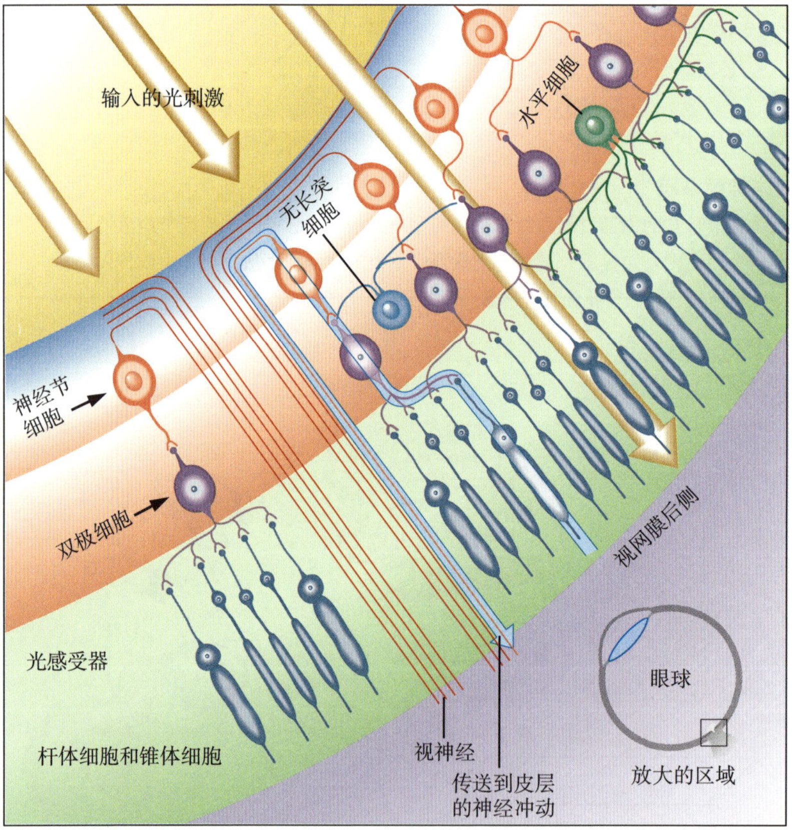

图 4.7　视网膜神经通路

这是一幅高度简化的非写实示意图，图中显示了连接视网膜上三层神经细胞的通路。光线经过所有这些细胞层到达位于眼球后部远离光源的感受器。请注意，双极细胞从不止一个感受器细胞收集冲动信号，并把结果发送给神经节细胞。来自神经节细胞的神经冲动（蓝色箭头）离开眼睛，通过视神经到达下一个中继点。（见正文第 158 页）

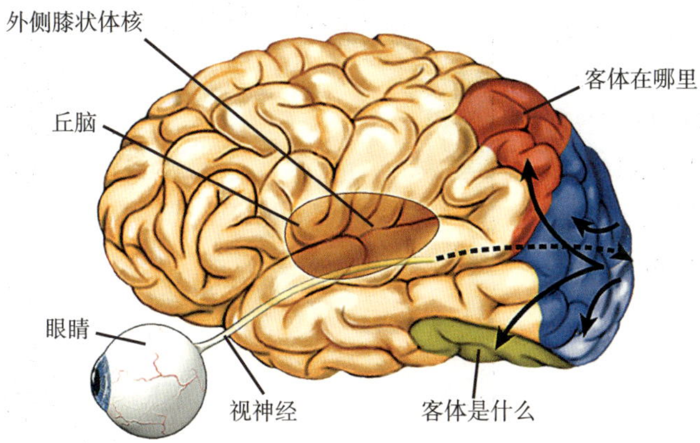

图 4.10　到达皮层的视觉通路

眼睛收集的视觉信息通过外侧膝状体核——丘脑内的一个结构——到达大脑皮层。视觉信号到达大脑皮层的不同区域，有的区域加工视觉世界"是什么"的信息，有的加工"在哪里"的信息。（见正文第 161 页）

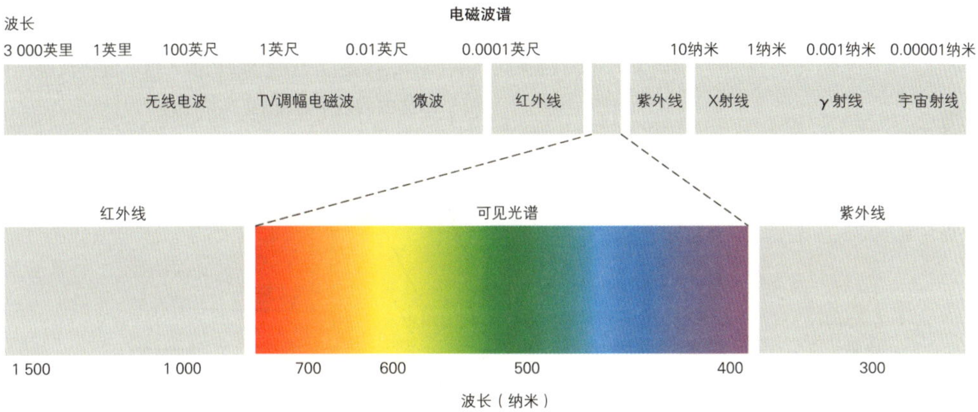

图 4.13　电磁波谱

视觉系统只能感觉到电磁波谱中一个很小的波长范围。你能感受到的波长范围在图中被放大，即从紫色到红色的区域。（见正文第 164 页）

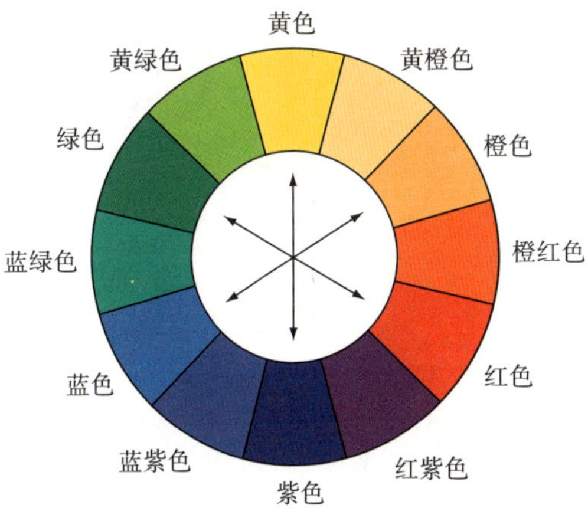

图 4.14　色环

基于相似性对颜色进行排列。互补色处于直接相对的位置。互补的色光混合产生白光。（见正文第 165 页）

图 4.15　颜色的视觉后像

注视绿、黑、黄三色旗中间的圆点至少 30 秒。然后盯着一张白纸或者一面白墙的中央。让你的朋友也尝试一下这种视觉后效错觉。（见正文第 166 页）

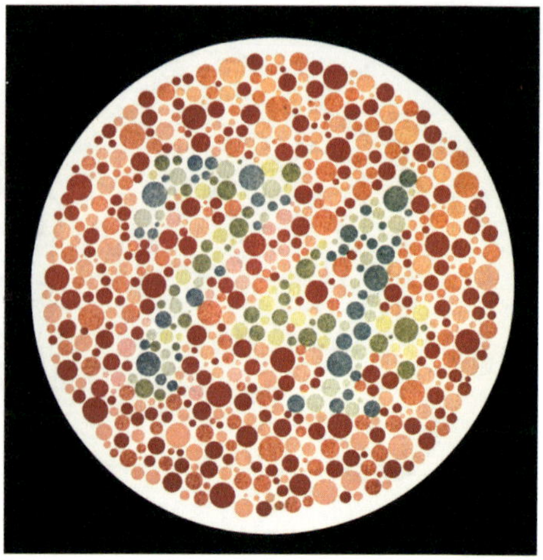

图 4.16　色盲测试

一个不能区分红色和绿色的人将不能辨认隐含在图片中的数字。（见正文第 167 页）

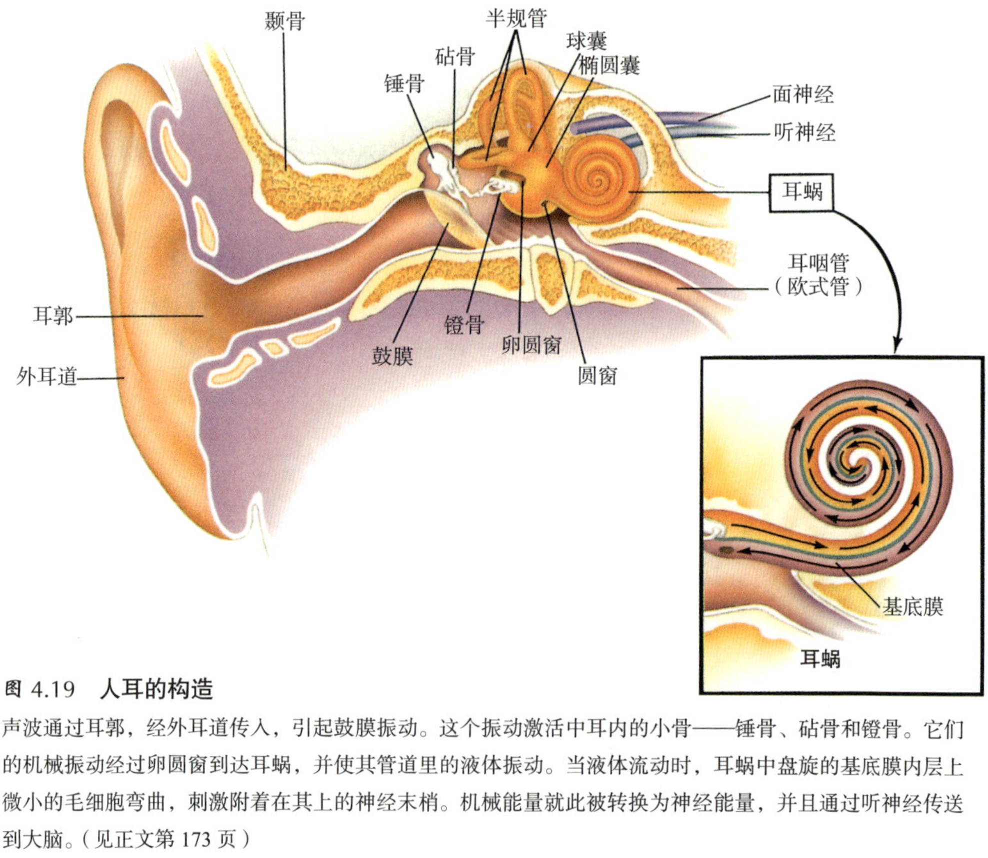

图 4.19　人耳的构造

声波通过耳郭，经外耳道传入，引起鼓膜振动。这个振动激活中耳内的小骨——锤骨、砧骨和镫骨。它们的机械振动经过卵圆窗到达耳蜗，并使其管道里的液体振动。当液体流动时，耳蜗中盘旋的基底膜内层上微小的毛细胞弯曲，刺激附着在其上的神经末梢。机械能量就此被转换为神经能量，并且通过听神经传送到大脑。（见正文第 173 页）

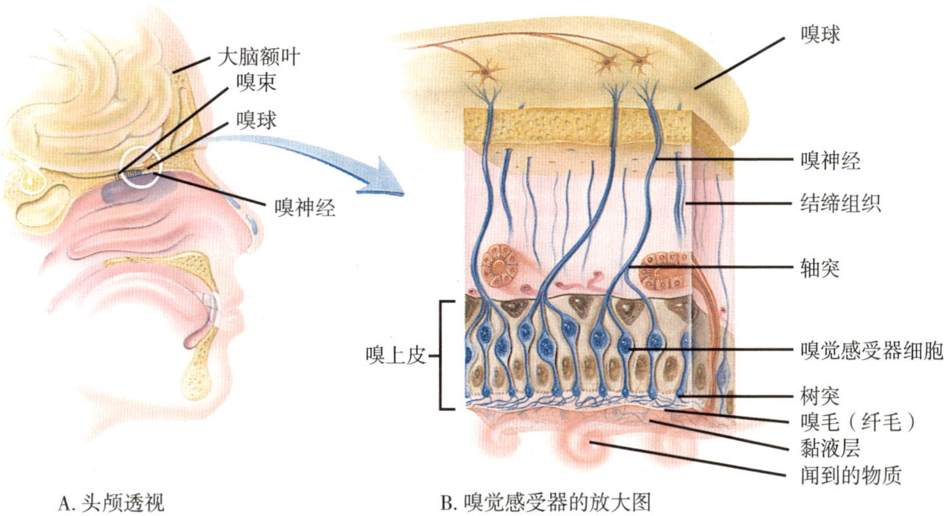

图 4.21　嗅觉感受器

鼻腔中的嗅觉感受器细胞受到环境中的化学物质刺激，它们将信息传递给大脑中的嗅球。（见正文第 178 页）

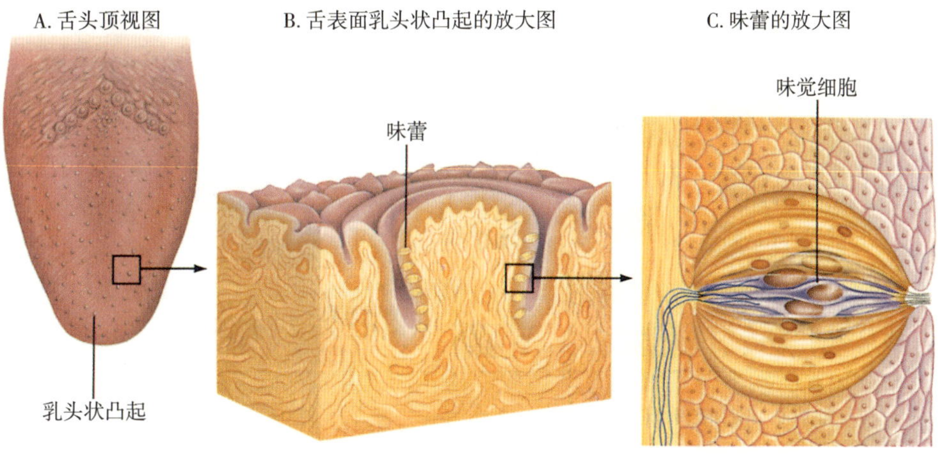

图 4.22　味觉感受器

图中 A 部分表示舌头上方乳头状凸起的分布。图中 B 部分表示放大的单个乳头，由此可以看见单个味蕾。图中 C 部分表示放大的味蕾。（见正文第 180 页）

图 4.39　艺术中的歧义

上图是萨尔瓦多·达利的作品《奴隶市场和消失的伏尔泰半身像》。你能发现伏尔泰吗？达利是在作品中使用歧义的众多现代艺术家中的一个。（见正文第 210 页）

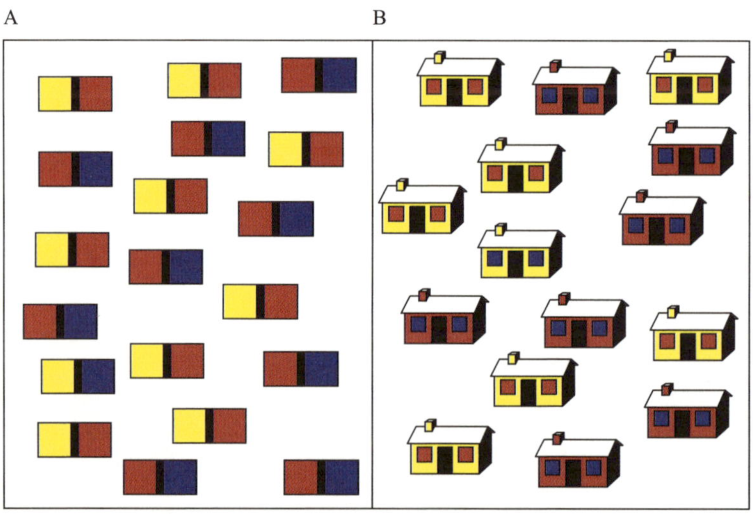

图 5.1　搜索两种颜色的组合

（A）找到有黄色和蓝色的物品。（B）找到有蓝色窗户的黄色房子。（A）当颜色的组合发生在一个物品的两个部分之间时，搜索的效率是很低的。（B）然而，当颜色的组合发生在整体物品及其某一部分之间时，搜索就容易得多了。（见正文第 228 页）

内容提要

《心理学与生活》是心理学导论类教材的典范之作，半个多世纪以来，在全世界心理学界一直享有盛誉。1937 年，美国斯坦福大学的弗洛伊德·鲁赫（Floyd L. Ruch）博士撰写了本书的第 1 版，大获成功，并独自修订至第 7 版。从第 8 版起，被誉为“当代心理学的声音和面孔”的美国社会心理学家菲利普·津巴多（Philip G. Zimbardo）开始加入本书的作者团队，并自第 9 版起成为第一作者。进入 21 世纪，认知心理学硕果累累，日益成为心理学的主流方向。为了使这部经典之作永立时代的潮头，自第 14 版始，津巴多教授盛情邀请耶鲁大学的认知心理学大家理查德·格里格（Richard J. Gerrig）加入，作为本书的第二作者。自第 16 版始，格里格任第一作者，主持本书的修订工作，并在最新的第 20 版成为唯一作者。

我国心理学界许多教师多年来一直将本书作为教材或主要教学参考书，北京大学自 1990 年起就一直采用本书作为普通心理学课程的教材。怀着对我国心理学基础教育和普及的使命感，北京大学心理与认知科学学院（原心理学系）19 位教授通力合作，每人根据自己的研究专长和兴趣，各选取一部分进行了精心翻译。正如时任北大心理学系主任的王垒教授所言：“这部教材的翻译是北大心理学系教授们集体智慧和团队凝聚力的结晶。”《心理学与生活》中译本（第 16 版和第 19 版）在国内出版 20 年来，累计发行突破 150 万册，赢得了广大心理学师生和普通读者的喜爱和认可。

第 20 版既反映了心理学的最新研究进展，也延续了本书一贯的传统——将最重要的心理学见解应用于生活中。相比于第 19 版，第 20 版有了大幅的修订，新增了近 120 个贯穿全书的“研究特写”，新增或修订了“生活中的心理学”与“生活中的批判性思维”两个专栏的主题或内容，更新了数万字正文内容和数百篇参考文献，以反映心理学领域日新月异的发展成果。同时，译者团队和编辑团队以更高更严苛的标准，对原文和译文分别进行了精心翻译和编辑。

由于原书部头比较大，为了方便读者携带和阅读，更好地满足不同读者的需求，我们将全书分拆为 4 册出版，分别对应原书第 1~5 章、第 6~9 章、第 10~13 章和第 14~16 章。本书为第 1 册，涵盖了心理学的历史回顾和研究方法、行为的生物学和进化基础、感觉与知觉、意识等内容。

目　录

中译本序言

《心理学与生活》第20版中译本即将问世，与广大读者见面了。

就在为这个最新译本写序的前几天，有人问我，如何分散注意力，减少紧张。方法是背诵，比如《滕王阁序》，但如果已经会背了，要改为手写。为什么会背了就要改为写呢？

心理学告诉我们，要分散注意力，就要从事另一项活动，而所从事的活动本身必须能占据足够的注意资源。然而，要占据足够的注意资源，所选的活动不能太熟练，因为那样的话，它几乎可以自动化地进行，无须分配过多的注意力。如果能把《滕王阁序》背得非常熟练，甚至都不用走心，那就不会占用太多的注意力资源，也就起不到分心的作用。

所以，按照心理学的原理，这时可改用手指，以练习书法的方式，在桌面或膝盖上抄写《滕王阁序》。这就不容易了，因为你必须用眼睛紧紧地盯着手，看如何走笔，看清每一笔每一画，看清字的间架结构是否精准。这就需要付诸极大的注意力资源，因为你其实看不到写的任何东西，只是根据走笔的轨迹来判断每一个字写得好不好，这是非常耗神的，也就成功地起到了分心的作用。

这就是一个在现实生活中有效运用心理学解决实际问题的例子。我举这个例子是想告诉每一位读者，心理学就在我们身边，在我们日常生活中的点点滴滴之中，它是一门非常有用的科学。而学好这门科学，需要一本好的教科书。

说起来，《心理学与生活》这本教科书从最初2003年翻译出版第16版，到现在第20版问世，整整过了20年！这前前后后，中国心理学经历了非常不容易的发展，特别是这20年和之前的20年相比，《心理学与生活》的出版好似个分水岭，令人感慨，我不妨就借用《滕王阁序》来解读一下。

从20世纪70年代末恢复高考到21世纪初的20多年里，我国心理学的经历可以说是“命运多舛”，令人有那种“关山难越，谁悲失路之人”“萍水相逢，尽是他乡之客”的感觉。那时候，学心理学的人很是少见，书店里的心理学书籍更是不多，社会公众对心理学的了解少之又少，甚至带有偏见，以为心理学就是算命的，以致一些心理学人都不好意思向周围的人披露自己是学心理学的。那时，心理学资料相当匮乏，好的心理学教科书一部难求。在那个年代，选择和坚持心理学确实不容易。它是个冷门儿，而且还遭受歧视。

然而在那个年代，很多心理学人都在不断地坚持，无论是老一辈学者，还是刚入门的新人，正所谓“老当益壮，宁移白首之心”“穷且益坚，不坠青云之志”。在那个氛围下能够坚持下来，真的是因为热爱。

本世纪初以来，也就是近20年，随着中国社会、经济的发展，改革开放的不断深入，特别是中国加入WTO以及成功申办奥运，心理学开始走向一个新时代，“雄州雾列，俊彩星驰”“物华天宝”“人杰地灵”！心理学越来越重要，人们越来越需要心理学，越来越多的人向心理学求索、奔赴，其势犹似“舍簪笏于百龄，奉晨昏于万里”。《心理学与生活》就是在这个大时代的背景下诞生了它的第一个中文版，它是根据英文第16版翻译的。随后就有了第19版以及现在的第20版。可以说，《心理学与生活》这本教科书的一次又一次翻译出版，是中国心理学不断走向繁荣的见证。

心理学是一门可以帮助每一个人的科学。它每帮助一个人，助力人们更高效、更快乐、更健康、更精彩，其意义就越发凸显和宏大。而每一个人学习、运用心理学帮助自己，也就是帮助了心理学。

而今，心理学在中国已经成为显学，人们越来越多地了解了这门学科，渴望学习心理学，希望得到心理学的帮助。在今天，如果你认识的某个人是搞心理学的，你会觉得庆幸，你知道你能从对方那里得到帮助、支持。心理学已从40多年前的“调味品”，成为今天社会生活的必需品。现如今，如果你不懂点心理学，都不好意思，都没底气和别人谈人生。

这一切是中国社会发展的必然，是中国心理学发展的必然，是中国心理学学术与生活实践不断结合的必然，正所谓：学术与民生齐举，知识共实践一堂。

《心理学与生活》来到第20版，原作者之一津巴多教授年事已高，不再参与写作了。但这部教材的精彩依然如故，它保留了原书的所有特色，同时又充实了最新的心理学进展和材料，反映了心理学的最新成果。

全书共16章，涵盖了心理学的四方上下、古往今来，既有心理学基本原理、研究方法、生物基础，又有感知、意识、注意、学习、记忆、言语、能力、情绪、动机、人格，以及毕生发展、社会心理、心理异常与治疗等具体板块。全书论道精巧，得科学之美感，内容厚实，享生活之亲近，可以说是给读者的一份大礼。

由于中美文化的差异，心理学研究和实践的兴趣及应用领域也有所不同，在不影响全书科学性、系统性的前提下，我们在中译本中对极少部分做了适当的调整和修改，以更好地反映中国社会的心理学学习和应用的特色与需要。

在此要特别感谢我的同事们！我们的翻译团队在过去20年中始终精诚合作，相互支持。他们都有着繁重的教学、科研任务和社会服务工作，他们在繁忙之中抽时间来从事翻译工作，实属不易。我在每一版的翻译工作中与每一位同事沟通时，都得到了他们的鼎力相助。我对他们的热情和帮助表示由衷的敬意和感谢！

特别感谢新曲线出版咨询公司的刘力先生、陆瑜女士、谢呈秋女士、陶建胜先生、刘冰云编辑以及其他各位参与相关编辑和设计工作的同人们，他们的辛苦付出，执着、敬业，令人赞赏。还要感谢出版社和版权方的同人们，没有他们的大力支持，这本教科书也不可能顺利付梓。

祝中国的心理学发展得越来越好，也希望这本教科书为此付出绵薄之力。相信各位读者会喜欢这本书。希望这本书为各位读者的人生提供重要的帮助和支持，成为生活中的好伴侣、好帮手！

王垒

及译者团队

2023年8月

致中国读者

1984年秋天，我第一次以助理教授的身份教授心理学导论。我面临的主要挑战是如何将每个重要的主题整合到一两个章节中。我记得我在图书馆花了很多时间，为每节课搜集材料，努力确保我既能充分地向学生们介绍经典的内容，又能恰当地展示学科的最新发现。我希望我的学生每上完一节课，都急切地渴望把所学到的知识应用到自己的生活中去。当学生们来到我的办公室，向我解释这门课如何让他们对自己的日常生活有了更深刻的理解，或许还能更好地掌控生活时，我非常高兴。

在开始教学生涯的大约十年后，我接受了与著名学者菲利普·津巴多（Philip G. Zimbardo）共同撰写《心理学与生活》的机会。作为他的新合著者，津巴多教授要求我根据自己在课堂上的经验来编写这部教科书。重要的是，津巴多教授和我在心理学教学方面有着相同的基本价值观。我们希望我们的学生能够接触到心理学研究。我们希望我们的学生在期末考试后还能长久地记住我们所教授的知识。我现在成了《心理学与生活》一书的唯一作者。然而，这本书仍然完全是在津巴多教授和我共有的价值观的启发和激励之下完成的。

《心理学与生活》的某些部分在过去30年里几乎没有变化。例如，我很高兴教给我的学生关于巴甫洛夫和他的狗的知识，就像我在大学一年级时学习这些材料一样。《心理学与生活》的其他部分则有了更大的变化。这些变化反映了世界各地研究者的非凡创新和深刻见解。例如，当我开始教学时，我从来没有想过我会向我的学生展示大脑如何工作的影像。总的来说，我希望《心理学与生活》吸纳了我从这一领域40年亲身经验中获得的智慧。

最近，我在石溪大学见到了一位曾在中国使用《心理学与生活》作教科书的学生。她带了她的那本让我签名！我们就她上过的心理学导论课聊得不亦乐乎。我敢肯定，她的教授如果听到这名学生对这门课所表达的所有赞扬，一定会兴奋不已。这名学生还透露，在《心理学与生活》的帮助下，这门课激励了她将心理学研究作为自己的职业。听到这个消息我高兴极了。在我数十年的教师和写作生涯中，能与这些优秀的学生分享心理学是我莫大的荣幸。

理查德·J. 格里格
石溪大学

前　言

教授心理学导论是每一位从事教学的心理学工作者面临的巨大挑战之一。事实上，由于这门课的主题涉及的范围极广，所以它可能是整个学术界最难教的课程。这门课既要涵盖对神经细胞活动的微观分析，也要包括对文化体系的宏观分析；不仅要展现健康心理学的活力，还需涉及精神疾病导致的人生悲剧。我们在写这本书时也面临着与教学同样的挑战，就是要赋予所有这些信息以形式和实质，而且还要将它们论述得生动有趣。

学生们常常带着一些错误的心理学观念来到我们的课堂上，这些错误观念来自“通俗心理学”（pop psychology）对我们社会的灌输。学生们还对他们能从心理学课程中获得的收益抱有很高的期望——他们希望能学到很多对个人有价值且有助于改善日常生活的知识。事实上，这对任何一位教师来说都是一项艰巨的任务。但我相信，你面前的这本《心理学与生活》能助你一臂之力。

我的目标一直是希望读者在通过本书学习心理学众多领域中那些激动人心和与众不同的内容时，能够真正享受阅读的乐趣。每个章节，每个句子，我都力图使之通俗易懂，引人入胜。同时，对于那些既重视研究又兼顾应用的教师，我还着力使本书能在他们的教学大纲中充分发挥作用。

《心理学与生活》的这个第20版虽然只有一位作者，但它保留了理查德·格里格（Richard J. Gerrig）与菲利普·津巴多（Philip G. Zimbardo）合作之初的构想。我们之所以能够建立稳固的合作关系，是因为我们都致力于将心理学作为一门与人类幸福密切相关的科学来传授。我和菲利普·津巴多都将自己的教学经验融入了本书，努力处理好科学的严谨性和心理学在现代生活中的实用性之间的平衡。这个第 20 版仍然延续了《心理学与生活》的传统——将最重要的心理学见解应用于你们的生活中。

教科书的主题：心理学是一门科学

《心理学与生活》就是要用坚实的科学研究来与心理学中那些错误的观念展开针锋相对的斗争。以我当教师的经验，教授心理学导论最可能出现的情况之一是，学生们会提出诸多对他们而言十分急迫的问题：

- 我母亲在服用百优解（Prozac），我们会学习这方面的内容吗？
- 你会教我们如何把功课学得更好吗？
- 我必须送儿子上日托才能返回学校学习，这样做对孩子是否妥当？
- 如果有朋友和我谈论自杀，我该怎么做？

令人欣慰的是，这些问题如今都已经有了严格的观察或实验研究。《心理学与生活》致力于科学分析读者们最关心的问题。因此，本书专栏的宗旨是：心理学是一门科学，同时关注这门科学在生活中的应用。

生活中的批判性思维

《心理学与生活》的一个重要目标就是教授心理学论证的科学基础。当学生们提出问题时，他们往往已经从大众媒体那里获得的信息中得出了部分答案。这类信息有的是准确的，但学生们常常不知道如何去理解它们。他们怎样才能学会解释和评价从媒体中听来的信息呢？

怎样才能明智地甄别那些浩如烟海的研究和调查呢？怎样才能判断这些信息来源是否可靠？为了抵制媒体对所谓的可靠研究的灌输，本书将向读者提供科学的工具，通过这些工具，他们能批判性地思考周围的信息，并得出符合研究目的和方法的结论。

“生活中的批判性思维”这个专栏力图使读者直面批判性结论的实验基础。其意图不是说每个专栏都对某个研究领域提供了确凿无疑的答案，而是邀请读者进行批判性思考，进一步提出更深入的问题。

每一章的“生活中的批判性思维”主题如下：

“安慰食物”真的能给人以安慰吗（第 1 章）

为什么数字技能如此重要（第 2 章）

文化如何“化入大脑”（第 3 章）

开车时使用手机会分心吗（第 4 章）

我们能从“极度饥饿感”中学到什么（第 5 章）

生活中的心理学

我在上面罗列的都是现实中学生们提出的真实问题，都可以从本书中找到答案。这些都是多年来从学生那里收集来的具有代表性的问题。本书还采用“生活中的心理学”专栏的形式来展示和回答学生想知道的那些心理学知识，这个专栏也一直广受欢迎。我希望，通过阅读和学习专栏中的每个例子，读者能发现究竟为何心理学知识与他们日常生活中所做的决定直接相关。

每一章的“生活中的心理学”主题如下：

心理学家以哪些方式参与司法体系（第 1 章）

愿望思维会影响你如何评估信息吗（第 2 章）

你的大脑如何确定信任与否（第 3 章）

痛苦的分手真的会让人感到疼痛吗（第 4 章）

你是晨鸟型还是夜猫子型（第 5 章）

研究特写

“研究特写”专栏介绍的那些重要研究，突出展示了心理学研究是如何开展以及为何开展的。这些研究被整合进了正文中，使得读者能够在上下文中充分理解它们的影响。这些研究的主题包括成年大鼠视皮层的可塑性，冥想对脑结构的影响，文化对判断典型类别成员的影响，情绪唤起对记忆的影响，学术情境中的自我妨碍，儿童焦虑障碍的家庭治疗，认知失调的跨文化差异，以及内隐偏见的后果，等等。全书共有近 120 个研究特写，其中许多都是新增的或为本版修订的。

教学专栏

半个多世纪以来，《心理学与生活》以具有挑战性，同时又为广大学生易于理解的方式介绍心理科学而久负盛名，第 20 版也不例外。为了提升学生们的学习体验，本书加入了一些教学专栏：

- 停下来检查一下。这个专栏出现在每一主要章节的末尾，为学生提供了一些激发思考的问题，在继续阅读下一章节之前检验他们对内容的掌握情况。这些问题的答案见本书附录。
- 要点重述。各章的结束部分是该章的总结，即要点重述，总结了该章的内容，是根据主要章节的标题来组织的。
- 关键术语。关键术语在正文中以黑体字出现，而且注明了英文原文，每一章的结尾列出了本章所有的关键术语。

第 20 版的更新内容

各章变化

第 1 章

- 新增“生活中的批判性思维：‘安慰食物’真的能给人以安慰吗”

- 更新对结构主义和机能主义的讨论
- 更新有关心理学家的学位及工作场所分布情况的数据

第 2 章

- 新增“生活中的心理学：愿望思维会影响你如何评估信息吗”
- 更新“生活中的批判性思维：为什么数字技能如此重要”
- 更新研究过程的示例：“语言风格匹配预测关系的开始和稳定性”（Ireland et al., 2011）
- 新增的“研究特写”：
  - “看不到的锻炼收益”（Ruby et al., 2011）
  - “媒体使用与儿童的睡眠：内容、时间和环境的影响”（Garrison et al., 2011）
  - “物以类聚，人以群分：外表相似性预测座位选择”（Mackinnon et al., 2011）

第 3 章

- 新增“生活中的批判性思维：文化如何‘化入大脑’”
- 新增关于基因与环境的交互作用的章节
- 新增对镜像神经元的讨论
- 扩展对 H.M. 的讨论
- 新增的“研究特写”：
  - “对荷兰双生子样本咖啡饮用情况的遗传学分析”（Vink et al., 2009）
  - “在预测儿童的能力方面，儿童的基因型与母亲的回应性照护存在交互作用：素质－应激还是差别易感性？”（Kochanska et al., 2011）
  - “老年大鼠的注意力和记忆：终生处于丰富环境的影响”（Harati et al., 2011）

第 4 章

- 新增“生活中的心理学：痛苦的分手真的会让人感到疼痛吗”

- 新增的“研究特写”：“纹外皮层身体区（EBA）和梭状回身体区对自我和他人不同的神经反应”（Vocks et al., 2010）
- 新增对丘脑和外侧膝状体核的讨论及图片

第 5 章

- 修订有关未被注意的信息的章节
- 更新主观性失眠
- 更新梦的特征
- 新增的“研究特写”：
  - “睡眠选择性地增强个体预期会与未来有关的记忆”（Wilhelm et al., 2011）
  - “催眠对疼痛性颞下颌关节紊乱症患者的疼痛和眨眼反射的影响”（Abrahamsen et al., 2011）
  - “正念减压训练对脑内连接的影响”（Kilpatrick et al., 2011）

个人致谢

尽管甲壳虫乐队可能在朋友们很少的帮助下就获得了成功，但这一版《心理学与生活》的修订和出版却是在许多同事和朋友的大力协助下才得以完成的。我要特别感谢 Brenda Anderson, Ruth Beyth-Marom, Susan Brennan, Turhan Canli, Joanne Davila, Anna Floyd, Tony Freitas, Paul Kaplan, Daniel Klein, Anne Moyer, Timothy Peterson, Suzanne Riela, John Robinson, 以及 Aimée Surprenant。

我还要感谢本版和前几版的诸多审稿人，他们仔细阅读了初稿并且给出了有价值的反馈。

Nancy Adams, Marshalltown Community College
Debra Ainbinder, Lynn University
Robert M. Arkin, Ohio State University
Trey Asbury, Campbell University
Gordon Atlas, Alfred University
Lori L. Badura, State University of New York at Buffalo
David Barkmeier, Northeastern University

Tanner Bateman, Virginia Tech

Darryl K. Beale, Cerritos College

N. Jay Bean, Vassar College

Susan Hart Bell, Georgetown College

Danny Benbassat, George Washington University

Stephen La Berge, Stanford University

Karl Blendell, Siena College

Michael Bloch, University of San Francisco

Richard Bowen, Loyola University

Mike Boyes, University of Calgary

Wayne Briner, University of Nebraska at Kearney

D. Cody Brooks, Denison University

Thomas Brothen, University of Minnesota

Christina Brown, Saint Louis University

Sarah A. Burnett, Rice University

Brad J. Bushman, Iowa State University

Jennifer L. Butler, Case Western Reserve University

James Calhoun, University of Georgia

Timothy Cannon, University of Scranton

Marc Carter, Hofstra University

John Caruso, University of Massachusetts-Dartmouth

Dennis Cogan, Texas Tech University

Sheree Dukes Conrad, University of Massachusetts-Boston

Randolph R. Cornelius, Vassar College

Leslie D. Cramblet, Northern Arizona University

Catherine E. Creeley, University of Missouri

Lawrence Dachowski, Tulane University

Mark Dombeck, Idaho State University

Wendy Domjan, University of Texas at Austin

Dale Doty, Monroe Community College

Victor Duarte, North Idaho College

Linda Dunlap, Marist College

Tami Egglesten, McKendree College

Kenneth Elliott, University of Maine at Augusta

Matthew Erdelyi, Brooklyn College, CUNY

Michael Faber, University of New Hampshire

Valeri Farmer-Dougan, Illinois State University

Trudi Feinstein, Boston University

Mark B. Fineman, Southern Connecticut State University

Diane Finley, Prince George Community College

Kathleen A. Flannery, Saint Anselm College

Lisa Fournier, Washington State University

Traci Fraley, College of Charleston

Rita Frank, Virginia Wesleyan College

Nancy Franklin, Stony Brook University

Ronald Friedman, University at Albany

Eugene H. Galluscio, Clemson University

Preston E. Garraghty, Indiana University

Adam Goodie, University of Georgia

Ruthanna Gordon, Illinois Institute of Technology

Peter Gram, Pensacola Junior College

Jeremy Gray, Yale University

W. Lawrence Gulick, University of Delaware

Pryor Hale, Piedmont Virginia Community College

Rebecca Hellams, Southeast Community College

Jacqueline L. Hess, University of Indianapolis

Dong Hodge, Dyersburg State Community College
Lindsey Hogan, University of North Texas
Rebecca Hoss, College of Saint Mary
Mark Hoyert, Indiana University Northwest
Herman Huber, College of St. Elizabeth
Richard A. Hudiburg, University of North Alabama
James D. Jackson, Lehigh University
Stanley J. Jackson, Westfield State College
Tim Jay, Massachusetts College of Liberal Arts
Matthew Johnson, University of Vermont
Seth Kalichman, Georgia State University
Colin Key, University of Tennessee at Martin
Mark Kline, Indiana University
Jennifer Trich Kremer, Pennsylvania State University
Andrea L. Lassiter, Minnesota State University
Mark Laumakis, San Diego State University
Charles F. Levinthal, Hofstra University
Suzanne B. Lovett, Bowdoin College
Carrie Lukens, Quinnipiac University
Tracy Luster, Mount San Jacinto College
M. Kimberley Maclin, University of Northern Iowa
Gregory G. Manley, University of Texas at San Antonio
Leonard S. Mark, Miami University
Michael R. Markham, Florida International University
Karen Marsh, University of Minnesota, Duluth
Kathleen Martynowicz, Colorado Northwestern Community College
Laura May, University of South Carolina-Aiken
Dawn McBride, Illinois State University
Michael McCall, Ithaca College
Mary McCaslin, University of Arizona
David McDonald, University of Missouri
Mark McKellop, Juniata College
Lori Metcalf, Gatson College
Greg L. Miller, Stanford University School of Medicine
Karl Minke, University of Hawaii-Honolulu
Charles D. Miron, Catonsville Community College
J. L. Motrin, University of Guelph
Anne Moyer, Stony Brook University
Eric S. Murphy, University of Alaska
Kevin O' Neil, Florida Gulf Coast University
Barbara Oswald, Miami University
William Pavot, Southwest State University
Amy R. Pearce, Arkansas State University
Kelly Elizabeth Pelzel, University of Utah
Linda Perrotti, University of Texas at Arlington
Brady J. Phelps, South Dakota State University
Gregory R. Pierce, Hamilton College
William J. Pizzi, Northeastern Illinois University
Mark Plonsky, University of Wisconsin-Stevens Point
Cheryl A. Rickabaugh, University of Redlands
Bret Roark, Oklahoma Baptist University
Rich Robbins, Washburn University
Daniel N. Robinson, Georgetown University
Michael Root, Ohio University
Nicole Ruffin, Hampton University
Nina Rytwinski, Case Western Reserve University
Bernadette Sanchez, DePaul University

Patrick Saxe, State University of New York at New Paltz
Mary Schild, Columbus State University
Katherine Serafine, George Washington University
Elizabeth Sherwin, University of Arkansas-Little Rock
Stu Silverberg, Westmoreland County Community College
Norman R. Simonsen, University of Massachusetts-Amherst
Peggy Skinner, South Plains College
R. H. Starr, Jr., University of Maryland-Baltimore
Weylin Sternglanz, Nova Southeastern University
Priscilla Stillwell, Black River Technical College
Charles Strong, Northwest Mississippi Community College
Dawn Strongin, California State University, Stanislaus
Walter Swap, Tufts University
Jeffrey Wagman, Illinois State University
David Ward, Arkansas Tech University
Douglas Wardell, University of Alberta
Linda Weldon, Essex Community College
Alan J. Whitlock, University of Idaho
Paul Whitney, Washington State University
Allen Wolach, Illinois Institute of Technology
John Wright, Washington State University
John W. Wright, Washington State University
Jim Zacks, Michigan State University

撰写一本范围如此之广的著作无疑是一项艰巨的任务，只有依靠所有这些朋友和同事以及培生教育集团的编辑人员的专业帮助才有可能完成。我衷心感谢他们在本项目的每个阶段作出的宝贵贡献，不仅向他们这个集体表示感谢，还要向其中的个人单独致谢。我要感谢以下培生教育集团的工作人员：Amber Chow，策划编辑；Judy Casillo，执行编辑；Diane Szulecki，助理编辑；Brigeth Rivera，市场经理；Jeanette Koskinas，执行市场经理；以及 Annemarie Franklin，印制经理。

第1章

生活中的心理学

为什么要学习心理学？这个问题的答案非常简单：心理学研究可直接应用于日常生活中的重要问题，例如身心健康、建立和维持亲密关系的能力以及学习和个人成长的能力。《心理学与生活》的首要目标之一就是强调心理学专业知识与我们每个人都息息相关，并且具有重要的社会意义。

每个学期开始授课的时候，我都面对着一群脑海中带着一些非常具体的问题进入心理学导论课堂的学生。有时那些问题来自他们的亲身经验（“如果我认为我的妈妈有精神病，我该怎么办？”“这门课会教给我如何提高成绩吗？”）；有时问题则来自媒体所传达的心理学信息（“如果人们边开车边打电话，我应该担心吗？”“如果别人在说谎，我能分辨出来吗？”）。心理学导论这门课的挑战是：将科学研究的成果应用于学生所关心的问题。

心理学研究源源不断地提供着关于支配心理和行为过程基本机制的新知识。随着新观点取代或改变旧观点，心理学家不断受到许多引人入胜的人性之谜的吸引和挑战。我希望在这次心理学之旅的终点，你也会收获满满，不虚此行。

为了真正理解心理学与生活的关系，在本次智慧之旅的起点，我们首先需要科学地提出问题。我们将探寻人类行为如何发生、发生什么、何时发生以及为何发生；还要探寻你在自己、他人和动物身上所观察到的行为的原因和结果。我们将考察为什么你会按照你现在的方式思考、感觉和行动。是什么使你与众不同？又为什么你的行为常常和其他人如此相似？你是被遗传塑造的，还是更多地被个人经历所塑造？攻击和利他、爱和恨、精神疾病和创造性，又是如何能在人类这种复杂的生物身上同时存在？在这个开篇的章节，我们要仔细考量所有这些类型的问题，思索它们如何以及为何与作为一门学科的心理学的目标相关联。

心理学为何独具特色

要领略心理学的独特性和统一性，你必须了解心理学家们界定这一领域的方式，以及如何确定研究与应用的目标。我希望你在读完本书后能像心理学家一样思考。本节将使你对其意义有一个清晰的概念。

定　义

许多心理学家都在寻找下面这个根本问题的答案：什么是人性？心理学通过考察发生在个体内部的过程、探究从自然或社会环境中产生的力量来回答这个问题。据此，我们把**心理学**（psychology）定义为关于个体的行为及心理过程的科学研究。让我们来看看这个定义中的关键部分：科学、行为、个体和心理。

为了确保心理学的科学性，要求心理学的每一个结论都必须建立在根据科学方法的原则收集证据的基础之上。**科学方法**（scientific method）由一套用来分析和解决问题的有序步骤组成。这种方法用客观收集到的信息作为得出结论的事实基础。我们在第 2 章介绍心理学家如何开展他们的研究时，将会更加全面地阐述科学方法的特点。

行为（behavior）是有机体适应环境的方式。行为就是行动。心理学的研究主题主要是人类和其他动物的可观察行为。微笑、哭泣、奔跑、攻击、交谈以及触摸，这些都是你所能观察到的行为的明显例子。

大多数心理学研究关注的是个体——通常是人类个体，但有时是其他物种的个体。在你的生活中，有没有什么事情让你想要开展一项研究?

心理学家在特定的行为背景和更广泛的社会或文化环境中探索个体做什么以及如何做。

心理学分析的对象往往是个体——一个新生婴儿，一名正在适应学校宿舍生活的大学生，或者一位因丈夫的阿尔茨海默病逐渐恶化而面临压力的女士。但是，研究对象也可能是一只学习用符号进行交流的黑猩猩，一只走迷宫的白鼠，或者一只对危险信号做出反应的海兔。个体既可能在其自然栖息地也可能在实验室的控制条件下接受研究。

许多心理学研究者还认识到，不理解心理过程即人类的心理活动，就无法理解人类行为。许多人类活动——思考、计划、推理、创造以及做梦——是在个体内部发生的。很多心理学家认为，心理过程是心理学探索最重要的方面。稍后你将看到，心理学研究者们设计了许多巧妙的方法来研究心理事件和过程，从而使得这些隐秘的经验得以公开。

这些关注点的结合决定了心理学是一个独特的领域。在社会科学中，心理学家主要关注个体在各种情境中的行为，社会学家研究群体或组织的社会行为，人类学家则关注不同文化中行为的广泛背景。即便如此，心理学家也广泛汲取其他学科的见解。心理学家与生物科学研究者，特别是研究行为的大脑过程和生物化学基础的研究者，有着许多共同的研究兴趣。作为认知科学的一部分，心理学中关于人类思维运作机制的问题，必然与计算机科学、哲学、语言学以及神经科学的研究和理论有关。作为一门与健康相关的科学，心理学与医学、教育学、法律和环境科学都有联系，心理学致力于提升每个个体的质量和集体福祉。

对心理学家来说，现代心理学这种非同寻常的广度和深度恰是其乐趣的源泉，但对那些第一次探索这个领域的学生来说，心理学的这一特点无疑又成为了一种挑战。心理学研究的范围远比你最初预想的要多得多，因此，你也将从这本心理学导论中得到很多有价值的东西。学习心理学的最佳方式是学会持有与心理学家相同的目标。那么，就让我们开始讨论这些目标。

心理学的目标

心理学家从事基础研究的目的是描述、解释、预测和控制行为。这些目标构成了心理学领域的基础。实现每一个目标都涉及哪些内容？

描述发生的事情　心理学的第一个任务是对行为进行准确的观察。心理学家通常把这种观察结果称为*数据*。**行为数据**（behavioral data）是关于有机体的行为以及行为发生条件的观察报告。当研究者进行数

图 1.1 分析水平

假如你要约一位朋友在这幅画前和你见面。你会如何描述这幅画？假如你的朋友想要精确复制这幅画，你会如何描述它？（见彩插）

据收集时，他们必须选择一个适宜的分析水平，并且设计出能保证客观性的行为测量方法。

为了研究个体的行为，研究者可能使用不同的分析水平——从最宽泛的整体水平到最细微的具体水平。比如，假设你试图描述你在博物馆里看到的一幅油画（见图 1.1）。在整体水平上，你可能用标题“浴者”和作者“乔治·修拉”来描述它。在具体水平上，你可能会这样描述这幅画的特征：一些人在河岸边晒太阳，其他人正在戏水，等等。而在非常具体的水平上，你可能会描述修拉为创作这幅画使用的技巧——画中细微的小点。各个水平上的描述都回答了关于这幅画的不同问题。

心理学描述的不同水平也针对不同的问题。在心理学分析最宽泛的水平上，研究者探索复杂社会环境和文化环境中作为整体的人的行为。在这个水平上，研究者可能研究暴力的跨文化差异、偏见的根源、精神疾病的影响。在下一个水平上，心理学家关注更为狭窄和精细的行为单元，比如对交通灯的反应速度、阅读过程中的眼动以及儿童在学习语言过程中的语法错误。心理学家还可能研究更小的行为单元。他们可能通过确定大脑中存储不同类型记忆的部位、学习过程中发生的生物化学变化以及负责视觉或听觉的感觉通路来探索行为的生物基础。每个水平的分析提供的信息对心理学家希望最终描绘出人性的全貌来说都是不可或缺的。

不论观察的焦点宽窄如何，心理学家都努力客观地描述行为。按照事实的本来面目而不是研究者的期待或希望去收集它们，这一点极为重要。因为每一个观察者都可能把自己的主观观点——偏差、偏见和期望——带进观察中，所以防止这些个人因素混淆和扭曲数据非常重要。你将在下一章看到，心理学研究者已经发展出很多技术和方法来保证研究的客观性。

解释发生的事情　描述必须忠实于可感知的信息，而解释却刻意超越可观察到的现象。在心理学的许多领域，核心目标是找到行为和心智过程的规律模式。心理学家希望发现行为是如何运作的。当实际发生的情形出乎意料时，你为什么会发笑？什么情况会导致一个人试图自杀或实施强奸？

心理学的解释通常认为，大多数行为受到多种因素的影响。一些因素在个体内部起作用，比如基因构成、动机、智力水平或自尊。这些内在决定因素告诉我们有机体的一些特殊性。其他因素则在外部起作用。例如，一个孩子试图取悦老师以赢得奖励，或者一名陷入交通堵塞的司机变得沮丧且心生敌意。这些行为在很大程度上受到个人之外事件的影响。当心理学家们寻求行为的解释时，他们几乎总是同时考虑这两类因素。例如，假设心理学家想解释为什么一些人开始吸烟。研究者可能会考察以下这些可能性：某些个体特别倾向于冒险（内部解释），或者一些个体承受了大量来自同辈的压力（外部解释），抑或爱冒险的性格和情境性的同辈压力都必不可少（综合的解释）。

心理学家的目标通常是用一个潜在的原因来解释多种行为。请看这样一个情境：你的老师说，要想得到一个好分数，每个学生都必须经常参加班级讨论。你的室友虽然总是对课程做了很好的准备，却从不举手回答问题或自愿发言。老师批评他缺乏学习动机，并且认为他不够聪明。这个同学也会参加晚会但从不和陌生人说话，在自己的观点遇到不太了解情况的人的质疑时也不公开辩解，而且在餐桌上几乎从不聊天。你对此的分析是什么？什么样的潜在原因可能引起这一系列的行为？会不会是害羞？像许多极为害羞的人一样，你的室友不能按照社会期望的方式去行动（Zimbardo & Radl, 1999）。我们可以用害羞这一概念解释你室友所有的这些行为模式。

为了建立这样的因果解释，研究者必须经常参与一个创造性的过程来检查不同种类的数据收集。神探福尔摩斯从一些零碎的证据中就能推断出准确的结论。类似地，每个研究者都必须运用有依据的、合理的想象，把已知和未知的事物创造性地整合起来。一位受过良好训练的心理学家，可以通过使用自己对人类经验的洞察和先前研究者对同一个现象已经发现的事实来解释观察结果。许多心理学研究都试图对不同的行为模式做出准确的解释。

预测将要发生的事情　心理学中的预测是关于一个特定行为将要发生或一种特定关系将被发现的可能性陈述。对某些行为方式背后原因的准确解释，常常能让研究者对未来的行为做出准确的预测。因此，如果我们相信你的室友是害羞的，我们可以有信心地预测，当他被要求在一个人数众多的课堂上发言时会感到不自在。当对某些行为或关系提出不同的解释时，通常会根据它们能做出多么准确而全面的预测来对这些解释进行判断。如果你的室友很乐于在课堂上发言，我们就不得不重新考虑我们的判断了。

正如观察必须非常客观，科学预测的措辞也必须足够精确，以便能对其进行检验，若证据不支持就予以拒绝。例如，假设研究者预测，一个陌生者的出现会导致特定年龄以上的人类婴儿和幼猴表现出焦虑。我们可能想通过考察“陌生者”这一维度来使预测更加精确。如果这个陌生者也是一个婴儿而不是成人，或者这个陌生者是同一物种而非不同物种，那么人类婴儿或幼猴表现出来的焦虑会更少吗？为了改进未来的预测，研究者会创造环境条件发生系统性变化，然后观察这些变化对婴儿反应的影响。

一个心理学预测。

控制发生的事情　对许多心理学家来说，控制是核心的、最强有力的目标。控制意味着使行为发生或不发生——启动行为，维持行为，停止行为，以及影响行为的形式、强度或发生率。如果我们根据一个对行为的因果解释能够创造出行为得以被控制的条件，那么这个因果解释就是令人信服的。

什么原因导致人们吸烟？心理学家能否创造一些条件使人们更少做出这种行为？

控制行为的能力很重要，因为它为心理学家提供了帮助人们提升生活质量的途径。贯穿《心理学与生活》全书，你可以看到心理学家为了帮助人们控制他们生活中的问题而设计出的各种各样的干预措施。例如，第 15 章讨论了精神疾病的治疗方法。你将看到人们如何运用心理力量，消除不健康的行为（如吸烟），建立健康的行为（如有规律地运动）（见第 12 章）。你将学到什么类型的教养行为能帮助父母与其孩子保持牢固的联结（见第 10 章）；你将了解到是什么力量使得陌生人在危急关头不愿伸出援手，以及又当如何来克服这些力量（见第 16 章）。这些只是心理学家运用他们的知识来控制和改善人们生活的广泛场景中的一小部分例子。在这方面，心理学家是一个相当乐观的群体，他们中的许多人都相信，任何不合意的行为模式几乎都能通过适当的干预而得到矫正。《心理学与生活》也秉持同样的乐观精神。

STOP 停下来检查一下

❶ 心理学定义的四个成分是什么？

❷ 心理学家开展研究的四个目标是什么？

❸ 为什么解释行为与预测行为总是紧密相联？

生活中的批判性思维

"安慰食物"真的能给人以安慰吗

《心理学与生活》的一个重要目标是提高你的批判性思维能力：本书可助你"就你应该相信什么以及应该如何行事做出明智的决定"（Appleby, 2006, p. 61）。为了朝这个目标迈进，我们来考虑一个真实生活中的场景。你经历了艰难的一天，所以决定放纵一下自己，去吃点儿安慰食物（comfort food）。现在后退一步。你有何证据判断"安慰食物能让你感觉好一点"。让我们看看研究者是如何解答这个问题的。

如果安慰食物真的能给人以安慰，那么人们应该在经历痛苦情绪时吃更多的安慰食物。为了检验这一假设，研究者让女大学生观看一部"血腥暴力"的电影片段（Evers et al., 2010）。研究者希望该电影片段能唤起参与者的负性情绪——事实确实如此。不过，一组参与者被告知在观看时要抑制自己的情绪反应，"以使任何观察她们的人都无法确定她们在观看什么电影"（p. 797）。另一组参与者则没有被要求隐藏自己的感受。在看完电影后，学生们以为自己开始了另一项与之无关的味觉研究。她们既可以吃安慰食物（如巧克力），也可以吃非安慰食物（如无盐饼干）。结果，抑制情绪组的女生吃的安慰食物是另一组的两倍；而两组女生吃的非安慰食物的量差不多。这一模式表明，当人们经历痛苦情绪时，他们确实更喜欢安慰食物。

但为什么安慰食物有助于缓解负性情绪呢？另有研究者认为，在我们的生活中，我们大多是在家人或爱人的陪伴下吃安慰食物的（Troisi & Gabriel, 2011）。出于这个原因，我们在记忆中建立了联系，所以安慰食物会让我们想起那些关系带给我们的情感温暖。为了检验这一假设，研究者召集了两组学生：一组学生此前报告说鸡汤是一种安慰食物；另一组学生则不认为鸡汤是安慰食物。实验开始时，一些学生喝鸡汤，另一些学生不喝。然后，学生们完成一项任务，在这项任务中，研究者呈现给他们一些单词片段（如 li_），可以将它们补全为关系词（如 like）。研究者证明，当鸡汤被认为是一种安慰食物时，食用鸡汤的学生生成的关系词最多。对这组学生来说，喝鸡汤的经历使他们很容易在记忆中联想起关系。

这些研究表明，与食用安慰食物有关的记忆有助于人们应对负性情绪。现在，请运用你的批判性思维技巧。在你尽情享用安慰食物之前，你还想知道什么？

- 在第一项研究中，为什么研究者只选取了一种性别的样本？
- 根据研究者的理论，为什么鸡汤没有成为每个人的安慰食物？

现代心理学的发展

今天，定义心理学和阐述心理学研究的目标是相对容易的。但是在你刚开始学习心理学之际，了解促成现代心理学诞生的各种影响因素非常重要。这一历史回顾的核心是一个简单的原则：思想观念很重要。有关“什么是心理与行为科学的适当研究主题和方法”的激烈争论，业已成为心理学大部分历史的典型特征。

我们的历史回顾将在两个分析水平上展开。在第一部分，我们将介绍奠定现代心理学的一些关键基础工作的历史时期。这个关注层面将使你详细了解思想观念之争。在第二部分，我们将以更宽泛的方式描述当代出现的七种心理学观点。在聚焦这两个层面时，你可以畅想这些理论演化过程中的智慧与激情。

心理学的历史根基

1908 年，最早的实验心理学家之一**赫尔曼·艾宾浩斯**（Hermann Ebbinghaus, 1850—1909）写道：“心理学有着漫长的过去，却只有短暂的历史”（Ebbinghaus, 1908/1973）。长久以来，学者们就人类的本性提出了一系列重大问题——人们如何感知现实、意识的本质以及精神错乱的根源是什么。但是，他们并不掌握回答这些问题的方法。考虑一下公元前 4 世纪和 5 世纪由古希腊哲学家**柏拉图**（公元前 427—前 347）和**亚里士多德**（公元前 384—前 322）提出的基本问题：心智如何运作？自由意志的本质是什么？公民个体与其社会或国家的关系是什么？尽管心理学的形式早已存在于古印度的瑜伽传统中，西方心理学还是将它的起源上溯至这些哲学家的著作中。柏拉图和亚里士多德阐述了相反的观点，这些观点对当代的思想仍持续产生影响。考虑一下人们是如何了解这个世界的。在经验主义者看来，人们的心智生来是白板；心智通过世界上的经验来获取信息。**约翰·洛克**（John Locke, 1632—1704）在 17 世纪详细阐明了这个观点；其根源可以追溯到亚里士多德。在先天论者看来，人们生来便具有心理结构，这种结构对人们经验世界的方式产生了限制。**伊曼努尔·康德**（Immanuel Kant, 1724—1804）在 18 世纪充分发展了这个观点；其根源可以追溯到柏拉图。（在后面的章节中，我们会以“天性与教养”的形式重温这个理论争辩。）法国哲学家**勒内·笛卡儿**（René Descartes, 1596—1650）也为迈向当代心理学贡献了重要的一步。他提出了一个在当时非常新奇和激进的观点：人体是一种“动物机器”，可以被科学地理解，即通过实证观察来发现其自然规律。到了 19 世纪末，当研究者们将其他学科——比如生理学和物理学——的实验室技术应用于研究这些来自哲学的基本问题时，心理学才真正开始作为一门学科而出现。

现代心理学发展过程中的一个关键人物是**威廉·冯特**（Wilhelm Wundt, 1832—1920），他于 1879 年在德国莱比锡建立了第一个专门研究实验心理学的正式的实验室。冯特曾经接受过作为生理学家的训练，但在他的研究生涯中，他的兴趣从躯体问题转向了心理问题：他希望理解感觉和知觉的基本过程以及简单心理过程的速度。当冯特建立心理学实验室时，他已经完成了一系列的研究，并且出版了《生理心理学原理》（*Principles of Physiological Psychology*）数个版本中的第 1 版（King et al., 2009）。冯特的实验室在莱比锡建立后，他开始培养第一批专门致力于这个新兴的心理学领域的研究生。他们中的许多人后来在世界各地纷纷创建了自己的心理学实验室。

1879 年，威廉·冯特建立了第一个专门用于实验心理学研究的实验室。假设你决定建立自己的心理学实验室，你想研究生活中的哪个领域？

随着心理学成为一门独立学科，心理学实验室也开始在北美的大学中先后出现，第一个于 1883 年出现在约翰斯·霍普金斯大学。这些早期的实验室往往受到冯特的影响。例如，在跟随冯特学习之后，**爱德华·铁钦纳**（Edward Titchener, 1867—1927）成为了美国第一批心理学家中的一员，并于 1892 年在康奈尔大学建立了一个心理学实验室。但是，几乎同时，一位学习过医学且对文学和宗教有着强烈兴趣、年轻的哈佛大学哲学教授，创立并形成了一套独特的美国视角，他就是**威廉·詹姆士**（William James, 1842—1910，也译作威廉·詹姆斯）。他是伟大的小说家亨利·詹姆斯的哥哥，撰写了一部两卷本的《心理学原理》（*The Principles of Psychology*, 1890/1950），这部著作被许多专家认为是有史以来最重要的心理学教科书。不久，斯坦利·霍尔（G. Stanley Hall）于 1892 年创立了美国心理学协会（American Psychological Association, APA）。* 到了 1900 年，北美已经有了 40 余个心理学实验室（Benjamin, 2007）。

几乎在心理学出现的同时，关于这个新兴学科的适当研究主题和方法的争论就产生了。这场争论中浮现出的一些问题，迄今仍是心理学中的突出问题。下面我们将介绍结构主义与机能主义之间的尖锐对峙。

结构主义：心理的元素　当心理学成为一门围绕实验而组织起来的实验室科学时，它对知识作出独特贡献的潜力就变得非常明显了。在冯特的实验室里，实验参与者在不同的实验室控制条件下对他们觉察到的刺激做出简单反应（说“是”或“否”、按键）。因为数据是通过系统、客观的程序收集的，所以独立的观察者可以重复这些实验的结果。对科学方法（见第 2 章）的强调、对精确测量的关注以及对数据的统计分析，体现了冯特心理学的传统特色。

当铁钦纳把冯特的心理学带回美国时，他提倡用这种科学方法来

---

* APA：成立于 1892 年，现有会员 15 万余人，包括心理学研究者、心理学教师，以及在实践领域从事心理咨询和心理治疗等实务工作的从业人员。中文过去多译为“美国心理学会”，但由于 Association 在语义上和国内习惯上多译为“协会”，且事实上，APA 中大多数会员是从事心理咨询和心理治疗的实践工作者，因此感到译为“学会”不甚确切，基于此，我们建议将 APA 译为“美国心理学协会”。——译者注

研究意识。他的目标是，通过界定个体心理生活的构成元素来揭示人类心理的基础结构。事实上，铁钦纳把他的研究项目与化学家的工作进行类比，他写道："心理学家要像化学家制订元素周期表一样精确地排布心理元素"（Titchener, 1910, p. 49）。铁钦纳的理论取向后来被称作**结构主义**（structuralism），即研究心理和行为的基本结构成分。

为了发现基本元素，铁钦纳采用了**内省法**（introspection），即个体对自己关于特定感官体验的思维和感受进行系统的检查。考虑一下味觉领域：基于内省法，铁钦纳认为所有的味觉体验都来自咸、甜、酸、苦等 4 种基本感觉的组合。在第 4 章你将了解到，铁钦纳的这一分析只缺少了一个基本元素。然而，内省法在人类经验的其他领域却表现得不太好：铁钦纳及其追随者共找出了 44 000 余种不同的感官体验元素（Benjamin, 2007）！结构主义招来了许多批评，因为我们不可能证实每个个体内省的产物是人类心理的普遍方面。

与结构主义并驾齐驱的一个重要理论取向是由德国心理学家**马克斯·惠特海默**（Max Wertheimer, 1880—1943，也译作魏太墨）开创的，关注心理如何将诸多经验理解为*格式塔*（有组织的整体），而不是简单部分之和。例如，你对一幅画的体验要大于对其每一次涂抹颜料的体验之和。我们将在第 4 章看到，**格式塔心理学**（Gestalt psychology）至今仍然对知觉的研究有影响。

结构主义的另一个主要对手是*机能主义*。

机能主义：有目的的心理 威廉·詹姆士同意铁钦纳关于意识是心理学的研究中心的观点。但是，他没有将注意力集中在心理过程的元素上，而是关注其目的。他希望了解意识是如何帮助人们有效适应环境的。詹姆士的理论取向被称作**机能主义**（functionalism）。

对于机能主义者而言，研究要回答的关键问题是："行为的机能或目的是什么？"例如，一位结构主义者可能会观察某种反射，试图找出其基本成分。相比之下，像**约翰·杜威**（John Dewey, 1859—1952）这样的机能主义理论家则关注反射的机能，他将其描述为"一个连续有序的行为序列，所有这些行为本身及其发生顺序都具有适应性，以达到某种客观的目的，如物种的繁衍、生命的保存或向某地的迁徙”（Dewey, 1896, p. 366）。他对心理过程的实际应用的关注，促进了教育领域的重要改革。杜威的理论推动了他的实验学校乃至美国普遍的进步教育：“机械学习被抛弃了，取而代之的是在做中学，以期激发学生的求知欲，加深其理解”（Kendler, 1987, p. 124）。

在机能主义者杜威的努力下，美国的课堂实践发生了变化。作为一名学生，哪些课堂经历激发过你的“求知欲”？

尽管詹姆士赞成仔细的观察，但他却不重视冯特严格的实验室方法。在詹姆士的心理学中，情绪、自我、意志、价值观甚至宗教和神秘体验均有一席之地。他的“热血”心理学承认每个个体都有独特性，不能被简化为公式或测验结果得出的数字。对于詹姆士来说，解释才是心理学的目标，而不是实验控制。

这些理论取向的延续　尽管存在上述差异，结构主义和机能主义的践行者们的见解依然为当代心理学的繁荣发展创造了一种智识背景。当代心理学家既探索行为的结构也研究行为的机能，比如言语产生的过程。假设你想邀请一个朋友去看超级碗比赛（美国国家橄榄球联盟的年度冠军赛——译者注）。为此，你说的话必须完成正确的功能——*超级碗、和我、今晚*，而且也要有正确的结构：下面这种说法是不行的，“愿意看超级碗我去和今晚你吗？”为了理解言语如何产生，研究者们研究了说话者使意义（功能）与语言的语法结构相匹配的方式（Bock, 1990）。（我们将在第 8 章描述言语产生的部分过程。）在回顾经典研究和当代研究时，本书会既强调结构又强调机能。心理学家仍然使用各种各样的方法来研究适用于所有人类的普遍力量以及每个个体的独特方面。

作为先驱研究者的女性

心理学早期的研究和实践是由男性主导的，对此你可能不会感到惊讶。然而，即使那时女性研究者在数量上还很少，她们也为这个领域作出了重大的贡献（Benjamin, 2007）。让我们来看看心理学不同研究领域的四位女性先驱者。

玛丽·惠顿·卡尔金斯（Mary Whiton Calkins, 1863—1930）在哈佛大学师从于威廉·詹姆士。然而，因为是女性，她只被允许作为“旁听”研究生就读。虽然她完成了博士学位的所有要求，而且成绩优异，但哈佛大学的行政部门拒绝将博士学位授予女性。尽管受到这样的歧视，卡尔金斯依然建立了美国最早的心理学实验室之一，并且创造了研究记忆的重要技术。1905 年，她成为美国心理学协会的第一位女性主席。

1894 年，沃什布恩成为第一位获得心理学博士学位的女性，她后来写了一部很有影响力的教科书——《动物心理》。作为一名女性先驱研究者，她可能遭遇过哪些挑战？

1894 年，**玛格丽特·弗洛伊·沃什布恩**（Margaret Floy Washburn, 1871—1939）毕业于康奈尔大学，成为第一位获得心理学博士学位的女性。她后来写了一部很有影响力的早期教科书——《动物心理》（*The Animal Mind*, 1908）。这本书总结了各种动物物种中关于知觉、学习和记忆的研究。1921 年，沃什布恩成为美国心理学协会的第二位女性领导者。

海伦·汤普森·伍利（Helen Thompson Wooley, 1874—1947）最早完成了考察性别差异的一系列研究（Marecek et al., 2003; Milar, 2000）。1900 年，作为她在芝加哥大学的博士研究，伍利比较了 25 名男性和 25 名女性在一系列测验中的表现，包括智力和情绪测验。她从这项研究中得出结论，性别差异不是源于先天能力，而是源于男性和女性毕生社会经验的差异。她还提出了著名的批评："公然的个人偏见、为支持偏见而牺牲的逻辑、毫无根据的断言，甚至是感情用事的胡言乱语（Woolley, 1910, p. 340）。"这些都是当时性别差异研究的特征，而大部分研究是由男性完成的。

丽塔·斯塔特·霍林沃斯（Leta Stetter Hollingworth, 1886—1939）受到伍利的启发，利用研究数据挑战关于性别差异的某些主张（Maracek et al., 2003）。霍林沃斯尤其抨击了女性的创造力和智力水平生来劣于男性的主张。她还对智力极端的儿童开展了一些最早的研究，既包括智力迟滞的儿童，也包括天才儿童。她创建了一套课程以帮助培养天才儿童的天赋，并得以在纽约的学校体系中实施。

自这些女性先驱者的时代以来，心理学领域的多样性已经大大增加了。实际上，近年来获得心理学博士学位的女性比男性还多（National Science Foundation, 2010）。我将在《心理学与生活》中突出各类研究者的工作。随着心理学持续为科学和人类的事业作出贡献，越来越多的人，包括女性和男性以及社会各个方面的成员，不断被吸引到这一领域而使之更加枝繁叶茂。

心理学的不同视角和观点

假如你的朋友接受了去看超级碗的邀请。观看比赛时你们各自会采用什么*视角*？假如你们中的一个人在中学玩过橄榄球，而另一个人没玩过。或者假如你们中的一个从一开始就支持其中一支参赛队，而另一个之前并不关注。你可以看到这些不同视角会如何影响你们对比赛过程的评价方式。

与此相似，心理学家的视角也决定了他们研究行为和心理过程的方式。视角影响了心理学家寻找什么、在哪里寻找以及使用什么研究方法。在这一部分，我们将介绍七种不同的视角和观点，分别是心理动力学观点、行为主义观点、人本主义观点、认知观点、生物学观点、进化观点和社会文化观点。阅读这一部分时，注意每种视角和观点是如何定义行为的原因和结果的。

有一点需要注意：尽管每种视角和观点都代表了对心理学核心问题的不同看法，你也应该了解为什么大多数心理学家会从多种视角中借用和综合各种概念。每种视角和观点都促进了我们对人类经验整体的理解。

心理动力学观点　根据**心理动力学观点**（psychodynamic perspective），行为是由强大的内部力量驱使或激发的。这种观点认为，人类的行为源于遗传的本能、生物驱力，以及为解决个人需要与社会要求之间的冲突而做的努力。剥夺状态、生理唤起和冲突都为行为提供了力量。根据这个模型，当有机体的需要得到了满足而驱力降低时，有机体就停止反应。行为的主要目的是降低紧张度。

此照片为 1913 年弗洛伊德与他的女儿安娜在意大利阿尔卑斯山旅行时所摄。弗洛伊德认为，行为通常是由意识觉知之外的动机驱动的。这一观点对你做出生活决策的方式有何启示？

心理动力学的动机原则是由维也纳医生**西格蒙德·弗洛伊德**（Sigmund Freud, 1856—1939）在 19 世纪末和 20 世纪初最充分地发展起来的。虽然弗洛伊德的思想源于他对精神病人的临床工作，但是他相信，他观察到的这些原则既适用于异常行为，也适用于正常行为。弗洛伊德的心理动力学理论认为，个体是受内部和外部力量组成的复杂网络推动的。弗洛伊德的模型是第一个认识到，人的本性并不总是理性的，行为有可能是由意识觉知之外的动机驱动的。

弗洛伊德之后的许多心理学家将心理动力学模型引向了新的方向。弗洛伊德本人强调儿童早期是人格形成的阶段。新弗洛伊德主义的理论学家则扩展了心理动力学理论，将个体整个一生中的社会影响和互动都囊括了进来。心理动力学的思想对心理学的许多领域都产生了重要影响。当你阅读有关儿童发展、做梦、遗忘、无意识动机、人格和精神分析治疗等章节时，你将看到他在多个方面的贡献。

行为主义观点　那些持有**行为主义观点**（behaviorist perspective）的研究者试图理解特定的环境刺激如何控制特定类型的行为。首先，行为主义者分析先前的环境条件——那些先于行为存在并使有机体可能做出或抑制某个反应的条件。其次，他们观察行为反应，这是研究的主要对象——需要被理解、预测和控制的行动。最后，他们考察反应之后出现的可观察的结果。例如，一个行为主义者可能感兴趣的是：不同金额的超速罚单（超速的结果）如何改变司机谨慎驾驶或放任驾驶（行为反应）的可能性。

约翰·华生（John Watson, 1878—1958）是行为主义观点的先驱，他认为心理学的研究应该寻找控制不同物种的可观察行为的规律。**B. F. 斯金纳**（B. F. Skinner, 1904—1990）通过将行为主义的分析范围扩展到行为的结果，从而扩大了行为主义的影响。两位研究者都坚持对所研究的现象进行精确定义，坚持严格的证据标准，也都相信他们在动物身上所研究的基本过程代表了普遍原则，也同样适用于人类。

约翰·华生是行为主义观点的重要先驱者。为什么他觉得有必要同时研究人类和动物的行为？

行为主义（behaviorism）对后来的心理学研究有着重要的影响。它对严格的实验和严谨定义的变量的强调，影响了心理学的大多数领域。尽管行为主义者开展的许多基础实验是在动物身上进行的，但行为主义的原则已经被广泛应用于人类问题。行为主义原则产生了一套更为人性化的儿童教育方法（通过正强化而非惩罚）、矫正行为障碍的新疗法以及创建理想化社会的指导方针。

人本主义观点　人本主义心理学出现于20世纪50年代，是心理动力学和行为主义模型之外的另一种理论。在**人本主义观点**（humanistic perspective）看来，人们既不是如弗洛伊德主义者假设的那样由强大的本能力量所驱使，也不是如行为主义者所认为的那样由环境所操纵。相反，人是具有能动性的生物，本性善良而且具有选择能力。人本主义心理学家研究行为，但并非把行为简化为一些成分、元素以及实验室实验中的变量，而是在人们的生命历程中寻找行为模式。

卡尔·罗杰斯提供了人本主义观点的基本思想。为什么罗杰斯强调积极关注?

根据人本主义观点，人类的主要任务是争取积极的发展。例如，**卡尔·罗杰斯**（Carl Rogers, 1902—1987）强调个体拥有朝向心理成长和健康的自然倾向，周围人的积极关注会促进这一过程。**亚伯拉罕·马斯洛**（Abraham Maslow, 1908—1970）创造了“自我实现”这个术语，用来指代每个个体追求最充分地开发自身潜能的驱力。此外，罗杰斯、马斯洛及其同事确立了全人研究的视角，将一种整体取向（holistic approach）运用于人类心理学。他们认为，只有将有关个体心理、身体、行为的知识与对社会和文化影响的认识整合起来，才能达成真正的理解。

人本主义取向扩展了心理学的领域，

把从文学、历史和艺术的研究中得到的宝贵经验都包括进来。心理学因而成为了一个更加全面的学科。人本主义者提出，他们的观点就像是酵母，帮助心理学超越了对负面力量以及人与动物相似之处的关注。我们将在第 15 章看到，人本主义观点对心理治疗新方法的发展有重大影响。

认知观点　心理学的认知革命是作为对行为主义局限的另一个挑战而出现的。**认知观点**（cognitive perspective）的核心是人的思维以及所有的认识过程——注意、思考、记忆和理解。从认知视角来看，人们行动是因为他们思考，而人们思考是因为他们是人类，精细的大脑构造使人类能够思考。

根据认知模型，行为只是部分地像行为主义所认为的那样，由先前的环境事件和过去的行为结果所决定。一些最重要的行为是从全新的思维方式中产生的，而并非从过去使用过的可预测的方式中产生。想一想儿童是如何学习母语的。斯金纳在他的《言语行为》（*Verbal Behavior*, 1957）一书中提出，儿童是通过日常的学习过程来获得语言的。**诺姆・乔姆斯基**（Noam Chomsky, 1928—）有力地反驳了斯金纳的主张，促进了认知观点的创立。乔姆斯基坚称，即使儿童也能够生成超出他们过去经验之外的言语。瑞士研究者**让・皮亚杰**（Jean Piaget, 1896—1980）在他自己对儿童的研究中，使用了一系列心理任务来证明认知发展过程中的质变。为了解释儿童不断增长的复杂性，皮亚杰谈到了儿童的内在认知状态。

认知心理学家在多个水平上研究高级的心理过程，如知觉、记忆、语言使用、思维、问题解决和决策。认知心理学家将思维同时视为外显行为的原因和结果。你在伤害别人后感到抱歉是思维作为结果的例子。但是在感到抱歉之后，你的道歉行为则是思维作为行为原因的例子。在认知视角下，个体不是对客观的物质世界做出反应，而是对个体思维和想象的内在世界的主观现实做出反应。由于认知观点对心理过程的关注，许多研究者认为认知观点在当今心理学中业已占据主导地位。

生物学观点 **生物学观点**（biological perspective）指引心理学家在基因、大脑、神经系统以及内分泌系统的机能中寻找行为的原因。一个有机体的机能可以用生理结构和生物化学过程来解释。经验和行为在很大程度上被理解为在神经细胞内部及之间发生的电活动以及化学活动的结果。

采取生物学视角的研究者们一般假设，心理现象和社会现象最终能够用生物化学过程加以理解：即使最复杂的现象，也能够通过分析或简化为更小、更具体的单位来理解。比如说，他们可能会用你脑细胞中精确的生理过程来解释你如何阅读这句话中的词语。这种观点认为，行为取决于生理结构和遗传过程。经验可以通过改变基本的生物结构和过程来改变行为。研究者可能会问："在你学习阅读的时候，你的脑中发生了什么变化？"生物心理学研究者的任务就是在最精确的分析水平上理解行为。

许多持生物学观点的研究者为**行为神经科学**（behavioral neuroscience）这一交叉领域作出了贡献。神经科学研究大脑机能，行为神经科学则试图理解诸如感觉、学习、情绪等行为背后的大脑过程。第 3 章中将讲到的脑成像技术的发展使**认知神经科学**（cognitive neuroscience）取得了重大突破。认知神经科学是一门跨学科的研究领域，关注高级认知功能的脑机制，比如记忆和语言。后面你将看到，脑成像技术使得持生物学观点的研究者能考察更为广泛的人类经验。

进化观点 **进化观点**（evolutionary perspective）试图把当代心理学与生命科学的一个核心思想——达尔文关于自然选择的进化论——联系起来。自然选择的思想非常简单：能更好地适应环境的有机体，往往比那些适应性较差的有机体更能成功地繁衍后代（并传递其基因）。经过很多世代，物种朝着更具适应性的方向变化。心理学中的进化观点认为心理能力和身体能力一样，经过了几百万年的进化以达成特定的适应性目标。

进化心理学研究者们关注人脑发生进化的环境条件。更新世时期（持续大约 200 万年，结束于约 1 万年前）的人类以小群体为单位居住，以狩猎和采集为生，人类 99% 的进化史发生在这一时期。进化心理学利用进化生物学丰富的理论框架来确定人类所面对的核心适应问题：躲避捕食者和寄生虫，采集和交换食物，寻找并留住配偶，以及抚育健康的子女。在确定了早期人类所面临的适应性问题之后，进化心理学家对人类为解决这些问题而可能进化出的心理机制（或者说心理适应器）做出推论。

进化心理学与其他心理学观点最根本的不同在于，它把极为漫长的进化过程作为主要的解释原则。比如，进化心理学家试图把男性和女性所承担的不同性别角色理解为进化的产物，而非当代社会压力的产物。由于进化心理学家无法开展改变进化过程的实验，所以他们必须特别具有创造性以提供证据支持他们的理论。

社会文化观点　持**社会文化观点**（sociocultural perspective）的心理学家们研究行为的原因和结果的跨文化差异。社会文化观点是针对以下批评而做出的重要回应：心理学研究往往以西方的人性观念为基础，并且它的研究对象多为美国中产阶级白人（Arnett, 2008; Gergen et al., 1996）。为了适当考虑文化的影响，应当比较同一国家内的不同人群。例如，研究者可能对美国国内不同种族女性的进食障碍患病率进行比较（见第 11 章）。文化因素也可以在不同国家之间进行评估，比如比较美国和日本的媒体报道（见第 16 章）。跨文化心理学家想要确定研究者提出的理论是适用于所有人，还是只适用于一个较小的特定人群。

跨文化观点几乎适用于心理学研究的每一个主题：人们对世界的感知受文化影响吗？人们所说的语言影响他们体验世界的方式吗？文化如何影响儿童向成人发展的方式？文化态度如何塑造晚年经验？文化如何影响我们的自我感觉？文化影响个体参与特定行为的可能性吗？文化影响个体表达情绪的方式吗？文化影响人们在一些心理障碍上的患病率吗？

马林诺夫斯基记录了妇女在特罗布里恩群岛文化中的重要作用。为什么跨文化研究对于探索普遍的心理学原理至关重要?

通过提出这些类型的问题，社会文化观点常常产生一些直接挑战其他心理学观点的结论。例如，研究者们声称，弗洛伊德心理动力学理论的很多方面都不能应用到与弗洛伊德时代的维也纳极为不同的其他文化中。早在 1927 年，人类学家马林诺夫斯基（Malinowski, 1927）就提出了这个担忧，他通过描述新几内亚特罗布里恩岛民的家庭实际情况——权威在母亲而非父亲一方——有力地批评了弗洛伊德的父权中心理论。因此，社会文化观点认为心理动力学观点中的某些普遍性主张是不正确的。对人类经验的概括忽视了文化的多样性和丰富性，社会文化观点对此提出了持续而重要的挑战。

各种观点的比较：以攻击为例 以上七种观点中的每一种都基于一套不同的假设，并且导致了寻找有关行为问题的答案的不同方式。**表 1.1** 概括了这些观点。作为一个例子，让我们简要比较一下使用不同模型的心理学家们如何处理“为什么人们会表现出攻击性”的问题。所有这些取向都曾被用来理解攻击和暴力的本质。下面是各种观点的研究者可能提出的主张以及他们可能进行的实验的例子：

- **心理动力学观点**。把攻击作为对挫折的反应来分析，挫折是由获得快乐感的障碍引起的，比如不公正的权威。将攻击视为成人最初在童年时期对其父母的敌意的转移。
- **行为主义观点**。找到过去对攻击反应的强化，比如对一个打了同学或兄弟姐妹的孩子给予了更多的关注。认为人们从父母的体罚

表 1.1　当代 7 种心理学观点的比较

观点	研究的焦点	基本研究主题
心理动力学	无意识驱力 冲突	作为无意识动机外显表达的行为
行为主义	特定的外显反应	行为及其刺激的原因和结果
人本主义	人类经验和潜能	生活模式 价值观 目标
认知	心理过程 语言	通过行为指标推断心理过程
生物学	脑与神经系统过程	行为和心理过程的生物化学基础
进化	进化而来的心理适应器	从进化而来的适应性功能的角度来阐述心理机制
社会文化	态度和行为的跨文化模式	人类经验的普遍性方面和文化特异性方面

中学会了体罚自己的孩子。

- *人本主义观点*。寻找那些促成自我限制和攻击视角的个人价值观及社会条件，而不是寻找那些促进成长和分享经验的个人价值观及社会条件。
- *认知观点*。探索人们在目睹暴力行为时所经历的敌对思维和幻想，同时注意人们的攻击想象及伤害他人的意图。研究电影和录像中的暴力（包括色情暴力）对人们对待枪支控制、强奸和战争的态度的影响。
- *生物学观点*。通过刺激不同的脑区并记录由此引发的破坏性行为来研究特定大脑系统在攻击中的作用。另外还应分析杀人惯犯的大脑异常之处；考察女性的攻击性与月经周期之间的关系。
- *进化观点*。考虑是什么条件使攻击成为早期人类的适应性行为，确定在这些条件下能够选择性地做出攻击行为的心理机制。
- *社会文化观点*。考虑不同文化中的成员如何表现和解释攻击。确定文化力量如何影响不同类型的攻击行为发生的可能性。

你可以从攻击的例子中看出这些不同的心理学观点如何共同形成了对心理学特定研究领域的全面理解。当代心理学的大部分研究都是多种视角的。贯穿《心理学与生活》全书，你将看到新理论如何从不同观点的结合中产生。此外，科技的进步也使得研究者更容易将不同的视角和观点结合起来。比如，你在第 3 章中将了解到脑成像技术让研究者能够从生物学视角来研究语言加工（第 8 章）、人格差异（第 13 章）等各类主题。而且互联网的发展使得全球研究者的合作更容易，从而研究者可以从社会文化视角来研究广泛的主题，包括道德推理（第 10 章）和身体意象（第 11 章）。心理学视角和观点的多样性有助于研究者创造性地思考人类经验的核心主题。

STOP 停下来检查一下

❶ 结构主义和机能主义的核心关注点是什么？

❷ 海伦·汤普森·伍利得出了关于性别差异的什么结论？

❸ 心理动力学观点和行为主义观点如何理解人们行为背后的力量？

❹ 认知神经科学的目标是什么？

❺ 进化观点和社会文化观点如何互补？

心理学家们做些什么

现在，你对心理学的了解已经足以让你对心理学探索的全部领域提出问题。如果你准备了一个这样的问题清单，那么你可能会触及那些自称为心理学家的人的专业知识领域。在**表 1.2** 中，我提供了我自己的问题清单，并指出了什么类型的心理学家可以回答这些问题。

你从表中会发现心理学有很多分支领域。一些领域的名称可以告诉你心理学家专业工作的主要内容。比如，**认知心理学家**关注基本的认知过程，如记忆和语言；**社会心理学家**关注塑造人们态度和行为的社会力量。一些名称则指出心理学家应用专业知识的领域。比如，**工**

表 1.2　心理学研究的多样性

问题	谁来回答这个问题	研究和实践的焦点
人们如何更好地应对日常问题?	临床心理学家 咨询心理学家 社区心理学家 精神科医生	研究心理障碍及日常问题的根源，以评估治疗方案；为心理障碍及其他个人调适问题提供诊断和治疗。
我如何应对中风的后遗症?	康复心理学家	为病人或残疾人提供评估和咨询；为患者、照护者、雇主和社区成员提供应对策略和教育。
记忆是怎样存储在大脑中的?	生物心理学家 精神药理学家	研究行为、情感和心理过程的生物化学基础。
如何教一条狗听从命令?	实验心理学家 行为分析师	采用实验室实验，通常以动物为实验对象，研究学习、感觉、知觉、情绪和动机的基本过程。
为什么我不能总是回忆起我确信自己知道的信息?	认知心理学家 认知科学家	研究记忆、知觉、推理、问题解决、决策和语言使用等心理过程。
是什么让人们彼此不同?	人格心理学家 行为遗传学家	开发测验和创建理论以理解人格和行为上的差异；研究遗传和环境对这些差异的影响。
“同辈压力”是如何起作用的?	社会心理学家	研究人们在社会群体中如何发挥作用，以及人们选择、解释及记忆社会信息的过程。
婴儿对世界了解多少?	发展心理学家	研究个体一生在生理、认知和社会功能上发生的变化；研究遗传和环境对这些变化的影响。
为什么我的工作让我这么沮丧?	工业与组织心理学家 人因心理学家	研究在一般工作场所或特定任务上影响绩效和士气的因素；将这些见解运用于职场。
老师应该如何对待调皮学生?	教育心理学家 学校心理学家	研究如何改进学习过程的各个方面；协助设计学校课程、教学训练项目和儿童照护项目。
为什么我在每次考试之前都生病?	健康心理学家	研究不同的生活方式如何影响身体健康；设计和评估预防方案以帮助人们改变不健康的行为和应对压力。
被告在犯罪时精神失常吗?	司法心理学家	在执法领域将心理学知识运用于人类问题。
为什么我在重要的篮球比赛中总是发挥失常?	运动心理学家	评估运动员的表现；运用动机、认知和行为的原理来帮助他们达到最佳表现水平。
我如何理解人们给我的数据?	定量心理学家 心理测量师	开发和评估新的统计方法；构建和验证测量工具。
心理学家能够多准确地预测人们的行为?	数学心理学家	开发数学公式以准确地预测行为和检验比较不同的心理学理论。

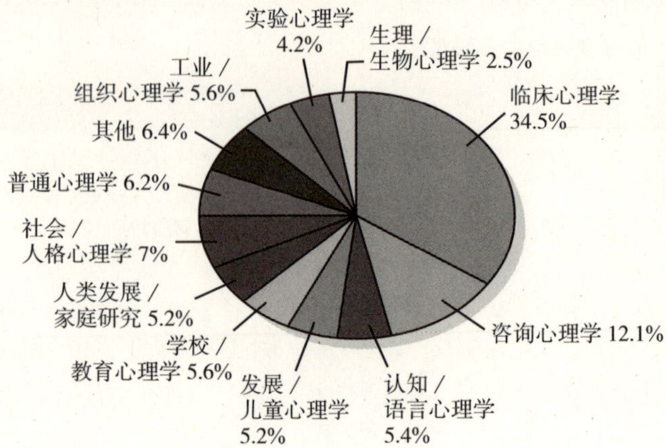

图 1.2　心理学各分支领域的学位分布

2009 年，大约 3 500 人获得了心理学分支领域的博士学位（National Science Foundation, 2010）。虽然其中最大比例的学位授予了那些希望从事临床心理学工作的人，但其他基础和应用研究领域的学生也获得了高级训练。

业与组织心理学家致力于提升工作场所中人们的调适能力；学校心理学家关注教育环境下学生的调适能力。

每一类心理学家都力图在研究（寻求新见解）和应用（将新见解应用到外部世界）之间达到平衡。研究和应用这两种活动之间有着必然的联系。比如，我们通常认为临床心理学家主要是应用心理学知识来改善人们的生活，但是你在第 14 章和第 15 章中会看到，临床心理学家同样有重要的研究职责。当前的研究将继续促进我们对不同心理障碍之间的区别以及最佳治疗方法的理解。**图 1.2** 显示了心理学的众多分支领域中攻读博士学位的人数。

发展心理学家可能会使用木偶或其他玩具来研究儿童的行为、思维或情感。为什么儿童向木偶表达自己的想法要比向成年人表达想法更容易？

再来回顾一下表 1.2，这

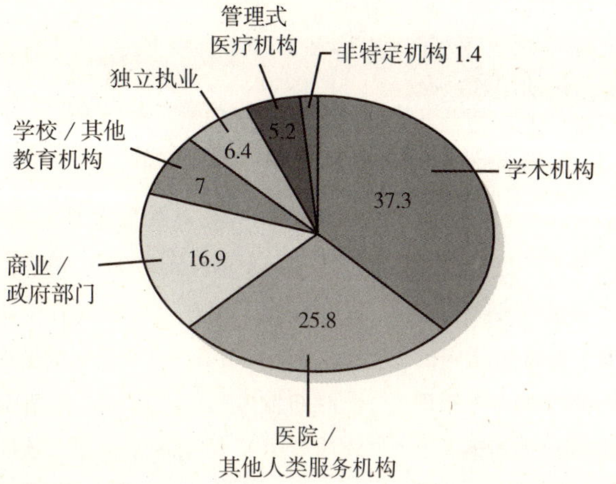

图 1.3　心理学家的工作场所

图中显示了在不同场所工作的心理学家所占的百分比，数据来源于对获得心理学博士学位的美国心理学协会（APA）成员的调查。

里列出的问题清单说明了为什么心理学有这么多分支。其中涉及了你关心的问题吗？如果你有时间，列一个你自己的问题清单，逐个划去每一个《心理学与生活》一书中给出答案的问题。

你想知道世界上究竟有多少从业的心理学家吗？调查表明超过了 50 万人。**图 1.3** 显示了心理学家工作场所的分布情况。尽管心理学家在人口中所占的比例在西方工业化国家中是最高的，但人们对心理学的兴趣在许多国家都在持续增长。国际心理科学联合会（IUPS）的成员组织来自 71 个国家（Ritchie, 2010）。美国心理学协会（APA）是一个包括世界各地心理学家的组织，拥有 15 万余名会员。另一个国际性组织，心理科学协会（Association for Psychological Science, APS）* 约有 23 000 名会员，它更关注心理学的科学方面，对临床或治疗方面的关注要少一些。

* APS：成立于 1988 年，现有会员两万多人。主要包括杰出的心理学家、学者、临床学家、研究者、教师和行政管理人员。其原名为 American Psychological Society，中文原多译为“美国心理协会”。现根据其改名后的英文，我们建议中文译为“心理科学协会”。——译者注

生活中的心理学

心理学家以哪些方式参与司法体系

《心理学与生活》的一个重要启示是：实证研究使心理学家获得了广泛的专业知识。随着本书的展开，你将有很多机会看到研究结果如何应用于日常生活中的重要问题。你还将看到心理学的专业知识如何在公共论坛中发挥作用。作为第一个例子，我们来看看司法心理学家是如何参与重要的司法判决的。

司法体系依赖于司法心理学家为民事诉讼和刑事诉讼提供评估（Packer, 2008）。例如，在民事方面，司法心理学家在离婚听证会上提供的证据会影响儿童监护权的判决。他们还可以为工作者在某一雇佣场所可能遭受的心理创伤作证。在刑事方面，司法心理学家评估当事人对其所犯罪行的理解能力以及出庭受审的能力。司法心理学家还评估个体是否会危及自身或他人的安全。让我们仔细考察最后一项职能。

假设某人因暴力犯罪而被投入监狱，在服刑一段时间后，他来到假释听证会。听证会上的一个重要考虑因素是这个犯人的未来会怎样，他再次做出暴力犯罪行为的可能性有多大？

近年来，心理学家为这个问题提供了越来越多基于研究的答案（Fabian, 2006）。这类研究通常首先对导致更多或更少暴力的生活因素进行理论分析。研究者对静态和动态因素做出重要区分（Douglas & Skeem, 2005）。静态因素是那些在时间上相对稳定的因素（如性别和初次定罪的年龄）；动态变量是那些可能随时间发生变化的因素（如情绪控制和物质滥用）。动态因素的加入表明风险会随时间发生变化。仅凭过去经历并不能有效地预测一个人未来的行为表现。测量一个人的生活轨迹也很重要。

研究者必须提供证据来证明风险评估工具能够成功地预测未来的暴力行为（Singh et al., 2011; Yang et al., 2010）。为了做到这一点，研究者通常在一段时间内追踪多组个体。例如，王和戈登（Wong & Gordon, 2006）评估了关押在加拿大艾伯塔省、萨斯喀彻温省和曼尼托巴省的918名成年男性罪犯。每一名参与者都通过暴力风险量表（VRS）进行评估，该量表可以测量6个静态变量和20个动态变量。为了评估VRS的效度，研究者在数年内追踪参与者，了解他们在被释放到社区后多久被判犯下新的罪行。无论是短期（1年后）还是长期（4.4年后），VRS评分越高的男性越有可能再次被判暴力犯罪。

这类研究结果十分重要，因为它们有助于司法心理学家为司法断案提供更加准确的指导。

STOP 停下来检查一下

❶ 研究和应用之间存在怎样的关系？

❷ 心理学家主要在哪两类场所中工作？

如何使用本书

你即将开启一段智慧之旅，带你穿越现代心理学的许多领域。在出发之前，我想与你分享一些重要的信息，它们会帮助你完成这次探险。“旅行”是贯穿全书的一个比喻：你的老师是旅行的向导，这本教科书是旅行手册，而我作为本书的作者就是你们的私人导游。这次旅行的目的是让你们发现人类对整个宇宙中最不可思议的现象——大脑、人类心理、所有生物的行为——的认识。心理学致力于理解那些会引发思维、情感和行动的看似神秘的过程。

本指南提供了一般性的策略和具体的建议，以帮助你使用本书来取得你所希望的好成绩，并从你的心理学导论课上得到最大收获。

学习策略

1. 留出足够多的时间来完成阅读任务并复习课堂笔记。本书包含了很多新的技术性信息、很多需要掌握的原理以及需要记忆的新术语。要掌握这些内容，你至少需要花 3 个小时来阅读每一章。
2. 记录你学习这门课的时间。将你每次阅读学习的小时数（以半小时为时间间隔）绘成图表。将你投入的时间画成累积图。把每次新的学习时间累加到左坐标轴的过去学习总时间上，把每次学习时段标在基线轴上。这张图可以直观地反馈你的学习进度，还会显示什么时候你该读书却没有读。
3. 积极参与。只有积极地深入探究学习材料，才能达到最佳的学习状态。这意味着阅读要认真，听讲要专心，用自己的话重新组织你读到和听到的内容，做好笔记。在教科书上，把重点部分划出来，在页边写上自己的注释，总结你认为课堂测验中会出现的要点。

4. 间隔性地学习。心理学研究告诉我们，定期学习要比考试前突击更有效。如果你的学习进度落后了，你就很难在最后一刻于慌乱中还能掌握心理学导论课包含的所有内容。
5. 以学习为中心。找一个干扰最少的地方来学习。让这个地方只用于学习、读书、写作业而不做其他事情。这样这个地方便会与学习活动关联起来，你会发现只要你坐到那个学习的地方，就很容易开始学习。

你还要站在老师的角度，预测他可能提出的问题类型，确保自己能够回答这些问题。弄清这门课的测验形式——论述题、填空题、选择题或判断正误。测验形式会影响你在多大程度上关注整体观点或细节。论述题和填空题需要回忆类型的记忆，而选择题和判断正误需要再认类型的记忆。

学习技巧

这部分将给你提供关于学习技巧的具体建议，你可以使用这些技巧来学习这门课程以及其他课程。这些技巧是基于第 7 章将讨论的人类记忆的基本原则。它的简称是 PQ4R，来自有效学习六个阶段的首字母：预习（Preview）、提问（Question）、阅读（Read）、思考（Reflect）、重述（Recite）、复习（Review）（Thomas & Robinson, 1972）。

1. 预习：快速浏览整章，大致了解这一章讨论的内容。了解其结构和主题。阅读每一部分的标题并浏览其中的图片和图表。实际上，你应该首先看看每章的“要点重述”部分。这部分列出了该章各个一级标题下的要点，使你能够清楚地了解该章所包含的内容。
2. 提问：在阅读每一部分前都要提问。你应该使用标题和关键术语来帮助你，比如你可以将标题“心理学的目标”变成问题：“心理学的目标是什么？”你也可以将关键术语“生物学观点”变成问题：“生物学观点主要关注什么？”这些问题有助于在阅读过程中引导你的注意力。

3. 阅读：仔细阅读课文的内容，这样你能回答自己提出的问题。
4. 思考：在阅读课文阶段，努力将这些材料与你对该主题已有的知识联系起来。想想其他的例子来丰富课文。试着将各小节的内容联系在一起。
5. 重述：在阅读和思考每一节后，试着尽可能详细地回忆其内容。比如，通过大声朗读课文来回答你之前提出的问题。在接下来的复习中，写下你认为很难记住的内容。
6. 复习：在读完整章后，复习关键点。如果你不能回忆出重点，或者不能回答自己提出的问题，再重复前面的过程（阅读、思考、重述）。

现在花一点儿时间使用 PQ4R 方法复习本章前面的某一节，看看应该如何完成每个阶段。掌握这一方法需要一些时间，在学期开始时要多下点儿功夫。

你现在已经准备好充分利用这本《心理学与生活》了。我们希望你学习《心理学与生活》将是一次有价值的旅行，而且充满值得回忆的时刻和惊喜！

STOP 停下来检查一下

❶ 在课程中积极参与意味着什么？

❷ PQ4R 中提问阶段和阅读阶段的关系是什么？

❸ PQ4R 中重述阶段的目的是什么？

要点重述

心理学为何独具特色

- 心理学是对个体的行为和心智过程的科学研究。
- 心理学的目标是描述、解释、预测以及帮助控制行为。

现代心理学的发展

- 结构主义产生于冯特和铁钦纳的工作。它强调由基本感觉构成的心理和行为的结构。
- 机能主义是由詹姆士和杜威发展起来的，强调行为的目的。
- 这些理论共同开创了当代心理学的主要议题。
- 女性在心理学早期历史上作出了重要的研究贡献。
- 心理学的七种观点在对人性的看法、行为的决定因素、研究的焦点和基本研究方法等方面都有所不同。
- 心理动力学观点认为行为是由本能力量、内在冲突以及意识和无意识的动机驱动的。
- 行为主义观点认为行为是由外部的刺激条件决定的。
- 人本主义观点强调个体做出理性选择的内在能力。
- 认知观点强调影响行为反应的心理过程。
- 生物学观点研究行为与大脑机制之间的关系。
- 进化观点认为行为是为了适应在环境中生存而进化出来的。
- 社会文化观点考察行为及其在文化背景下的解释。

心理学家们做些什么

- 心理学家们在很多不同的场所中工作，并且吸收一系列专业领域中的知识。
- 几乎所有能从现实生活经验中产生的问题都是由心理学专业人士来探讨的。

如何使用本书

- 制定具体的策略，确定你需要多少学习时间以及如何最有效地分配时间。
- 积极参与课堂和阅读本书。PQ4R 提供了六个阶段来提高学习效率：预习、提问、阅读、思考、重述、复习。

关键术语

心理学	格式塔心理学	认知观点
科学方法	机能主义	生物学观点
行为	心理动力学观点	行为神经科学
行为数据	行为主义观点	认知神经科学
结构主义	行为主义	进化观点
内省法	人本主义观点	社会文化观点

第2章

心理学的研究方法

研究过程

观察者偏差和操作性定义

实验法：备选解释和控制的必要

相关法

生活中的心理学：愿望思维会影响你如何评估信息吗

心理测量

获得信度和效度

自我报告法

行为测量和观察

人类和动物研究中的伦理问题

知情同意

风险/收益的评估

故意欺骗

事后解释

动物研究中的问题

成为有批判精神的研究消费者

生活中的批判性思维：为什么数字技能如此重要

要点重述

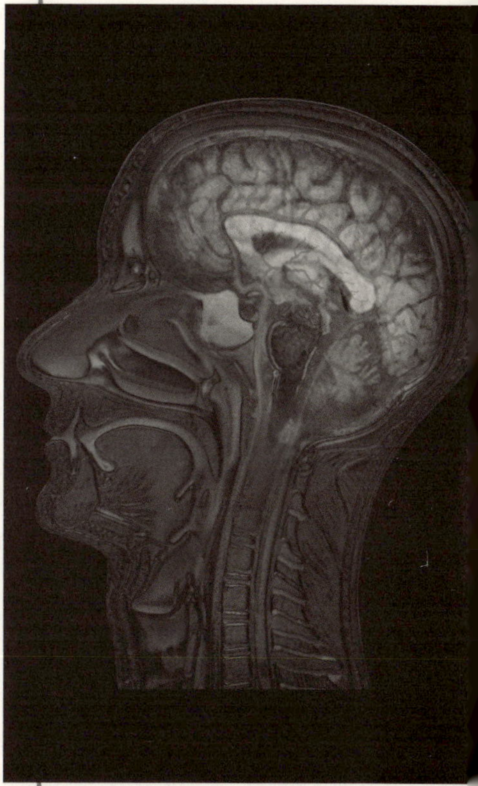

你可能还记得，在第 1 章中我要求你列出一个你希望在读完《心理学与生活》之后能够得到解答的“问题清单”。以前使用过本书的学生提出了很多有趣的问题。下面是其中的几个例子：

- 我开车时能打电话吗?
- 有关记忆的研究是否对我的学习有帮助，从而考出个好成绩?
- 我怎样才能变得更有创造力?
- 把孩子送去日托可以吗?

在这一章中，我们将描述心理学家们是如何得出那些对学生而言很重要的问题的答案的。我们将聚焦在心理学将科学方法应用到其研究领域的特殊方式上。读完本章后，你应该可以理解心理学家如何设计他们的研究：他们究竟是如何从所研究的那些复杂且往往是混乱的现象中（人们如何思考、感受以及行动？）得出可靠结论的。即使你一生从不做科学研究，掌握这一章的内容仍然是大有裨益的。我们的目的是，通过教会你如何提出正确的问题，如何评估有关心理现象的原因、结果和相关性的答案，来帮助你提高批判性思维技能。大众传媒经常以“研究表明……”这样的开头向我们传达信息，而通过不断磨炼理性的怀疑态度，我们将帮助你成为一个更为老练的信息消费者，合理地看待日常生活中见到的各种研究结论。

研究过程

心理学的研究过程可以划分为几个步骤，它们通常是依次发生的（见图 2.1）。步骤 1，观察、信念、信息以及一般知识会促使一个人萌生出一个新想法，或者对某种现象有了一个不同的新思路。这是典型的心理学研究过程的肇始。研究者的问题从何而来？其中一些来源于对环境中的事件、人物和动物的直接观察；另一些则来源于这些领域的传统内容，即那些早期学者遗留下来的“尚未解答的重大问题”。研究者通常以独特的方式来组合已有的思想，以提出创新的观点。思想者真正有创造力的标志是：能够发现可以推进科学和社会朝更好方向发展的新真理。

在心理学家积累有关现象的信息时，他们创造出各种理论，这些理论变成了阐释研究问题的一个重要背景。**理论**（theory）是一套用于解释一种现象或一系列现象的有组织的概念集合。大多数心理学理论都有一个共同的核心，即**决定论**（determinism）的假设。这一假设认为，一切事件，

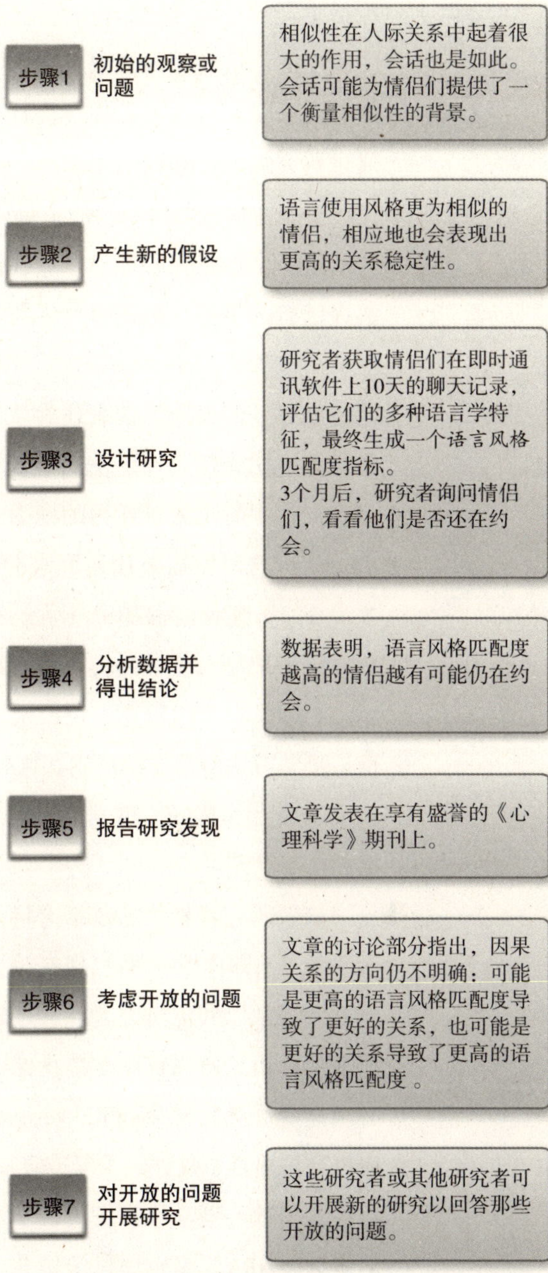

图 2.1　实施和报告研究过程中的步骤

为了说明科学研究过程的步骤，考虑一下上述研究，该研究考察了情侣的语言风格与其关系稳定性之间的关系（Ireland et al., 2011）。

包括生理的、心理的和行为的，都是特定原因的结果，或者说是由其所决定的。这些原因被限定在个体环境因素或个人内部因素之中。研究者还假设，行为和心理过程具有规律性的关系模式，这些模式可以通过研究被发现和揭示出来。一般来说，心理学理论通常是对潜藏在这些有规律模式背后原因的主张和阐述。

当一个理论在心理学领域被提出来的时候，人们通常希望它既能解释已有的事实，也能够产生新的假设。产生新的假设是研究过程的步骤 2。**假设**（hypothesis）是对原因和结果关系的试探性的、可以检验的阐述。假设通常被表述为"如果……那么……"形式的预测，它会明确说明特定条件引发的特定结果。例如，我们可能预测，如果儿童在电视中看了大量暴力的场面，那么他们将对同伴表现出更多的攻击行为。这时就需要用研究来验证"如果"和"那么"之间的联系。步骤 3，研究者们将基于科学方法去检验他们的假设。科学方法是一套以能够限制误差源并得出可靠结论的方式收集和解释证据的一般程序。心理学在多大程度上可以被视为一门科学，要看它在多大程度上遵从科学方法所建立的规则。这一章的许多内容都是在描述科学方法。一旦研究者收集好了数据，他们便进入研究过程的步骤 4，即分析数据并得出结论。

如果研究者相信那些结论将会对这个领域产生影响，他们就会进入步骤 5，即向学术期刊提交论文以求发表。为了使发表成为可能，研究者必须以其他研究者能够理解和评价的形式保存完整的观察记录和数据分析。研究程序是禁止保密的，因为所有的数据和方法最终都必须接受公开检验（public verifiability）。也就是说，其他研究者必须有机会去检查、批评、重复或者反驳那些数据和方法。

大多数心理学研究发表在学术期刊上，这些期刊由诸如美国心理学协会（APA）或心理科学协会（APS）等组织出版。研究原稿投到这些期刊后大多都要经历同行评审（peer review）的过程。每份稿件通常要寄给二到五位本领域的专家，这些专家会对稿件的理论基础、方法以及结果进行详细的分析。只有专家们足够满意的稿件才能在期刊上发表，这是一个严格的过程。例如，2010 年美国心理学协会（APA，2011）出版的期刊平均拒稿率达 71%。同行评审过程并不完美，毫无疑问，一些有价值的研究会被忽视，还有一些有问题的研究会蒙混过关。但是，总的来说，这一过程还是确保了你在绝大部分学术期刊上读到的研究都达到了较高的标准。

在步骤 5 中，心理学家还经常尝试向更广泛的公众传播他们的结果。在美国心理学协会的主席演讲中，乔治・米勒（Miller, 1969, p. 1071）得出了一个著名的结论：专业心理学家的责任“更多的是把心理学传播给真正需要它的人（包括所有人），而不只是承担专家的角色，把心理学应用于我们自身”。针对广泛的读者和听众，心理学家经常著述和演讲。主要的专业组织，如美国心理学协会和心理科学协会，也会发布新闻稿，创建公共论坛，研究者借此将心理学传播出去。

研究过程的步骤 6 是，科学界对此研究做出反思，识别出它所遗留的没有解决的问题。大部分研究论文会在“讨论”部分开始这一过程，研究者会在该部分阐述自己研究的意义和局限。他们可能会明确地描述他们认为未来值得开展的研究类型。如果数据未能完全支持假设，研究者必须重新思考他们的理论的相关方面。因而在理论和研究之间存在着持续的相互作用。到步骤 7，起初的研究者或他们的同行可能会对开放的问题开展研究，并再次开启这一研究周期。

恰当使用科学方法是这一研究过程的核心。科学方法的目标是使得研究者所下的结论具有最大的客观性。当结论不受研究者的情绪或个人偏差的影响时，它们便是**客观的**。下面两部分都以“对客观性的挑战”开始，然后描述由科学方法所提出的“补救措施”。

观察者偏差和操作性定义

当不同的人观察同样的事物时，他们并不总是“看到”同样的东西。在这一部分，我们将描述**观察者偏差**问题以及研究者所采取的补救措施。

参与者、现场观众和电视观众都会受观察者偏差的影响。你如何才能确定真正发生了什么？

对客观性的挑战 **观察者偏差**（observer bias）是由观察者个人的动机和预期导致的错误。有时候，人们看见和听见的只是他们所预期的，而不是事实的本来面目。让我们来考察一个有关观察者偏差的极端例子。20 世纪初，一位杰出的心理学家雨果·芒斯特伯格（Hugo Munsterberg）给包括很多记者在内的一大群听众做过一次关于和平的演讲。事后，他对记者们根据自身见闻而写的新闻报道做了如下总结：

> 这些记者坐在听众席前排。一个人写道，听众对我的演讲感到非常惊讶，以至于会场上鸦雀无声；另一个人则写道，我经常被大声的鼓掌打断，在我演讲的最后，鼓掌持续了几分钟的时间。一个人写道，在我的对手讲话的时候，我总是微笑着；另一个人则注意到，我的脸色严肃，没有一丝笑容。一个人写道，我的脸由于激动变得紫红；另一个人则发现我的脸变得惨白（1908, pp. 35–36）。

回过头看看报纸上记者们的报道与其政治观点的关联是非常有趣的——然后我们可能会理解为什么记者“见到了”他们所报道的内容。

你可以在日常生活中寻找观察者偏差的例子。例如，假设你正处在亲密关系中。你带入这段关系中的动机和预期会怎样影响你看待对方行为的方式？让我们看看一项对 125 对已婚夫妇所做的研究。

研究特写

夫妻双方进行两段 10 分钟的对话，同时被录像（Knobloch et al., 2007）。在一段对话中，他们讨论其关系中的积极面；而在另一段对话中，他们讨论最近一次意外的事件，这次事件改变了他们对于未来关系的信心（或好或坏）。在每一段对话后，夫妻双方给出自己对于交流质量的评分，评分的维度包括他们认为他们的配偶热情还是冷淡，他们的配偶在多大程度上企图主导对话。研究者还请中立的评分者（与这些夫妇没有关系的人）来观看和评价这些对话。与这些中立评分所提供的基线相比，夫妻双方的评分表现出一致的观察者偏差。夫妇各自报告的对未来关系的确信程度决定了偏差的方向。例如，研究者注意到，“对婚姻有信心的参与者会对普通人眼中看似平常的对话产生强烈的积极反应”（p. 173）。

这项研究说明了预期是如何引起不同的观察者得到不同结论的。观察者偏差起着过滤器的作用，一些事情被视为是相关和重要的而获得注意，另外一些则被视为无关和不重要的而被忽略。

让我们把这些经验应用到心理学实验的情境中。研究者经常从事观察工作。考虑到每一位研究者都带着不同的先前经验来进行观察，而且那些经验通常包含对特定理论的认同，你就可以理解为什么观察者偏差会引发问题了。研究者必须努力确保自己用不带任何偏差的“裸眼”观察行为。研究者采用什么办法才能确保先前预期对观察的影响最小？

补救措施　为了使观察者偏差降到最小，研究者依赖于标准化和操作性定义。**标准化**（standardization）意味着在数据收集的所有阶段均使用统一的、一致的程序。测验或实验情境的所有特征应该充分标准化，以便使所有参与者都经历完全相同的实验情境。标准化意味着以同样的方式来提出问题，以事先建立的规则来量化反应。将结果打印或记录下来，可以确保它们在不同的时间、地点以及不同的参与者和研究者之间的可比性。

观察本身也必须标准化：科学家必须解决这样的问题，即如何将他们的理论转化为含义前后一致的概念。对概念含义进行标准化的策略我们称之为操作化。**操作性定义**（operational definition）是以测量该概念或决定它是否存在的特定操作或程序来界定一个概念，从而在实验内使其含义标准化。实验中的所有变量都必须给予操作性定义。**变量**（variable）是任何在数量或性质上可以有不同取值的因素。回忆一下图 2.1 中的实验。研究者评估了“语言风格匹配度”这一变量，该变量可以取 0~1 之间的任何值。

在实验情境中，研究者最经常想证明的是两种变量之间的因果关系。例如，假如你希望检验我们先前考虑过的假设：在电视中看到大量暴力场面的儿童将对他们的同伴表现出更多的攻击行为。为检验这一假设，你可以设计一个实验来操纵每名参与者所看到的暴力场面的数量。你操纵的因素就是**自变量**（independent variable），它是因果关系中的原因。然后，你可以评估每种暴力场面水平下的参与者表现出了多少攻击行为。攻击行为是因果关系中的结果，它是**因变量**（dependent variable），是实验者所测量的东西。如果研究者对原因和结果的看法是正确的，那么因变量的值就取决于自变量的值。

让我们花一点时间将这些新概念应用到真实的实验情境中。我们所考虑的研究项目开始于一个宏大的哲学问题：人是有自由意志的，还是说人的行为是由其无法掌控的遗传和环境力量所决定？这项研究并没有尝试去解答这个问题。相反，研究者认为不同个体回答这个问题的方式，即他们对自由意志和决定论的信念，影响着他们的行为（Vohs & Schooler, 2008）。研究者推断，持决定论世界观的人对不良行为的个人责任感更弱，因为他们认为这是他们控制不了的。为了检验这个假设，研究者给予学生一个作弊的机会！

在电视中看到暴力镜头是否会引发暴力行为？你如何确定？

图 2.2 呈现了这个实验的重要方面。研究者招募了大约 120 名本科生来作为参与者。该研究的自变量是参与者对自由意志和

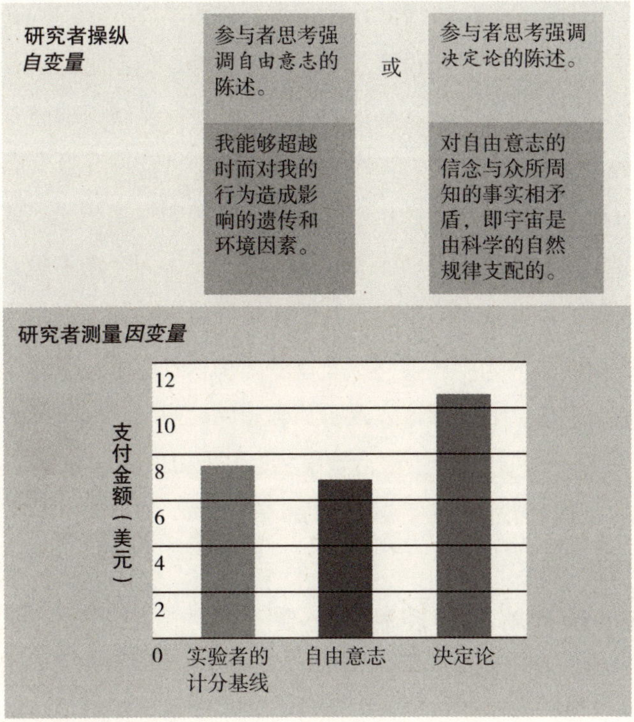

图 2.2　一个实验的元素

为了检验他们的假设，研究者创建了自变量和因变量的操作性定义。

资料来源：Kathlee D. Vohs and Jonathan W. Schooler, The value of believing in free will: Encouraging a belief in determinism increases cheating, *Psychological Science*, January 1, 2008, pages 49–54. © 2008 by the Association for Psychological Science.

决定论的信念。为了操纵这一自变量，研究者向学生提供了 15 段陈述，要求他们思考每段陈述 1 分钟。你可能会猜到，这些陈述在自由意志条件和决定论条件下是不同的。我们在图 2.2 中给出了例子。

为了检验他们的假设，研究者需要提供给学生作弊的机会。在实验过程中，学生尝试回答来自美国研究生入学考试（GRE）练习测验的 15 道题目。他们每答对一题可以获得 1 美元。参与者在实验者不在场的情况下给自己的答案计分。这就为学生提供了作弊的机会：实验者无法知道参与者是否付给了自己比应付金额更多的钱。实验的因变量是参与者付给自己的金额。

图 2.2 显示了实验的结果。为了确定普通学生在 15 道 GRE 题目中的真实得分，研究者还设置了另外一个条件，他们自己给参与者计分来看看学生能挣多少钱。标注为“实验者计分基线”的直条显示了这一信息。你可以从图 2.2 的其他两个直条看出，自变量对因变量有研究者所预期的影响。与被诱发自由意志立场的学生相比，那些被诱发决定论立场的学生给自己多支付了 4 美元。因为存在实验者计分基线——它显示自由意志的学生与实验者计分的学生的水平相当——所以我们可以推断出决定论的学生在作弊。花点时间想一想操作化实验变量的其他方法，通过其他方式来检验相同的假设。例如，为了证明实验结果可以推广到其他生活情境中，你可能想以其他方式测量作弊。这种考虑就让我们过渡到对实验法的探索。

实验法：备选解释和控制的必要

你从日常经验中知道，人们能够对同一个结果提出很多原因。当试图对因果关系进行正确的阐述时，心理学家面临同样的问题。为了找到明确的原因，研究者会运用**实验法**（experimental methods）：他们操纵一个自变量来观察其对因变量的影响。这种方法旨在就一个变量对另一个变量的影响做出强有力的因果论断。在这一部分，我们将阐述备选解释问题，以及研究者为解决这一问题所采取的一些措施。

对客观性的挑战 当心理学家检验一个假设时，他们经常在头脑中对“为什么自变量的变化会以一种特定的方式影响因变量”有一个解释。例如，你可以预测并用实验证明，观看电视中的暴力镜头会导致高攻击性。但是，你怎么知道恰好是观看电视中的暴力镜头诱发了攻击呢？为了使这一假设得到最强有力的支持，心理学家必须对可能存在的备选解释非常敏感。其他可以导致同样结果的解释越多，初始假设的可信度就越低。当并非实验者有意引入实验情境中的一些因素确实影响了参与者的行为，并混淆了数据的解释时，我们称这些因素为**混淆**

变量（confounding variable）。当一些观察到的行为结果的真正原因被混淆时，实验者对数据的解释就会冒风险。例如，假设暴力的电视场景比大多数非暴力的场景更吵闹并包含更多的动作时，场景中的暴力内容就和声音、动作等内容相混淆了。研究者不能确定究竟是哪一个因素独自导致了攻击行为。

尽管每一种不同的实验方法都可能带来一些独特的备选解释，我们仍然可以确定两种几乎存在于所有实验中的混淆变量，即期望效应和安慰剂效应。当研究者或观察者以微妙的方式向参与者传达他（她）所预期发现的行为并因此引发期望的反应时，无意的**期望效应**（expectancy effects）便发生了。在这种情况下，真正诱发所观察到反应的是实验者的预期，而不是自变量。

研究特写

在一个实验中，研究者将几组即将进行走迷宫训练的大鼠分配给 12 名学生（Rosenthal & Fode, 1963）。其中一半学生被告知他们分到的大鼠都是一些擅长走迷宫的品种，而其他的学生则被告知他们的大鼠是不擅长迷宫测验的品种。正如你可能猜想到的那样，这些大鼠实际上都是一样的。然而，学生们的实验结果符合他们对其大鼠的预期——相比于标记为笨拙的大鼠，那些标记为聪明的大鼠是更好的学习者。

你认为学生们是如何将他们的预期传达给大鼠的？当实验在人类实验者和人类参与者间进行时，你该知道你为何更担心期望效应了吧？期望效应歪曲了发现的内容。

当没有施加任何一种实验操纵，但实验参与者却改变了他们的行为时，**安慰剂效应**（placebo effect）就发生了。这一概念源自医学领域，用以解释这样一种现象：当病人服用了化学惰性的药物或接受了无针对性的治疗后，他（她）的健康状况却改善了。安慰剂效应指的是因个体相信治疗有效而导致的健康或幸福感的改善。一些没有什么疗效的治疗方法已被证明能为患者带来良好甚至极好的疗效（Colloca & Miller, 2011）。

在心理学的研究情境中，当一种行为反应受某个人的预期——该做什么或该如何感受——的影响，而不是受用以产生该反应的特定干预或程序的影响时，安慰剂效应就产生了。回忆一下将观看电视与随后的攻击行为相关联的实验。假定我们发现根本没有看过任何电视的参与者也表现出很高水平的攻击性，我们就可以推测，这些参与者是由于置身于允许他们表现攻击的情境中，他们觉得他们*应该*表现出攻击行为，因而才这么做的。实验者必须始终考虑到这样一种情况，即参与者会仅仅因为意识到自己被观察或测试而改变行为。例如，参与者可能会对被选中参加研究这件事感到很特别，因此展现的行为跟平常就会有所不同。这种效应会损害实验的结果。

补救措施：控制程序 由于人和动物的行为很复杂，往往有多种原因，因此好的研究设计应该能够预期到可能出现的混淆变量，并且采取策略来消除它们。类似于运动中的防守策略，好的研究设计应该能预期对手将做什么，并制订计划予以应对。研究者的这种策略被称为**控制程序**（control procedures），它是一些试图使所有变量和条件（除了那些与被验证的假设相关的）保持恒定的方法。在一个实验中，指导语、室内温度、任务、研究者的着装、时间安排、记录反应的方式，以及其他一些情境中的细节必须对所有参与者都一致，以确保他们的经历是相同的。参与者所经历的唯一不同应该是那些由自变量引入的差异。让我们来看一些针对特定混淆变量——期望效应和安慰剂效应——的补救措施。

例如，假想你在攻击实验中加入了一个观看喜剧节目的处理组。你想要谨慎地避免根据自己的预期以不同的方式对待喜剧组和暴力组的参与者。因此，在你的实验中，我们需要研究助手的参与，由他们来接待参与者，并在不知道参与者是看了暴力节目还是喜剧的情况下，评估他们的攻击性，即我们会让研究助手*不知道*参与者被分配到了哪种条件。在最理想的情况下，可以通过保证实验助手和参与者都不知道哪些参与者接受了何种处理来消除偏差。这一技术被称为**双盲控制**（double-blind control）。在我们将来的攻击实验中，我们可能无法不让参与者知道他们看的是喜剧还是暴力节目。然而，我们可以小心翼翼地确保他们不能猜到我们接下来的分析会集中在他们随后的攻击性上。

为了解释安慰剂效应，研究者通常引入一个不进行任何处理的实验条件，我们称为**安慰剂控制**（placebo control）。安慰剂控制属于控制的一般范畴，实验者通过控制来确保他们正在进行恰当的比较。假设你看到一个午夜电视广告，宣称一种药剂可以解决你所有的记忆问题。如果你买了这种药剂并坚持每周服用，你预期会发生什么？一项研究表明，那些在 6 个星期里每天早晨都服用这种药物的大学生，的确表现出在认知任务上成绩的提高（Elsabagh et al., 2005）。在一个任务中，参与者被要求在电脑屏幕上观看 20 张图片，对其进行命名，随后回忆其名字。服用药物的参与者在 6 个星期之后的成绩提高了 14 个百分点。然而，那些服用安慰剂（一种没有活性成分的药丸）的参与者成绩同样也提高了 14 个百分点。安慰剂控制表明，任务表现的提高是首次测验的练习结果。控制条件下的数据为我们评估实验效应提供了一个重要的基线。

补救措施：研究设计　为了实施控制条件，研究者还要决定哪种实验设计最适合他们的目标。一些实验设计，我们称之为**被试间设计**（between-subjects designs），参与者被随机分配到实验条件（接受一个或多个实验处理）和控制条件（不接受实验处理）。**随机分配**（random assignment）是研究者用来消除与研究参与者的个体差异有关的混淆变量的主要步骤之一。攻击实验就需要采用这一步骤。将参与者随机分配到实验条件和控制条件下，会使两组参与者于实验开始时在一些重要方面大体相似，因为每名参与者被分配到实验条件或控制条件的概率相同。因此，我们就不必担心存在这样的问题：分配到**实验组**（experimental group）的每个人都喜欢看暴力电视，而分配到**控制组**

（control group）的每个人都讨厌看暴力电视。随机分配可以使每一组中都混入不同类型的人，如果不同条件之间存在结果差异，我们能够更加确信这些差异是由处理或干预引起的，而不是由原先就有的差异引起的。

研究者还试图使挑选参与者的方式接近随机化。假如你想检验这样一个假设：6 岁的儿童比 4 岁的儿童更爱说谎。在实验结束后，你希望自己的结论能够适用于 4 岁和 6 岁儿童的**总体**（population）。然而，你只能从全世界所有的 4 岁和 6 岁儿童中选取一个非常小的子集，即**样本**（sample），把他们带到你的实验室中。一般来说，心理学实验使用 20~100 名参与者。你应该如何挑选你的儿童参与者呢？研究者会尝试构建一个**代表性样本**（representative sample），这个样本在诸如性别、种族等方面的分布都与总体的特征非常吻合。例如，如果你的儿童说谎研究中只有男孩，那么我们就不认为这是 4 岁和 6 岁儿童总体的代表性样本。为了获得代表性样本，研究者通常使用**随机取样**（random sampling）程序，这意味着总体的每一个成员参与实验的可能性都是相等的。（在本章后面的统计学附录中，我们描述了研究者用来确定实验结果能否推广到特定样本之外的程序。请结合本章阅读统计学附录。）

另一种实验设计称为**被试内设计**（within-subject design），利用每一名参与者作为他自己的“控制组”。例如，每名参与者都经历不止一种自变量水平。或者，将参与者接受实验处理之前的行为和接受处理之后的行为进行比较。考虑这样一个实验，它考察的是人们判断未来锻炼情况的准确性。

研究特写

假设你正在考虑去健身房。如果你认为自己会享受锻炼，那你去的概率就更大。但是你对自己未来享受程度的预测有多准确呢？一组研究者检验了这样一个假设：人们会习惯性地低估自己未来对锻炼的享受程度（Ruby et al.,

2011)。为了检验他们的假设，研究者选取了定期参加健身班的人来参与他们的研究。在健身课开始前，他们让参与者在 1 分(一点儿也不享受)到 10 分(非常享受) 的 10 点量表上预测他们认为自己会享受这节课的程度。这些人给出的平均评分是 7.6 分。下课后，他们给自己的实际享受程度打分。结果，他们一致给出了较高的评分，在 10 点量表上的平均评分为 8.2 分。

因为这项研究采用了被试内设计，所以研究者可以得出一个强有力的结论：参与者低估了锻炼给他们带来未来的享受。你可能想知道这是为什么。研究者认为，这是因为考虑锻炼的人过于关注锻炼的开始阶段，而这往往是感受最差的部分。在后来的一个被试间实验中，他们让参与者想象自己是在一开始就有最好的感受，还是在最后才有最好的感受。那些设想一开始就有最好感受的人给出的平均得分（在 10 点量表上为 8.0 分），显著地高于那些设想最后才有最好感受的人(7.0 分)。当你下次考虑锻炼的时候，你知道该如何利用这个结果了吧？

迄今我们所描述的研究方法都包含操纵一个自变量以观察它是否会对因变量产生影响。虽然这种实验方法常常允许研究者对变量间的因果关系做出最有力的判断，但一些条件会使这种方法不太可取。首先，在一个实验中，行为经常是在人为环境中被研究的，其中情境因素被严格控制，环境本身就可能歪曲行为的自然发生方式。批评者指出，为了达到只处理一个或几个变量和反应的简单性，自然行为模式大量的丰富性和复杂性都在控制实验中被舍弃。其次，研究中的参与者通常知道他们在参加实验，正在接受测量和检验。受此意识影响，他们可能表现为试图取悦研究者、尝试“揣测”研究的目的，或者改变他们的行为，使之与不知道被监控时的行为显著不同。最后，有一些重要的研究问题受到伦理的约束

为什么人们会低估自己未来对锻炼的享受程度？

而不可能实施。例如，我们不能通过设置一个儿童被虐待的实验组以及一个儿童不被虐待的控制组，以发现虐待儿童的倾向是否会世代相传。在下一部分，我们将讨论经常用来解决这些担忧的一类研究方法。

相关法

智力和寿命存在联系吗？乐观的人是否比悲观的人更加健康？童年受到虐待与后来的精神疾病有无关系？这些问题中涉及的一些变量是心理学家不易操纵或操纵起来不合乎伦理原则的。为了回答这些问题，研究者采用**相关法**（correlational methods）来开展研究。当想要确定两个变量、特质或者属性之间的关联程度时，心理学家会使用相关法进行研究。

为了确定两个变量之间的确切相关程度，心理学家会计算一个名为**相关系数**（correlation coefficient, *r*）的统计值。这个数值可以在 +1.0 到 –1.0 之间变化，+1.0 表示完全正相关，–1.0 表示完全负相关，而 0.0 则表示完全没有相关。一个正的相关系数意味着当一组分数增加时，另一组分数也增加。而负相关正好相反，第二组分数和第一组分数朝相反的方向变化（见**图 2.3**）。一个接近于零的相关意味着两个

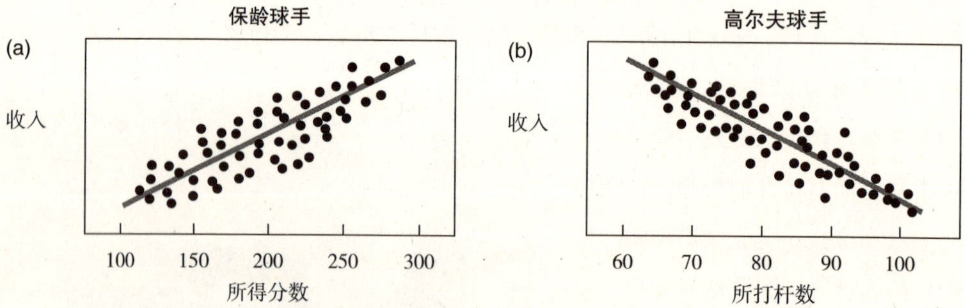

图 2.3　正相关和负相关

这些假想的数据表现了正相关和负相关的不同。每一个点代表一名保龄球手或高尔夫球手。（a）一般来说，职业保龄球手所得的分数越多，他们挣的钱就越多。因此，在这两个变量之间存在正相关。（b）高尔夫的相关是负的，因为高尔夫球手所击的杆数越少，他们挣的钱就越多。

测量分数之间只存在很弱的联系，或完全不存在联系。当相关系数越来越大，直至接近于最大值 ±1.0 的时候，根据一个变量的信息来预测另一个变量将越来越精确。

在全书中，你将看到许多带来重要发现的相关研究。为了增强你的兴趣，让我们来看下面的例子。

研究特写

一组研究者希望确定儿童的媒体使用习惯（看电视、玩电子游戏和电脑）是否影响他们出现睡眠问题的可能性（Garrison et al., 2011）。为了回答这个问题，研究者让 3 岁到 5 岁孩子的父母写一周的“媒体日记”（记录孩子们的媒体使用情况）。家长们还完成了一份《儿童睡眠习惯问卷》，该问卷评估的是孩子们入睡所需的时间以及“反复夜醒、噩梦、起床困难和白天疲劳”的频率（p. 30）。数据分析表明，夜晚每多使用一小时的媒体就会导致更多的睡眠问题。此外，白天观看暴力内容（而不是其他类型的内容）也预示着更多的睡眠问题。

你能看出来为什么相关设计很适合用来解答这一问题吗？你不能对儿童进行随机分配，使一组看很多电视，另一组完全不看电视。你只能静候一旁，看看家庭的实际习惯会涌现出什么样的模式。上述结果是否对你将来为人父母后的决定有所启示？

在解释相关数据时，我们在做出因果论断之前，必须一贯保持谨慎。我们还是以探讨睡眠话题为例。研究表明，那些存在睡眠障碍风险的学生也更可能有较低的平均绩点（GPA）（Gaultney, 2010）。基于这一结果，你可能想进一步提出，可以通过强制增加睡眠时间的方法来提高学生的 GPA。但是，这种干预措施是错误的。高相关只是表明这两组数据以一种系统的方式相关联，相关并不意味着一个事件导致另一个事件的发生。也就是说，*相关并不意味着因果关系*。相关可能反映几种因果可能性中的任何一种。许多因果可能性涉及*第三变量*，这个变量在背后造成了它们的相关。例如，可能当人们参加的课程很容易时，

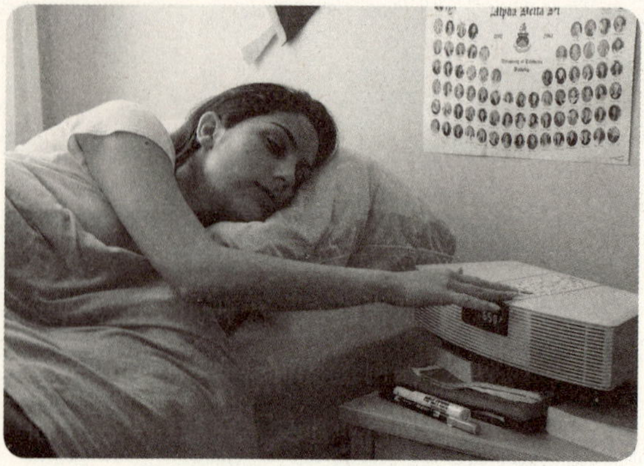

你通过什么程序来确定学生的睡眠习惯与大学学业成功之间的相关？你会如何评估相关背后潜在的因果关系？

人们既能睡得更好也能取得高分。在这种情况下，学生课程的难度就是造成睡眠时间与 GPA 正相关的第三变量。也有可能学习更高效的人能更快入睡，或者对学习任务感到焦虑的人难以入睡。你可以从这三个可能性中看到，相关在大多数情况下需要研究者谨慎寻找更深层的解释。

我们再来考虑一些难以从相关关系中做出因果论断的例子。回忆一下我们在图 2.1 中概述的研究。该研究的主要结果是，语言风格匹配度更高的情侣更有可能维持长久的恋爱关系（Ireland et al., 2011）。研究者们承认这项研究为相关研究：他们不能确定究竟是更高的语言风格匹配度导致了更好的关系，还是更好的关系导致了更高的语言风格匹配度。作为第二个例子，考虑一下如下研究：研究者让参与者观看《财富》500 强公司的首席执行官的照片（Rule & Ambady, 2008）。参与者被要求仅仅根据这些照片来评价这些人领导公司的水平。整体而言，首席执行官获得的领导力评分越高——再次提醒，评分只基于他们的照片——所领导的公司赢利越多。为什么会出现这种正相关？研究者谨慎地承认，可能存在不止一种因果路径："当然，我们不能得出任何因果的推断，是更成功的公司选择了特定长相的人成为它们的首席执行官，还是拥有特定长相的个体在他们作为首席执行官的工作中更加成功"（p. 110）。从上述每一个例子中，你都可以看到为什么相关并不意味着因果关系。你还可以看到相关研究是如何让人们关注世界上有趣的模式的。

我们已经向你呈现了几个相关研究结果的例子。在下一部分，我们将详细介绍心理学家测量重要的经验过程和经验维度的方法。

生活中的心理学

愿望思维会影响你如何评估信息吗

在讨论对客观性的挑战时，观察者偏差引起了学者们的担忧：科学家需要采取谨慎的措施，以确保他们看到的不只是他们想看到的。然而，对观察者偏差的担忧在现实生活中同样紧迫。想想你从神奇的互联网上获得的所有信息。当你做重要决策时，你如何评估这些信息？研究者已经证明，人们在评估信息时常常带有愿望思维（wishful thinking）。我们来回顾一下得出这个结论的一项研究。

在开始这项研究时，研究者根据参与者对孩子日托的态度将他们分成了两组（Bastardi et al., 2011）。所有参与者都表示，他们计划将来要孩子。他们还表示，他们认为家庭照护优于日托。被研究者称为无冲突组的参与者说，他们计划对他们（未来）的孩子进行家庭照护。第二组（研究者称之为冲突组）参与者说，他们计划把孩子放在日托中心（尽管他们认为家庭照护更好）。

接下来，研究者向这些参与者描述了两项关于这两类儿童照护的相对效果的研究。这两项研究的结论不同：一项研究支持日托，另一项支持家庭照护。它们的方法也不同：在一项研究中，孩子们被随机分配到这两类照护环境下；在另一项研究中，研究者对儿童进行了配对，使每种环境中的孩子都非常相似。

研究者要求参与者给出他们对每项研究的有效性和说服力的看法。例如，参与者在“随机分配更有效”到“统计匹配更有效”的评分范围内判断他们认为哪项研究会得出更高质量的结论。我们如何看出愿望思维的影响呢？回想一下，冲突组的参与者预测他们未来会把自己的孩子放在日托中心。因此，当一项研究表明日托优于家庭照护时，他们对它的评价要积极得多。当然，请注意，对研究的描述并没有不同——唯一不同的是参与者希望研究得出的结论。

研究者还要求参与者评价日托与家庭照护孰优孰劣。回想一下，两组参与者最初都认为家庭照护更好。然而，在学习了提供对立信息的两项研究后，冲突组的参与者戏剧性地改变了他们的态度，转而认为日托更好。

你可以想象自己处于冲突组参与者的处境。他们渴望找到支持他们在未来将做出的艰难决定的依据。这项研究显示了这种渴望——愿望思维——是如何影响他们对现有信息的评估的。当你在生活中对如何评估信息做出判断时，想想你可以做些什么来避免愿望思维。

STOP 停下来检查一下

❶ 理论和假设之间的关系是什么？

❷ 研究者可以采取怎样的措施来克服观察者偏差？

❸ 研究者为什么要使用双盲控制？

❹ 被试内设计的意思是什么？

❺ 为什么相关并不意味着因果？

批判性思考：考虑一下参与者预测他们未来对锻炼的享受程度的那项研究。为什么研究者会采用经常锻炼的人作为参与者呢？

心理测量

心理过程是如此多样和复杂，对于想要测量它们的研究者来说，这无疑是一项严峻的挑战。尽管一些行为和过程很容易看见，但还有许多是无法看见的，如焦虑、梦等。因此，心理学研究者的一项任务就是使这些无法看见的心理过程和行为能够被看到，使内部事件和过程外化，使个人经验公开化。你已经了解到，对研究者来说，为研究的现象提供操作性定义有多么重要。这些操作性定义通常会提供某种程序，为变量的不同水平、大小、强度或数量赋值，即量化（quantifying）。心理学家可以采用许多测量方法，每种方法都有其独特的优势和弊端。

下面我们回顾一下心理测量，首先讨论评估测量精确性的两种方法（信度和效度）的差异。然后，我们来看看几种收集数据的测量技术。无论心理学家使用哪种方法收集数据，他们都必须使用恰当的统计方法检验假设。本章后的"统计学附录"描述了心理学家如何分析数据。

获得信度和效度

心理测量的目标是得到可靠而又有效的发现。**信度**（reliability）

是指心理测验或实验研究得到的行为数据的一致性或可靠性。一个可靠的结果是那种在相似测验条件下会重复出现的结果。一种可靠的测量手段在重复使用时(且被测量的事物未发生改变)将产生相似的分数。考虑一下那个操纵参与者自由意志信念的实验。该实验使用了 122 名参与者。实验者声称结果“可信”，这意味着他们能够使用任意一组人数相当的新参与者重复这一实验，并得到相同的数据模式。

效度（validity）是指研究或测验得到的信息准确地测量了研究者想要测量的心理变量或品质。例如，一个有效的幸福感测量方法应该能够预测你在特定情况下有多幸福。一个有效的实验意味着研究者能把研究结果外推到更大的范围，通常是从实验室推广到真实世界。假设一位教授在考试前指导学生们思考自由意志，那么这位教授很可能认为，自由意志信念会降低学生作弊冲动的观点是有效的。然而，测验和实验也可能是可靠但无效的。例如，我们把鞋子的大小作为幸福感的指标。这是可靠的（我们总能得到相同的答案），但这一指标是无效的（从中我们无法得知你每天的幸福水平）。

当你读到不同类型的测量方法时，尽量根据信度和效度评估它们。

自我报告法

研究者经常会对获得那些无法直接观察到的经验的数据感兴趣。有时这些经验是内部的心理状态，如信念、态度、感受等；有时这些经验是外部行为，但一般不适合心理学家现场观察，如性行为或犯罪活动。在这些情况下，研究要依赖自我报告。**自我报告法**（self-report measures，也译作自陈法）是通过言语回答（手写或口述）研究者提出的问题。研究者设计可信的方法量化这些自我报告，使他们能对不同个体的反应进行有意义的比较。

自我报告包括人们在问卷和访谈中做出的反应。问卷（questionnaire）或调查（survey）包括一系列书面的问题，既有事实问题（“你是一名登记的投票者吗？”），也有过去或当前行为的问题（“你每天吸多少支烟？”），还有态度和情感问题（“你对当前的工作满意吗？”）。开放式问题指能自由措辞回答的问题。还有一些问题有固定选项，如是、否、不确定。

访谈（interview）是指研究者为了获得详细信息而与个体进行的对话。不像问卷那样完全标准化，访谈是互动式的。访谈者可以根据回答的内容变化问题。好的访谈者除了对信息内容敏感，对社交互动的过程也应是敏感的。受过训练的访谈者可以与受访者建立一种融洽的社会关系，这种关系会鼓励受访者信任访谈者，并与访谈者分享个人信息。

尽管研究者依赖各种各样的自我报告法，但自我报告法也有其局限性。很明显，许多形式的自我报告不适用于语前儿童、文盲、说其他语言的人、一些心理障碍者以及动物。即使自我报告可以使用，它们也可能是不可信或无效的。参与者可能错误理解问题或不能清楚地记得他们当时的经历。此外，自我报告可能受社会赞许性的影响。为了产生良好的（或者有时是不好的）印象，人们可能给出虚假的或误导性的答案。他们可能对报告出自己的真实经历或情感感到尴尬。

行为测量和观察

作为一个群体，心理学家对各种行为感兴趣。他们可能研究老鼠走迷宫、儿童绘画、学生记忆一首诗或工人重复完成一项任务。**行为测量**（behavioral measures）是研究外显行为和可观察、可记录的反应的方法。

观察是一种研究人们行为的主要方法。研究者以有计划、精确和系统的方式进行观察。观察或者集中于行为的过程，或者集中于行为的结果。例如，在学习实验中，研究者可以观察参与者复述一列单词的次数（过程），然后观察参与者在最终测验中记住多少单词（结果）。对于直接观察，研究的行为必须是清晰可见的、外显的、容易记录的。例如，在情绪的实验室实验中，研究者可以观察参与者在看到情绪唤起刺激时的面部表情。

研究者通过单向玻璃观察儿童，并且不会影响或干扰其行为。你是否有过因为知道自己被观察而改变行为的经历?

技术的进步经常扩大了研究者直接观察的范围。例如，当代心理学家常依赖计算机，因为计算机能精确记录参与者完成各种任务的反应时间，如阅读句子或解决问题。尽管在计算机时代之前也有一些精确的测量方法，但在收集和分析精确的信息方面，计算机具有非凡的灵活性。在第 3 章，我们将描述最新的技术，这些技术能使研究者进行一种非同寻常的行为测量：工作中的大脑图像。

在**自然观察**（naturalistic observation）中，研究者观察一些自然发生的行为，而不试图改变或干涉它。在某些情况下，他们会在实验室中进行自然观察。例如，研究者可以在单向玻璃背后观察儿童如何利用自己的言语能力来说服朋友帮其完成任务（McGrath & Zook, 2011）。更多的情况是，研究者在自然情境中观察行为。

研究特写

考虑如下场景：你进入一间拥挤的教室，需要选一个座位。什么因素会影响你的选择？一组研究者认为是"物以类聚"：具体而言，他们假设学生们会选择坐在与他们身体特征相似的人附近（Mackinnon et al., 2011）。为了检验这一假设，研究者给 14 间大学教室拍摄了数码照片，这 14 间教室里共有 2 228 名学生。研究发现，学生们更可能坐在相同性别和种族的学生旁边，你对此可能不会感到惊讶。然而，研究者的分析还显示，人们还可能基于是否戴眼镜以及头发长度和颜色的相似性而坐在一起。

你看出来为什么自然观察是一种很好的检验这一假设的方法了

当你进入一间大学教室，你是否注意到人们基于他们身体特征的相似性而坐在一起？

吗？不过，学生们不太可能会扫一眼教室的情况，然后想："我要坐在他旁边，因为我俩都有长长的金发。"这项研究会使你反思：身体特征相似性会在你意识不到的情况下影响你的行为方式。

在一项研究的初期，自然观察是特别有用的。它有助于研究者发现某一现象的程度范围，或者初步想到哪些变量及关系可能是重要的。自然观察得到的数据常常能为研究者提供线索，帮助他们提出特定的假设或研究计划。

如果研究者想要利用行为测量去检验假设，他们有时会转向**档案数据**。想象一下你在实验室或者网上可以找到的所有类型的信息：生卒记录、天气报告、电影票房、立法者的投票模式等等。在检验某一特定的假设时，任何类型的信息都可能变得有价值。考虑一项考察男性和女性在**英雄主义**水平上是否存在差异的研究（Becker & Eagly, 2004）。为了回答这一问题，研究者不可能创造一个实验室情境，他们不能在一栋大楼上纵火，然后观察跑去救火的人当中男性居多还是女性居多。相反，他们定义了现实世界中的一些公认的英勇行为，接着查阅档案记录，评估男性和女性的相对贡献。例如，研究者考察了"世界医生组织"——一个向世界各地派遣医护人员的组织——的参与情况。这一组织中的人员"在卫生条件不佳和存在地区暴力的环境中提供健康和医疗服务，承担着不可忽视的风险"（Becker & Eagly, 2004, p. 173）。档案数据反映了什么情况？"世界医生组织"的参与者中有一半以上（65.8%）是女性。从中你就可以看到档案数据对于回答一些特定问题的必要性。

在结束心理测量这一主题之前，你应该知道：许多研究项目会将自我报告法和行为观察法结合起来使用。例如，研究者可能专门寻找人们报告的行为（“我将……”）与其实际行为表现的关系。另外，一些研究项目并不使用大量的参与者，而是采用**个案研究**（case study）的方法，集中在个体或小群体上进行各种测量。有时对特殊个体进行透彻分析有助于理解人类经验的普遍特性。例如，在第 3 章你将学到，对单个脑损伤患者的仔细观察为“语言功能定位于特定脑区”这一重要理论提供了依据。

现在，你已经学习了研究者使用的几种程序和测量方法。在进入下一节之前，我们来看一下相同的问题是如何在不同的研究设计中得到解答的。考虑一下莎士比亚的问题：“名字包含着什么？”在《罗密欧与朱丽叶》中，朱丽叶说道：“如果我们把玫瑰换成其他名字，它闻起来也是芳香的。”但真的是这样吗？你觉得你的名字会对别人对待你的方式产生影响吗？普通的、熟悉的名字更好，还是少见的、特别的名字更好？或者你的名字根本就不重要？**表 2.1** 呈现了研究者在回答这些问题时可能使用的测量手段与研究方法的组合示例。当你阅读表 2.1 时，问问自己参加每一种类型的研究的意愿。下一节将讨论规范心理学研究的伦理标准。

STOP 停下来检查一下

❶ 为什么有的测量方法可信但却无效？

❷ 为什么对于访谈者而言，建立一种融洽关系至关重要？

❸ 假设一位研究者花时间观察儿童在运动场上的行为，这是哪种测量方法？

人类和动物研究中的伦理问题

尊重人类和动物的基本权利是所有研究者的基本义务（Bersoff, 2008）。所有研究的开展都要考虑一个关键问题：应该如何权衡研究项目的潜在收益与那些经受了风险、痛苦、压力或欺骗性程序的参与者

表 2.1 **名字包含什么？方法与测量**

	研究目的	依赖的测量	
		自我报告	观察
相关法	评估人们名字的常见性与其幸福体验之间的相关度	 每名参与者对自身幸福水平的评估	
相关法	评估儿童名字的常见性与其被同伴接纳之间的相关度		 儿童在操场上的社会互动量
实验法	确定人们对同一照片的评价是否因其被赋予的名字而不同	 参与者对婴儿照片的评价，照片的名字是随机的	
实验法	确定人们的实际社会互动是否会因基于名字的期望而发生改变		 人们在与称自己是Mark或Marcus的陌生人交谈时所产生的正性面部表情的数量

所付出的代价？例如，第 16 章描述了关于服从权威的经典实验。在这些实验中，研究者欺骗参与者，使其相信自己对完全陌生的人实施了危险的电击。来自这些实验的证据表明，参与者经历了严重的情绪痛苦。尽管这些研究对于理解人性可能相当重要，但我们很难断言知识的增加抵消了参与者付出的情感代价。

1953 年，美国心理学协会出版了有关研究者伦理标准的指导方针。目前的研究实践遵从的是这些指导方针 2002 年的修订版（包括 2010 年做出的一系列修正）。为了保证这些和其他伦理原则得到遵守，特别委员会监督每一项研究计划，强制实行美国卫生与公众服务部颁布的严格的指导方针。每所大学、医院和研究机构都有评审委员会来批准和否决关于人类和动物的研究计划。让我们回顾一下评审委员会所考虑的一些因素。

知情同意

在几乎所有以人类为被试的实验室研究的开始，参与者都要经历**知情同意**（informed consent）的过程。他们被告知将要经历的程序以及参与研究的潜在风险和利益。提供这些信息后，要求他们签署同意书，表明他们同意继续。还要向参与者确保他们的隐私会得到保护：他们所有的行为记录都会严格保密；任何公开这些内容的举动都必须得到他们的同意。此外，提前告知参与者他们可以在任何时间停止实验，没有任何处罚，并且留给他们相关管理部门官方人员的姓名和电话，以供他们有任何不适或疑虑时联系。

风险 / 收益的评估

大多数心理学实验不会给参与者带来风险，特别是那些只要求参与者完成常规任务的实验。然而，有些实验研究人类本性中更加私人的一面，如情绪反应、自我形象、从众性、压力或攻击性等，这些实验可能令人苦恼或造成心理烦扰。因此，无论研究者何时进行这类研究，务必把风险降至最低程度，必须把这些风险告知参与者，并且必须采取适当的防范措施来应对参与者可能的强烈反应。如果研究涉及某种风险，每个机构的评审委员会都应谨慎权衡，考虑该研究是否在使研究的参与者、科学、社会等方面的获益上有其必要性。

故意欺骗

对于某些类型的研究来说，事先告诉参与者研究的全部信息会影响结果。例如，如果你正在研究电视中的暴力对攻击性的影响，你将不想让参与者事先知道研究的目的。但是你的假设足以合理化这种欺骗吗?

美国心理学协会 2002 年版的伦理原则对于欺骗的使用给出了明确的指导。它提出了如下规定 :(1)要使研究中的欺骗获得批准，研究必须具有充分的科学价值和教育价值 ;(2)如果研究有很高的可能性导致参与者身体疼痛或严重的情绪痛苦，那么研究者一定不能欺骗参与者 ;(3)研究者必须证明除了欺骗之外没有任何同等有效的替代研究程序 ;(4)研究者必须在研究结束后对参与者解释实验中的欺骗 ;(5)参与者在欺骗得到解释后，必须有机会收回自己的数据。对于涉及欺骗的实验，评审委员会也可能施加限制，坚持监督最初提出的程序，或者不批准实验。

事后解释

参与心理学研究应该始终是研究者与参与者之间的一种信息互换。研究者通过参与者的反应获得关于某种行为现象的新发现，而参与者应该被告知研究的目的、假设、预期结果以及期望的研究收益。实验结束后，研究者必须仔细向每位参与者进行**事后解释**（debriefing），尽可能多地提供有关该研究的信息，确保参与者离开时没有疑惑、心烦或尴尬。如果在实验中的某一阶段必须误导参与者，实验者事后要认真向参与者解释欺骗的理由。最后，如果参与者觉得他们被不公平对待或他们的权利被侵犯，他们有权收回他们的数据。

动物研究中的问题

在心理学和医学研究中应不应该使用动物？这个问题经常引起两极化的反应。其中一方的研究者指出，在许可用动物进行研究的几个行为科学领域都取得了非常重要的突破（Carroll & Overmier, 2001; Mogil et al., 2010）。动物研究的益处包括发现和测试治疗焦虑和精神疾病的药物，以及获得关于药物成瘾的重要知识。动物研究还有利于动物本身。例如，通过动物研究，兽医能够提供更好的治疗方法。

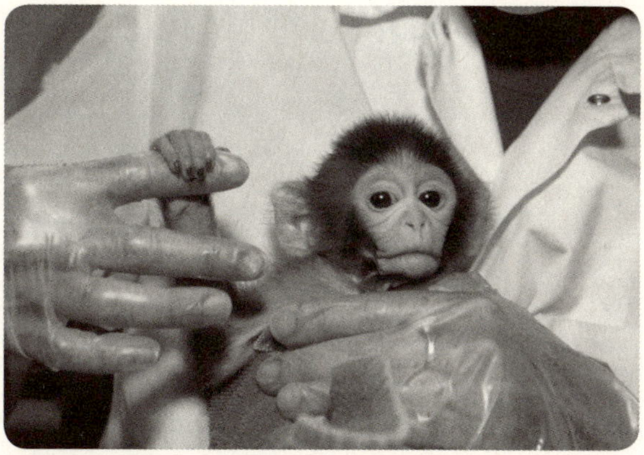

使用动物作为被试时，要求研究者提供人道的环境。你认为科学上的收益是否能证明在研究中使用非人类动物是合理的？

对于动物权利保护者来说，“不能只因人类的利益而减少对动物福利受损的伦理关怀”（Olsson et al., 2007, p. 1680）。伦理学家促使研究者贯彻 3R 原则：研究者应该设计能减少（reduce）动物使用数量或完全替换（replace）动物使用的假设检验方法；他们应该不断改善（refine）研究程序，以使疼痛和不适降至最小（Ryder, 2006）。每位动物研究者都必须依据严格的审查标准来评估自己的工作。

美国心理学协会为在研究中使用动物的研究者提供了严格的伦理指导方针（APA, 2002）。该协会希望动物研究者都接受过专门的培训，以确保动物的舒适与健康。研究者必须人道地对待动物，并且采取合理的措施来最小化它们的不适和疼痛。心理学家“只有在没有替代的研究程序，并且研究目标具有足够的科学、教育或应用价值的前提下，方可使用那些令动物遭受疼痛、压力或剥夺的研究程序”（p. 1070）。如果你是一名研究者，关于动物研究的代价与收益，你会如何做决定？

STOP 停下来检查一下

❶ 知情同意的目的是什么？

❷ 事后解释的目的是什么？

❸ 动物研究的 3R 原则是什么？

成为有批判精神的研究消费者

本章的最后一节，我们将集中讨论几种批判性思维技能，这些技能有助于你成为明智的心理学知识的消费者。在一个不断变化的社会中，任何一个负责任的人，都有必要磨砺这些思考工具。在这个充满复杂心理现象的社会中，心理学主张是每个思考者、感受者和行动者日常生活中无处不在的一部分。不幸的是，许多心理学信息并不来自合格从业者的书籍、文章和报告，而是来自报纸和杂志上的文章、电视和广播中的节目、通俗心理学和自助读物。一个具有批判精神的思考者要超越已有的信息，发掘隐藏在光鲜表面下的真正内涵，以理解事物的本质为目标，而不被形式和表象所迷惑。

学习心理学将有助于你根据科学证据做出明智的决策。总是试着把来自心理学研究中的见解应用到你周围非正式的心理学问题之中：对自己和他人的行为提出问题，根据合理的心理学理论寻求答案，并且依据可利用的证据检验这些答案。

下面是一些普遍的规则，当你在知识的超级市场中穿行时，牢记它们会使你成为一名更为精明的消费者：

- 避免把相关推论为因果。
- 要求关键术语和概念有操作性定义，这样人们才能对其含义有一致的理解。
- 在寻找证实性证据之前，首先要考虑如何反驳一个理论、假设或信念，因为只要你想证明它们合理，证据总能很容易找到。
- 不要轻信显而易见的解释，要不断寻找其他可能的解释，尤其在已有的解释会给提出者带来利益之时。
- 要认识到个人偏差会怎样歪曲对现实的感知。
- 要对复杂问题的简单答案以及复杂效应和问题的单一原因和解决方案保持怀疑。
- 对所有宣称有效的治疗、干预或产品保持质疑，找出其效果的对照基础：与什么相比？

- 心智开放，同时保持怀疑态度：必须意识到，大多数结论是初步的而非确定的；寻找新证据以减少你的不确定感，同时对变化和修正保持开放态度。
- 挑战那些在做结论时使用个人观点取代证据且不接受建设性批评的权威。

我们希望你以开放的心态和怀疑的精神来阅读《心理学与生活》这本书。我们不希望你把学习心理学只看成获得一堆知识的过程，相反，我们希望你在观察、发现以及将观点付诸检验的过程中，能和我们一起分享其中的乐趣。

对专家的采访报道可能包含脱离背景的带有误导性的原声摘要，或对研究结论过于简单的概述。你怎样才能成为明智的媒体报道的消费者呢？

生活中的批判性思维

为什么数字技能如此重要

请想象，你已经成为一名临床心理学家，并被要求做出一个重要的判断（Slovic et al., 2000）：

詹姆斯·琼斯先生接受了精神健康机构的出院评估，过去几周他一直在这里接受治疗。一位著名的心理学家得出的结论是：每 100 名与琼斯先生相似的病人中，预计有 10% 的人会在出院后的头几个月内对他人实施暴力行为。

你必须判断琼斯先生在出院后做出暴力行为的风险是高、中还是低。你会做出什么判断？现在考虑一个与上述场景略微不同的版本：

每 100 名与琼斯先生相似的病人中，预计有 10 人会在出院后的头几个月内对他人实施暴力行为。

再一次，你会做出什么风险判断？请仔细看，这个场景的两个版本描述了完全相同的数学情境：100 中的 10% 等同于 100 中的 10。尽管如此，人们还是给出了相当不同的判断。在一项研究中，得到“100 中的 10%”版本的参与者中有 30.3% 的人将琼斯先生评为“低风险”；而得到“100 中的 10”版本的参与者中只有 19.4% 的人将琼斯先生评为“低风险”（Slovic et al., 2000）。研究者认为，这种差异来源于“频次形式引发的恐怖画面”（p. 290）。具体而言，你相对难以形成 10% 的心理画面；而你却可以很容易地想象：环视 100 人的房间，发现其中有 10 人可能是危险分子。这里的第一个重要启示是，统计数字的呈现形式会对人们对信息的反应产生重大影响。

但是这里还有第二个重要启示：数字技能较好的人也较少会受到统计呈现形式的影响。在一项研究中，研究者通过让学生回答一系列问题来测量学生的算术能力（与读写能力相对的一个术语），这些问题涉及一些概率知识（Peters et al., 2006）。根据学生的得分，研究者将他们分成高算术能力组和低算术能力组。当这两组学生对琼斯先生的场景做出反应时，低算术能力组的学生对这两个版本的场景给出了极为不同的风险评分。然而，高算术能力组的学生则给出了几乎一样的评分。算术能力也在现实世界中产生影响（Galesic & Garcia-Retamero, 2011）。例如，人们在对医疗护理做出关键决策时，必须经常对一些因素的数据如医院绩效和费用进行评估。算术能力较强的人表现出对这种复杂数据较好的理解力，而且做出了更高质量的决策（Reyna et al., 2009）。

好消息是，大学会给你提供充足的机会来提高算术能力。你的课程作业会为你做出更好的基于数据的决策奠定基础，即便是在你离开大学之后。

- 在琼斯先生的场景中，与“10 中的 2”相比，人们在读到“100 中的 20”时会感知到更多的风险。为什么会这样？
- 为了影响公众意见，你会如何选择统计数字的呈现形式？

要点重述

研究过程

- 在研究的开始阶段，观察、信念、信息以及一般知识导致研究者用一种新的方式思考某一现象。研究者构建理论，并提出待检验的假设。
- 研究者使用科学方法来检验他们的观点，科学方法是以一套能够限制误差源的方式收集和解释证据的程序。
- 研究者通过标准化程序和使用操作性定义，来防止观察者偏差。
- 实验法可以确定待检验的假设所确定的变量间是否存在因果关系。
- 研究者使用适当的控制程序来排除其他可能的解释。
- 相关法可以确定两个变量是否相关以及有多大程度的相关。相关关系并不意味着因果关系。

心理测量

- 研究者努力设计可信且有效的测量方法。
- 心理测量包括自我报告法和行为测量法。

人类和动物研究中的伦理问题

- 尊重人类参与者和动物被试的基本权利是所有研究者的义务。各种保障措施已经制定出来，确保参与者和被试受到合乎伦理的、人道的对待。

成为有批判精神的研究消费者

- 成为有批判精神的研究消费者包括了解如何进行批判性思维以及如何评估关于研究结论的主张。

关键术语

理论	变量	安慰剂效应
决定论	自变量	控制程序
假设	因变量	双盲控制
观察者偏差	实验法	安慰剂控制
标准化	混淆变量	被试间设计
操作性定义	期望效应	随机分配

实验组
控制组
总体
样本
代表性样本
随机取样
被试内设计
相关法
相关系数
信度
效度
自我报告法
行为测量
自然观察
个案研究
知情同意
事后解释

统计学附录

理解统计学：分析数据并得出结论

分析数据

描述统计

推论统计

成为一个明智的统计数据消费者

在第2章中，我们提到心理学家运用统计学来弄懂他们所收集数据的意义，同时也运用统计学为他们得出的结论提供量化的基础。因此，了解统计学的一些知识有助于认识心理学知识的获得过程。为了说明这一点，我们将追踪一项研究，从它如何从现实世界获得灵感一直到如何使用统计学证据来得出结论。

这项研究是为了回应经常刊登在报纸头版上的一类故事，即害羞的人突然变成了杀人犯。故事例子如下：

> 亲戚、同事和熟人形容弗雷德·考恩是一个“友善的、安静的人”，一个“喜欢孩子的绅士”，一个“真正和蔼可亲的人”。考恩小学时的校长报告考恩从前在礼貌、合作和信仰方面得了A。根据他的同事的介绍，考恩“从来不与任何人交谈，他是你能随意摆布的人”。然而，就是这个考恩，震惊

> 了每个认识他的人。情人节那天，他携带半自动步枪来到工厂，开枪打死四名同事和一名警员，最后自己也饮弹自杀。

这个故事有个常见的情节：一个害羞的、安静的人突然变成暴力分子，令每个认识他的人都为之震惊。弗雷德·考恩与其他突然从绅士变成冷血暴徒的人有什么共同之处呢？这些人的个性品质与我们有什么区别？

一组研究者怀疑害羞以及其他的个性特征与暴力行为可能存在一定的联系（Lee et al., 1977）。因此，这些研究者开始着手收集可能揭示这种联系的数据。研究者推论，那些看起来并不暴力却突然犯谋杀罪的人，很可能是非常害羞、不具有攻击性的人，平时他们能严格地控制自己的情感和冲动。在大部分生活中，他们都忍气吞声。无论他们多么气愤，都很少表达出自己的愤怒。从外表看，他们表现得无所谓，但是他们的内心可能正在为了控制强烈的愤怒而斗争。由于害羞，他们可能不让其他人靠近，所以没有人知道他们的真正感受。然后，某一刻突然就爆发了。最轻微的刺激，比如很小的侮辱、轻微的拒绝、一点点社会压力，就能点燃导火索，使他们释放出长久以来积聚的那些受压抑的暴力。由于他们没学会通过讨论和言语谈判来解决人际间的矛盾，所以这些突然的谋杀者们只有把他们的愤怒付诸行动。

研究者基于这些推理做出假设：与有前科杀人犯相比，害羞更可能是突发性杀人犯的特征，后者先前没有暴力或反社会行为的历史，而前者先前有暴力犯罪行为的记录。另外，突发性杀人犯应该比有前科杀人犯更能控制自己的冲动。最后，在标准性别角色问卷测量中，与有前科杀人犯相比，突发性杀人犯的被动性和依赖性将使他们表现出更多的女性化和双性化特征。

为了检验这些关于突发性杀人犯的观点，研究者获准对加州监狱的一组杀人犯实施心理问卷测验。19名囚犯（都是男性）同意参加这项研究。犯谋杀罪之前，一些人已犯过这样或那样的罪行，而样本中的另外一些人先前没有犯罪记录。研究者从这两类参与者身上收集了三类数据：羞怯分数、性别角色认同分数和冲动控制分数。

使用《斯坦福羞怯调查》(Stanford Shyness Survey) 收集羞怯分数。问卷中最重要的项目是询问参与者是否害羞；答案为是或否。第二个问卷是《贝姆性别角色问卷》(Bem Sex-Role Inventory, BSRI)，给参与者呈现一系列形容词，如*好斗的*、*多愁善感的*，要求他们评估每个形容词与自己相符的程度 (Bem, 1974, 1981)。一些形容词典型地与“女性化”有关，这些形容词的总分为个体的女性化分数。其他形容词评估“男性化”，这些形容词的总分为个体的男性化分数。女性化分数减去男性化分数作为最终的性别角色分数，这个分数反映了个体女性化与男性化之间的差值。第三个问卷是《明尼苏达多项人格测验》(Minnesota Multiphasic Personality Inventory, MMPI)，这个问卷用于测量人格的不同方面 (见第 13 章)。该研究仅使用其中的“自我过度控制” (ego-overcontrol) 量表，这个量表测量的是个体控制冲动的程度。个体在该量表的得分越高，越表现出过度的自我控制。

研究者预测，与先前有犯罪记录的杀人犯相比，突发性杀人犯：(1) 更经常在羞怯调查中描述自己是害羞的；(2) 在性别角色量表中女性化得分高于男性化得分；(3) 自我过度控制的分数更高。那么，他们发现了什么呢？

在你得出结论之前，你要理解一些分析数据的基本程序。在这里我们将使用研究者收集的真实数据作为原始材料，教你一些不同类型的统计分析和一些可能得到的结论。

分析数据

对于大多数心理学研究者来说，分析数据是令人兴奋的一步——统计分析使研究者得以发现他们的预测是否正确。在这一节，我们将一步步地分析来自突发性杀人犯研究的数据。

原始数据——实际分数或其他测量数据——来自突发性杀人犯研究的 19 名囚犯，见**表 S.1**。从表中可看出，突发性杀人犯组有 10 人，

表 S.1 突发性杀人犯研究中的原始数据

		BSRI	MMPI
囚犯	羞怯	女性化减男性化	自我过度控制
		组 1：突发性杀人犯	
1	是	+5	17
2	否	−1	17
3	是	+4	13
4	是	+61	17
5	是	+19	13
6	是	+41	19
7	否	−29	14
8	是	+23	9
9	是	−13	11
10	是	+5	14
		组 2：有前科杀人犯	
11	否	−12	15
12	否	−14	11
13	是	−33	14
14	否	−8	10
15	否	−7	16
16	否	+3	11
17	否	−17	6
18	否	+6	9
19	否	−10	12

有前科杀人犯组有 9 人。乍看这些数据，研究者能感受到你所体会到的困惑。这些分数意味着什么？在这三种人格测验中，两组杀人犯有差异吗？仅考察这种无组织的一串数据是很难得出结论的。

心理学家依据两类统计方法从收集的数据中得出有意义的结论：描述统计和推论统计。**描述统计**（descriptive statistics）以一种客观的、统一的方式使用数学程序来描述数值型数据的不同方面。如果你曾计算过你的平均绩点（GPA），那么你就使用过描述统计。**推论统计**（inferential statistics）利用概率论做出可靠的决策：哪些结果可能仅仅是由随机变异产生的。

描述统计

描述统计是数据模式的概要描述。它用于描述来自一个实验参与者或更经常是不同的几组参与者的数据。它也用于描述变量间的关系。因而，研究者不必努力记住每个参与者的所有得分，而是要得到每组参与者最*典型*的分数指标。研究者也要衡量这些分数相对于典型分数的*离散程度*——分数是发散的还是聚集在一起的。让我们看一看研究者如何得出这些指标。

频次分布 你会如何总结表 S.1 的数据？为了清楚描述各种分数的分布情况，我们得出**频次分布**（frequency distribution）——总结每类分

数出现的频次。羞怯分数很容易总结。在 19 个分数中，有 9 个“是”10 个“否”；在组 1 中几乎所有的反应都为“是”，在组 2 中几乎所有的反应都为“否”。然而，自我过度控制分数和性别角色分数并不容易区分成是和否两类。为了了解数值型数据的频次分布如何能使我们做出有意义的组间比较，我们将关注性别角色分数。

看表 S.1 中的性别角色数据。最高分是 +61（最女性化），最低分是 –33（最男性化）。在 19 个分数中，9 个是正的，10 个是负的。这意味着杀人犯中有 9 人描述自己是相对女性化的，10 人描述自己是相对男性化的。但这些分数在两组参与者中是如何分布的呢？对一组数值型数据进行频次分布统计的第一步是把分数从高到低进行等级排序。对性别角色分数的等级排序见**表 S.2**。第二步是把这些排列后的分数进行分类，组成一些数目较少的类别称为组距。本研究分了 10 类，每一类包括 10 个可能的分数。第三步是建构频次分布表，由高到低列出组距并记录频次——落入每组的个数。通过频次分布我们能看出性别角色分数大部分在 –20 到 +9 间（见**表 S.3**）。大部分狱犯的得分都偏

表 S.2 性别角色分数差值的等级排列

最高分	+61	–1	
	+41	–7	
	+23	–8	
	+19	–10	
	+6	–12	
	+5	–13	
	+5	–14	
	+4	–17	
	+3	–29	
		–33	最低分

注：+ 分表示更女性化；– 分表示更男性化。

表 S.3 性别角色分数差值的频次分布

类别	频次
+60 ~ +69	1
+50 ~ +59	0
+40 ~ +49	1
+30 ~ +39	0
+20 ~ +29	1
+10 ~ +19	1
0 ~ +9	5
–10 ~ –1	4
–20 ~ –11	4
–30 ~ –21	1
–40 ~ –31	1

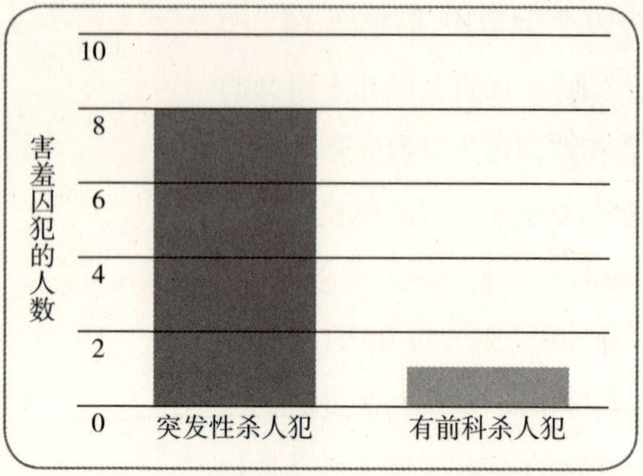

图 S.1　两组谋杀犯的羞怯人数（条形图）

离 0 不多，即他们的得分既不十分正也不十分负。

现在已把数据排列成几类。下一步研究者将使用图表来显示频次分布。

图表　当用图表来显示数据分布时，常常更容易理解。最简单的一类图是条形图。这种图使我们能够看到数据中存在的模式。我们可以用条形图来展示把自己描述为害羞的突发性杀人犯比有前科杀人犯多出多少（见**图 S.1**）。

对于更复杂的数据，如性别角色分数，我们可以使用直方图。这种图类似于条形图，只是类别换成了组距——数字类别，而不是条形图中使用的名称类别。直方图以视觉方式提供了各组距中分数的数量。从直方图中的性别角色分数可以很容易地看出，这两组杀人犯的分数分布是有差别的（见**图 S.2**）。

从图 S.1 和图 S.2 可以看出，数据的基本分布情况符合研究者的两个假设。与有前科杀人犯相比，突发性杀人犯更可能会把自己描述成害羞的，也更可能会用女性化特质来描述自己。

集中量数　到现在为止，我们对这些数据的分布情况已经有了一个大致的印象。图表增进了我们对研究结果的理解，但我们希望能了解更多——例如，最能代表这一组数据的数值。当我们比较两组或更多组数据时，这样的数值是非常有用的；比较两组数据的典型数值要比比较它们的整体分布容易得多。可作为一组参与者最典型分数指标的单个代表性分数称为**集中量数**（measure of central tendency）。它位于分布的中央，其他分数则分布在其周围。心理学家主要使用以下三种不同的集中量数：众数、中数和平均数。

众数（mode）是一个比其他数值出现次数都要多的数值。对于羞怯的测量值来说，突发性杀人犯的众数反应为“是”——10 个人中有

8 个报告说自己是害羞的。而在有前科杀人犯当中，众数反应为“否”。在突发性杀人犯中，性别角色分数的众数为 +5。你能够找出他们的自我过度控制分数的众数吗？众数是最容易得出的集中趋势指标，但常常又是用处最小的。如果你注意到过度控制分数中只有一个分数高于众数 17 但却有 6 个分数低于 17，你就可能体会出众数用处很小的一个原因了。尽管 17 是频次最高的一个分数，但却不符合我们对“代表性”或“集中趋势”的理解。

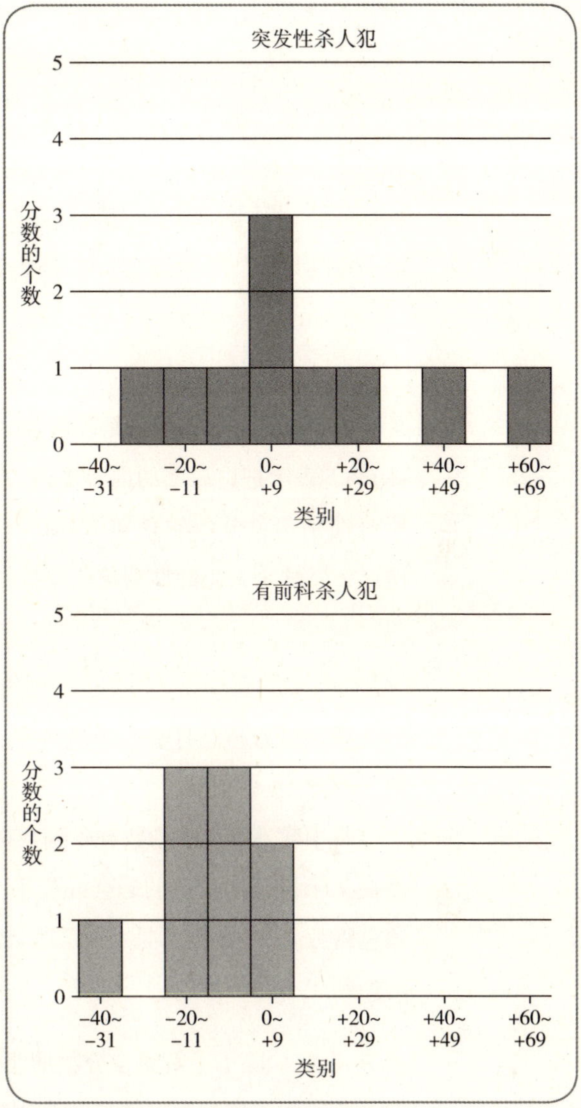

图 S.2　性别角色分数（直方图）

中数（median）更明显是一个中间分数；它将一组数据中高分的一半与低分的另一半区分开来。高出中数分数的数量与低于中数分数的数量相等。当分数的个数为奇数时，中数是位于数据分布中间的那个分数；当分数的个数为偶数时，研究者常常以中间两个分数的均值作为中数。例如，如果将有前科杀人犯的性别角色分数按照高低顺序排列在一张纸上，那么你可以看出中数是 −10，分别有 4 个分数高于和低于这一数值。在突发性杀人犯中，中数是 +5——第 5 个和第 6 个分数的均值，这两个分数恰巧都是 +5。中数不受极端数值的影响。例如，即使突发性杀人犯中最高的性别角色分数是 +129 而不是 +61，

中数仍然是 +5。这个分数仍然会把数据中高分的一半和低分的一半区分开来。中数始终处在数据分布的中间位置。

平均数（mean，也译作均值）是大多数人听到平均这个词时常常会想到的。它同时还是最常用到的描述一组数据的统计量。要计算平均数的话，我们需要把所有数据加在一起，然后再除以这些数据的个数。这一操作可以用下面这个公式来表示：

$$M = \frac{(\Sigma X)}{N}$$

在该公式中，M 代表平均数，X 是单个的分数，Σ（希腊字母 sigma）表示把它后面的内容加在一起，N 则是所有分数的个数。由于所有性别角色分数的总和（ΣX）是 115，而分数的个数（N）是 10，所以突发性杀人犯的性别角色分数的平均数（M）可以这样计算出来：

$$M = \frac{(115)}{10} = 11.5$$

可以试着自己计算一下这些犯人的过度控制分数的平均值。结果将会得到 14.4。

与中数不同，平均数会受到数据分布中所有分数的具体值的影响。改变某个极端的数值的确会改变平均值。例如，如果 4 号罪犯的性别角色得分是 +101 而不是 +61，那么整组罪犯的分数平均值就会从 11.5 增加到 15.5。

差异量数 除了了解哪个分数最能代表整个数据分布外，了解这个集中量数的代表性究竟如何也很有用处。其他分数大部分距离它很近还是非常分散？**差异量数**（measures of variability, 也译作离散量数）是那些描述围绕在集中量数周围的分数分布情况的统计量。看一下图 S.2，我们可以看到相较于突发性杀人犯的性别角色分数，有前科杀人犯的分数似乎要更紧凑一些。你可以从两组分数的这种不同之处体会差异量数的含义。

最简单的差异量数是**全距**（range），即频次分布中最高值与最低值之间的差值。对于突发性杀人犯的性别角色分数来说，全距是 90：（+61）－（–29）。过度控制分数的全距则是 10：（+19）－（+9）。在计算全距时，我们只需要知道两个数值：最高值和最低值。

全距易于计算，但心理学家常常更喜欢那些更敏感的差异量数，它们能将所有数据都考虑进来而不是只考虑极端数值。一个普遍使用的差异量数是**标准差**（standard deviation, SD），它代表着所有分数与其平均数之间的平均差值。要计算标准差，我们需要知道数据的均值和各个分数。一般的步骤是先用各个分数减去均值，然后再确定出这些离均差的平均值。公式如下：

$$SD = \sqrt{\frac{\Sigma(X-M)^2}{N}}$$

你应该能够根据计算平均数的那个公式认出这里的大多数符号。（$X-M$）这个表达式的意思是“分数减去均值”，通常称为*离均差*。先用各个分数减去均值，然后将得到的结果进行平方（以消除负值）。把这些数值相加（Σ），然后再除以观测值的数目（N），就得到了离均差平方的均值（*即方差——译者注*）。$\sqrt{\ }$ 这个符号要求我们对符号内的数值取平方根以抵消前面的平方操作。**表 S.4** 中计算出了突发性杀人犯过度控制分数的标准差。回忆一下，这些分数的均值是 14.4。那么，它就是那个计算离均差的过程中各个分数需要减去的数值。

标准差可以告诉我们一组分数的离散程度。标准差越大，则数据分布越分散。突发性杀人犯中性别角色分数的标准差是 24.6，有前科杀人犯的标准差却只有 10.7。这两个标准差证实了你之前对图 S.2 的观察。它们表明，有前科杀人犯组的数据离散程度要低一些。与突发性杀人犯相比，他们的分数距离均值更紧密。当标准差很小时，平均数是整个数据分布的一个很好的代表指标。而当标准差很大时，平均数对整组数据的代表性将减小。

你能看出为什么差异量数很重要吗？举个例子有助于说明这一点。假定你是一名小学教师。现在是一学年的开始，你将教 30 名二年级学生阅读。了解到班上的孩子平均能够阅读一年级水平的课本，这将有

表 S.4 计算突发性杀人犯自我过度控制分数的标准差

分数 (X)	离均差 (分数减去平均数) ($X-M$)	离均差的平方 (分数减去平均数)^2 ($X-M$)^2
17	2.6	6.76
17	2.6	6.76
13	−1.4	1.96
17	2.6	6.76
13	−1.4	1.96
19	4.6	21.16
14	−0.4	0.16
9	−5.4	29.16
11	−3.4	11.56
14	−0.4	0.16

标准差 $SD=\sqrt{\frac{\Sigma(X-M)^2}{N}}$

$\Sigma(X-M)^2=86.40$

$\sqrt{\frac{86.40}{10}}=\sqrt{8.64}=2.94$

$SD=2.94$

助于你计划自己的课程。不过，如果你还了解这 30 个孩子阅读能力的相似或差异程度的话,你可以计划得更好。他们是否处于同一个水平(低离散性）？如果是的话，那么你就可以安排一门很标准的二年级课程。但如果有些孩子能够阅读更深的材料，而有些孩子却几乎看不懂（高离散性)，那你该怎么办？此时，平均水平已经不再能代表整个班级的情况了，你必须安排多种课程以满足这些孩子的不同需要。

相关 解释心理学研究数据的另一个有用的工具是**相关系数**（correlation coefficient, r)，它是关于两个变量（如身高与体重或者性别角色分数与自我过度控制分数）之间相关程度和性质的度量。相关系数可以告诉我们某种测量分数与另一种测量分数之间的关联程度。如果在某个变量上获得高分的人倾向于在另一个变量上也获得高分，那么相关系数将为正值（大于 0）。如果在一个变量上获得高分的多数人在另一个变量上却倾向于得到低分，相关系数将为负值（小于 0）。如果两个分数间不存在一致的关系，则相关系数将接近于 0（也参见第 2 章）。

相关系数的取值范围从 +1（完全正相关）到 0 再到 –1（完全负相关）。相关系数在两个方向上离 0 越远，两个变量之间或正或负的联系就越紧密。相关系数越高（即离零越远），则根据一个变量的信息，可以更好地预测另一个变量。

在突发性杀人犯的研究中，性别角色分数与过度控制分数之间的相关系数（以 r 表示）为 +0.35。因此，这两者之间为正相关。总的来说，那些认为自己更女性化的人也倾向于高过度控制。不过，与可能出现的最高值 +1.00 相比，这一相关系数只有中等水平，因此我们知道，这两者之间的关系有很多例外情况。

推论统计

我们已经使用了很多描述统计量来刻画突发性杀人犯研究所得数据的特征，现在我们对这些结果的模式有了一定的了解。不过，仍然有一些基本问题没有得到回答。回忆一下，研究者曾假设突发性杀人犯会比有前科杀人犯更害羞、更过度控制以及更女性化。在用描述统计比较了这两组罪犯的平均反应和离散程度后，看起来两组之间确实存在着一些差异。但我们怎么知道这种差异是否足以产生意义呢？如果我们用其他一些突发性杀人犯和有前科杀人犯来重复这项研究的话，能够预期会得到同样模式的结果吗？抑或，已经得到的那些结果只是随机性的产物？如果我们能够对突发性杀人犯和有前科杀人犯的总体进行测量，所得到的平均值和标准差会和我们利用小样本研究得到的结果相同吗？

推论统计就是用来回答上述这类问题的。它能够告诉我们可以根

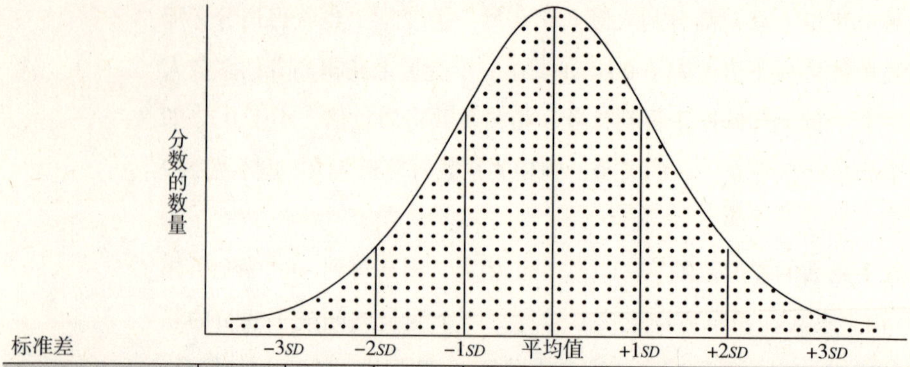

各间距中分数的数量 全部数量＝1 000	1	22	136	341	341	136	22	1
各间距中数据所占的百分比	0.1%	2.2%	13.6%	34.1%	34.1%	13.6%	2.2%	0.1%
百分位		1	5 10	20 30 40 50	60 70 80	90 95	99	
斯坦福—比奈智商分数	55	70	85	100	115	130	145	

图 S.3 **正态曲线**

据样本做出什么样的推论，以及根据我们的数据可以合理地得出什么结论。推论统计利用概率论来确定一组数据完全因随机变异而出现的可能性。

正态曲线　要想理解推论统计是如何进行的，我们首先必须来看一下一种称之为正态曲线的数据分布的特别之处。当从大量个体身上收集关于某个变量（如身高、智商或过度控制等）的数据时，所获得的数据常常符合一条大致类似于**图 S.3** 所示的曲线。注意，这条曲线是左右对称的，即左半部分是右半部分的镜像，且呈钟形——中间高（多数数据处于这一位置），离均值越远高度越低。这类曲线称为**正态曲线**（normal curve），或者叫作正态分布。（偏态分布是指数据集中在某一端而不是集中在中间位置。）

在正态曲线中，中数、众数以及平均数都是同一个数。我们可以预测有多大百分比的分数将落在曲线的不同区间里。图 S.3 给出了斯坦福—比奈智力测验所得到的智商（IQ）分数。这些分数的均值是

100，标准差为 15。如果以坐标底线上与平均值的距离来表示标准差的话，我们可以发现，在平均值 100 上下 1 个标准差（IQ 分数 85 和 115 之间）的范围内集中了 68% 多一点的分数。约有 27% 的分数位于平均值之下第一和第二个标准差（IQ 分数 70 和 85 之间）以及平均值之上第一和第二个标准差（IQ 分数 115 和 130 之间）之间。另有不到 5% 的分数落入高于和低于平均值的第二和第三个标准差之间。很少有分数落在第三个标准差以外——只有约 0.25%。正态分布可以告诉我们不同的结果（比如某人的 IQ 分数为 115 或 170）有多么常见或罕见。

正态曲线还可以通过收集一系列彼此之间的差异完全由随机所致的测量结果来获得。假设你把同一枚硬币连续抛 10 次并记录下正反面朝上的次数。如果像这样每组 10 抛连续抛 100 组的话，有可能会得到几个一组全部为正面朝上或正面朝下的情况，更多的情况是介于这两个极端数值之间，其中最多的组是正面和反面各一半的情况。如果把这 100 组抛硬币的情况绘成图的话，将会得到一条非常吻合正态分布的曲线，均值是 5 次正面朝上，5 次反面朝上。

统计显著性 但是，假设你在每组 10 抛连续抛了 100 组硬币之后，你所得均值并非 5 次正面朝上，5 次反面朝上。你将数据绘制成图，发现均值是 8 次正面朝上，2 次反面朝上。你几乎肯定会怀疑这枚硬币有问题。你会想问这个问题：假设这的确是一枚质地均匀的硬币，那我们得到上述极端数据的概率有多大？这正是推论统计要回答的核心问题类型。如果仅仅出于随机而得到 80% 正面朝上的概率足够低，那你就可以得出结论：你所抛的硬币有问题。

当研究者看到实验结果时，他们会问所获得的差异仅仅是由随机所致的可能性有多大。由于随机所致的差异服从正态分布，研究者可以用正态曲线来回答这个问题。根据已经达成的共识，当差异由随机所致的概率不足 5%（以 $p<0.05$ 来表示）时，心理学家将接受这个差异为“真”。**显著差异**（significant difference）是指符合这一标准的差异。不过，在某些情况下，研究者甚至会使用更严格的概率标准，如

$p<0.01$（100 个中不足 1 个）和 $p<0.001$（1 000 个中不足 1 个）。当出现了在统计上的显著差异时，研究者便可以对所考察的行为做出一个结论。

有很多不同类型的检验方法可以用来估计数据的统计显著性。选择何种检验方法取决于研究设计、数据类型以及样本大小。我们在这里只介绍最常见的检验之一，即 t 检验（t-test）。当研究者希望知道两组数据的均值差异是否达到统计上的显著性时，就可以使用这种检验。

我们回到两组罪犯的性别角色分数。突发性杀人犯的分数均值为 11.5，标准差为 24.6；有前科杀人犯的均值为 −10.2，标准差为 10.7。t 检验结合均值和标准差的信息来确定突发性杀人犯的分数与有前科杀人犯的分数是否存在显著差异。它使用一种数学程序来确定你可能已经根据图 S.2 得出的一个结论：两组罪犯性别角色分数的分布差异已经达到了为“真”的程度。如果我们进行恰当的计算——评估两个均值之间的差异相对于其离散性的大小——我们会发现，如果不存在真正差异的话，获得如此大 t 值的概率很小，不足 5%（$p<0.05$）。因此，这种差异在统计上是显著的，我们可以更加肯定地认为这两组罪犯之间存在着一个真正的差异。与有前科杀人犯相比，突发性杀人犯确实把自己评价为更女性化一些。

另一方面，两组罪犯过度控制分数之间的差异并没有达到统计显著性（$p<0.10$），因此我们在做它们之间存在差异这一断言时必须更加谨慎。确实有一个趋势朝向研究者所预测的差异方向——差异水平相当于随机情况下每 100 次仅能出现 10 次。但是，这一差异并不在标准的 5% 的范围内。（在用另外一种统计检验对羞怯分数的频次进行分析时，羞怯的差异达到了显著水平。）

因此，通过使用推论统计，我们能够回答在开始进行研究时提出的一些基本问题，进而更接近于理解那些性情温和、害羞的人，突然变成杀人犯的个体心理特征。但是，任何结论都只是关于所研究的事件之间可能存在的关系的论断；它永远不会是确定性的。科学中的真理都是暂时的，总是可以被后来更好的研究数据所修正，通过更好的假设而得到发展。

你可以花一点时间来考虑其他你想要知道的内容，以便把这些数据应用于更丰富的情境。例如，你可能想要知道这两类杀人犯在性别角色分数等维度上与从未杀过人的个体有何不同。如果我们收集了新数据，我们就能够使用描述统计和推论统计来回答诸如此类的问题，如所有的杀人犯在这些维度上是否都不同于那些从未杀过人的人。你有什么预期？

成为一个明智的统计数据消费者

既然我们已经学习了什么是统计、如何使用统计以及统计量的意义，接下来我们就来简要地讨论一下它们如何可能被错误地使用。很多人会受制于统计数据的权威感，接受那些未经证实的所谓“事实”。其他人则会选择相信或不相信统计数据，而根本不知道该如何质疑那些用来支持某种产品、某个政治家或某个提案的数据。在第 2 章末尾，我们给出了如何成为一位明智的研究消费者的建议。根据本章对统计学的简要介绍，我们可以将这些建议推广到人们做出具体统计结论的情境中。

利用统计分析给人留下误导性印象的方式有很多。研究工作的各个阶段中所做的决策——从如何选择参与者到如何设计研究、选择何种统计方法以及如何使用它们等各方面——都可能深刻地影响从研究数据中得出的结论。

参与者群体的选择会对结果造成很大的影响，而这种影响在报告结果时却很容易被忽略。例如，在调查人们关于堕胎权的观点时，在南部一个保守主义小社区里做这项研究会得到和在纽约市的大学里做这项研究很不同的结果。同样，反堕胎团体在调查成员的意见时所得出的结论很可能会和支持堕胎团体在做同一调查时所得到的结论不同。

即使随机选择参与者且在方法学上没有偏差，如果不能满足统计学的基本假设，统计分析也会得出一些误导结果。例如，假定有 20 个人参加智力测验；其中有 19 个人的得分在 90~110，另有 1 人的得分是 220。这组分数的平均值将会因为这个偏离多数的极高分数而被大大地抬高。对于这类数据，中数能更准确地反映这组人的平均智力，而平均数却会使得该结果看上去好像这组人中的每个人都具有高智商。这种偏差在小样本中尤为严重。然而，如果这组人的数量是 2 000 而不是 20 的话，一个极端数值几乎不会造成什么影响，此时的平均数将是对该组人智力的一个合理概括。

避免受这种欺骗的一个好方法是检查样本的大小。大样本比小样本出现误导性结果的可能性要小。另一个好方法是，除了看均值以外，还检查中数或众数。当这三者近似而不是差别很大时，可以更有把握地对结果进行解释。我们应该始终仔细地检查所使用的方法和报告的研究结果。要注意实验者是否报告样本大小、差异量数以及显著性水平。

统计学是心理学研究的支柱。它被用来理解观察结果，确定这些发现是否正确。运用我们介绍的这些方法，心理学家能够整理出数据的频次分布，并计算出这些分数的集中趋势和离散性。他们还可以使用相关系数来确定两组分数间相互关联的强度和方向。最后，心理学研究者能够确定观测值的代表性以及它们是否与总体有显著差异。统计也有可能会被错误地使用，误导那些不了解统计的人。通过正确且合乎伦理地应用统计，研究者得以扩展心理学的知识。

关键术语

描述统计
推论统计
频次分布
集中量数
众数
中数
平均数
差异量数
全距
标准差
相关系数（r）
正态曲线
显著差异

第3章

行为的生物学和进化基础

遗传与行为

进化与自然选择

人类基因型的变异

神经系统的活动

神经元

动作电位

突触传递

神经递质及其功能

生物学与行为

生活中的心理学：你的大脑如何确定信任与否

对脑的窃听

神经系统

脑结构及其功能

半球功能偏侧化

内分泌系统

可塑性和神经发生：变化的大脑

生活中的批判性思维：文化如何“化入大脑”

要点重述

什么使你成为一个独特的个体？《心理学与生活》为此提供了很多答案，本章我们将关注个体性的生物层面。为了帮助你理解什么使你与众不同，我们将描述在塑造你的生命、形成那个能左右你经验的大脑的过程中，遗传起着怎样的作用。当然，只有在你与其他人存在诸多共同点这一大背景下，这些差异方可得以理解。因而，你可以认为本章是讨论生物潜能的：哪些行为的可能性界定了人类物种？这些可能性如何出现在人类的每个个体之中？

在某种程度上，本章内容为你的生物潜能的一个非凡之处提供了佐证：你的大脑足够复杂，可以对其自身功能进行系统的检查。为什么这是非同寻常的呢？有时人类大脑被比作一台惊人的计算机：虽然它只有 1.36 千克重，但含有的细胞数却多于整个银河系的星星——超过 1 000 亿个细胞，而且以惊人的效率存储和交换信息。然而，即使是世界上性能最好的计算机，它也无法反思引导其自身运行的规则。所以，你远超任何计算机，因为你的意识允许你使用巨大的计算能力，试图确定人类大脑自身的运行规则。本章所描述的所有研究，均源自人类对自身理解的特殊需求。

本章的目标旨在帮助你理解，生物机理是如何在共同的潜力背景下造就出独特个体的。为此，我们首先描述进化和遗传如何决定你的生物特性及行为。然后我们介绍实验研究和临床研究，它们提供了脑、神经系统和内分泌系统如何运作的具体知识。最后，我们描述神经系统中细胞之间信息传递的基本机制，正是这种机制产生了人类的复杂行为。

遗传与行为

第 1 章我们曾提到，心理学研究的主要目标之一是发现各种人类行为产生的原因。天性与教养，或者说遗传与环境，是心理学对因果关系解释的一个重要维度。以第 1 章中提到的攻击行为的根源问题为例。你可以想象一个人的攻击行为可能是其某些生物学特性造成的，他可能从父母的某一方遗传了易于出现暴力行为的倾向。另一方面，你也可以想象人们生来就具有相同的攻击倾向，他们攻击行为的个体差异是其成长的社会环境造成的。对这一问题的正确回答，将深刻影响社会如何对待那些具有强烈攻击性的个体。是致力于改变某种社会环境，还是设法改变这些人的特质，这就需要你能分辨出遗传与环境因素各自在其中所起的作用。

由于我们可以直接观察环境特征，这使得我们通常更容易理解环境如何影响人们的行为。例如，你可以亲眼见到某位家长用暴力方式对待孩子，进而想知道如此对待儿童会对其以后的攻击倾向有何影响；你也能观察到一些儿童成长在拥挤和贫困的环境中，想知道这些环境特征是否会导致攻击行为。相反，塑造行为的生物学因素永远无法用肉眼直接观察。为了使你更容易理解与行为相关的生物学，我们首先回顾进化论的一些基本要素，即塑造一个物种潜在行为模式的原则。然后再讨论这些行为的变异如何一代代传递下去。

心理学家经常想要理解天性和教养各自对个体生命进程的影响。为什么相比遗传的影响，观察环境的影响要容易得多?

进化与自然选择

1831年，**查尔斯·达尔文**（Charles Darwin, 1809—1882）刚刚从神学院毕业获得学位，就从英格兰登上一条海洋研究船“贝格尔号”，进行了为期五年的航行，考察南美洲海岸。在这段航程中，他收集了途经的几乎一切事物：海洋动物、鸟、昆虫、植物、化石、贝壳和岩石。他所做的大量记录成为他后来许多著作的基础，涉及的主题从地质学到情绪再到动物学。他最著名的一部著作《物种起源》（*The Origin of Species*）于1859年出版。在这部著作中，他提出了最重要的科学理论之一：生命的进化理论。

自然选择 通过思考他在航海过程中遇到的动物种类，达尔文建立了他的进化理论。“贝格尔号”访问过很多地方，其中之一是加拉帕戈斯群岛，它位于南美洲西海岸，是一系列火山群岛。这些岛屿是多种野生动物的天堂，包括13种地雀，现在称之为“达尔文地雀”。达尔文想知道为什么会有这么多不同种类的地雀栖息在这些岛上。他推测这些地雀不可能从大陆迁徙而来，因为那里没有这些种类。因而他认为物种的这一多样性反映了他所谓的**自然选择**（natural selection）过程的作用。

什么发现最终引导达尔文提出了进化论?

达尔文的理论认为，每种地雀都是由一群共同祖先演化而来的。最初，一小群地雀来到其中一个岛上，随后繁殖起来，数量剧增。过了一段时间，一些地雀迁徙到附近的小岛上，随后发生了自然选择过程。在各小岛之间，食物资源和生活条件——栖息地——差异很大，一些岛上长满了浆果和种子，另一些岛上覆盖着仙人掌，还有些岛上昆虫极多。最初，不同岛上栖息的地雀群体是相似的，但每座岛上地雀群体的内部也存在着个体差异。然而，由于岛上食物资源有限，如果雀喙的形状适合岛上的食物资源，则地雀更容易生存和繁衍。例如，对于迁徙到长满浆果和种子的岛上的地雀，如果具有厚实的喙，就更容易生存和繁衍。在这些岛上，那些喙较纤细、尖锐的地雀因无法啄开种子而饿死。每座岛上的环境决定了初始的地雀群，哪些能够生存繁衍下去，哪些更可能死亡，无法留下后代。久而久之，各个岛上生存下来的地雀就非常不同了，从而使不同种类的达尔文地雀得以从初始祖先中进化出来。

总之，自然选择理论认为，能很好地适应生存环境（无论环境是什么样子）的生物机体会比那些适应较差的个体产生更多后代。久而久之，那些具有适应特征的有机体的数量就会比不具有这些特征的有机体多。从进化的角度来讲，个体的成功与否取决于其后代的数量。现代研究已经证明，自然选择甚至在短期内就可以产生巨大效应。**皮特·格兰特和罗斯玛丽·格兰特**（Grant & Grant, 2006, 2008）对于几种达尔文地雀的一系列研究，记录了加拉帕戈斯群岛中一个小岛上的雨水、食物资源和地雀种群的大小。1976 年，这个岛上的一种地雀超过 1 000 只，次年由于致命的干旱，食物资源严重匮乏，最小的种子首先被吃光，只剩下大而坚硬的种子，当年岛上这种地雀的数量减少 80% 以上，喙较小的小型地雀的死亡率高于喙较厚实的大型地雀。结果正如达尔文会预测的那样，几年之后，岛上的大型地雀数量增多。为什么会这样？因为只有那些体型较大、喙较厚实的个体才能适应干旱引起的环境变化。有趣的是，1983 年的雨水充沛，种子（特别是小的种子）丰富起来。结果体型较小的地雀数量增长超过了体型较大的地雀，可能是因为小喙更适于啄小的种子。格兰特夫妇的研究表明，自然选择的效应甚至在短期内也十分显著。研究者不断在不同物种中记录到环境对自然选择的影响，例如果蝇、蚊子、比目鱼和侏儒负鼠（Hoffman & Willi, 2008）。

尽管达尔文为进化论奠定了基础，当今的研究者仍然在继续研

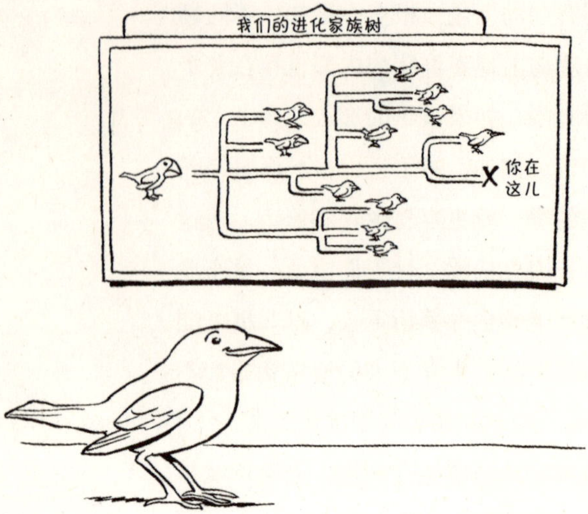

究超越达尔文思想的进化机制（Shaw & Mullen, 2011）。例如，达尔文没能充分解决一个重要的问题，即来自共同祖先的种群如何发生演化以使得一个物种变成两个。在格兰特夫妇关于达尔文地雀的研究中可以看到，随着当地环境的变化，物种可以很快发生变化。关于新物种是如何产生的，一种解释是，当来自原始物种的两个群体在地理上分离开来，并因此各自应对不同的环境事件发生演化，新物种便出现了。但是，当今关于进化的研究发现，在没有这种地理隔离的情况下，仍然出现了一些新的物种（Fitzpatrick et al., 2008）。研究者正在为该情况下新物种如何产生寻求各种各样的解释。例如，某些达尔文地雀的亚群体更有可能跟与自己外表相似的地雀交配，这种交配模式可能会导致新物种的出现（Hendry et al., 2009）。

基因型和表型 让我们重新聚焦于影响一个现存物种变化的驱力。地雀种群兴衰的事例可以说明为什么达尔文用“*适者生存*”（survival of the fittest）来描述进化过程。设想每种环境都为每个生物物种设定了一些困难。该物种的某些个体具有能够最好地适应环境的生理和心理属性，就最有可能生存下来。如果这类能够促进生存的属性可以一代一代地传递下去，同时环境压力持续存在，那么生物物种就会进化。

为了更详细地说明自然选择过程，我们必须介绍一些进化论的术语。让我们集中在一只地雀上。在受孕时，这只地雀从其双亲那里遗传下来一种**基因型**（genotype），或者说基因结构。在特定环境的背景下，基因型决定了这只地雀的发育和行为。这只地雀的外表和行为模式被称为它的**表型**（phenotype）。对于我们的地雀，其基因型可能与环境发生了交互作用，产生了小喙和具有啄食小种子能力的表型。

如果各类种子都很丰富，这种表型对地雀的生存没什么特殊意义。但是，假设环境提供的种子不足以供应整个地雀种群。在这种情况下，地雀个体就会对资源进行竞争。当物种在竞争性环境中生存时，表型有助于决定哪些个体适应得更好，以确保生存。如果只有小种子为食，与喙较大的地雀相比，喙较小的地雀就更具有选择优势。相反，如果只有大种子为食，则小喙地雀就处于劣势。

只有生存下来的地雀才能繁殖，只有能繁殖的地雀，其基因型才能传递下去。因而，如果环境持续只提供小种子，经过几代的进化，就会造成几乎所有的地雀都是小喙，结果它们也几乎只能吃小种子。这样，环境力量就塑造了一个物种的行为模式。**图 3.1** 显示了自然

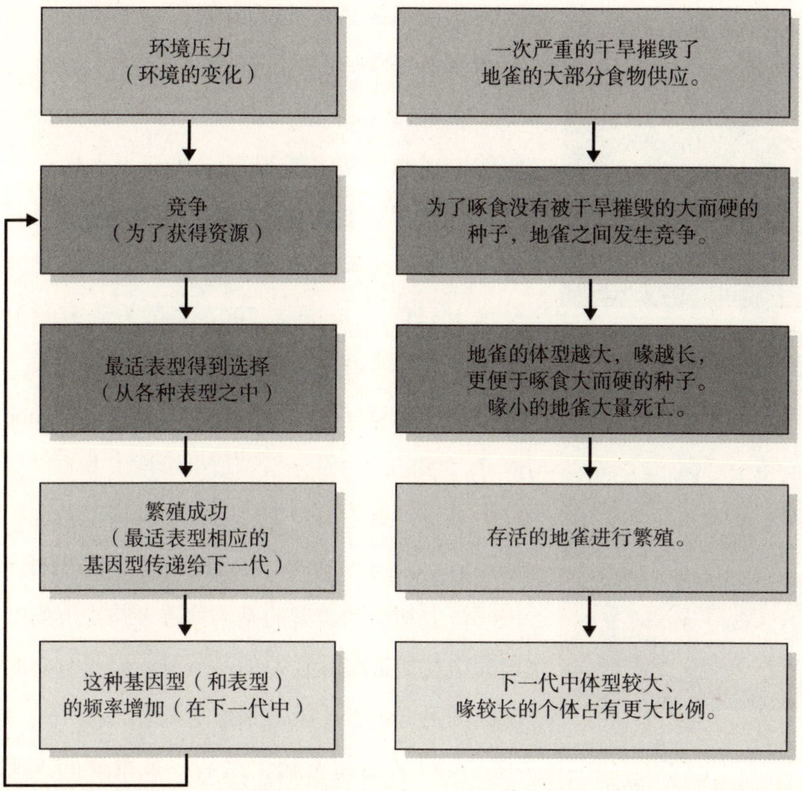

图 3.1　自然选择过程的简化模型

环境变化引起物种成员之间为资源而竞争。只有那些具备有助于应对这种变化的特质的个体，才能生存和繁衍。下一代将会有更多成员具有这些基于遗传的特质。

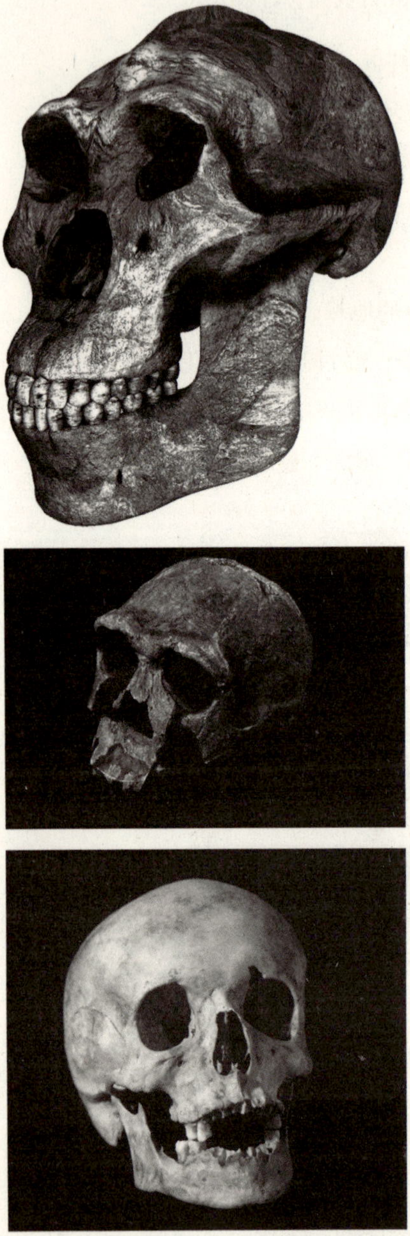

图 3.2 人类进化过程中脑容量的增加

人类进化早期，从南方古猿（上）到直立人（中）脑容量翻倍。在进化过程中，脑容量始终在增加，现代人类——智人（下）的脑容量是南方古猿的三倍。

选择过程的简化模型。接下来，让我们把这些概念应用于人类进化的分析。

人类的进化 回顾人类进化的环境，我们就可以理解为什么一些生理和行为特性是整个人类物种的生物学禀赋。在人类进化过程中，自然选择偏好两大适应性进化 ——两足化和大脑化。这两者共同为人类文明的发展提供了前提。**两足化**（bipedalism）是指直立行走的能力，700 万年到 500 万年以前，我们的进化祖先出现了两足化（Thorpe et al., 2007）。正因为我们祖先进化出了直立行走的能力，他们才能探索新环境和开发新资源。**大脑化**（encephalization）是指脑容量的增大。400 万年前出现的早期人类祖先（如南方古猿）的脑容量与黑猩猩差不多（见图 3.2）。从 190 万年前（直立人）到 20 万年前（智人），脑容量增至三倍（Gibbons, 2007）。随着脑容量的增大，我们的祖先变得更加聪明，并发展出了复杂的思考、推理、记忆和计划能力（Sherwood et al., 2008）。然而，脑容量继续增大并不能保证人类变得更聪明，重要的是在脑内发育和扩展出什么类型的组织（Ramachandran, 2011）。编码智力和运动表型的基因型逐渐挤走人类基因库中其他适应性较差的基因型，结果只有聪明的两足行走者才能得到繁殖机会。

在两足化和大脑化之后，最重要的人类进化里程碑可能就是**语言**的出现（Sherwood et al., 2008）。想想语言为早期人类提供了多么大的适应性优势。在制造工具、发现好的狩猎或捕鱼地点以及逃避危险时使用简单的指示语，不但节省时间和精力，甚至还可以挽救生命。人类能从他人分享的经验中获益，而不必每一个生活经验都不得不亲自试错才能获得。交谈甚至是幽默，都会增强自然群居成员间的社会联系。更重要的是，语言使人类积累的智慧得以代代相传。

语言是文化进化的基础，而文化进化则是文化面对环境变化，通过学习作出适应性反应的趋势（Ramachandran, 2011）。文化进化引起了工具制造的重大发展、农业生产方式的改善以及工业和技术的发展与进步。文化进化还使人类能很快调整并适应环境条件的变化。例如，人类对使用个人计算机的适应就发生在过去几十年。即便如此，没有编码学习和抽象思维能力的基因型，文化进化也是不可能发生的。正是人类基因型所蕴含的这种潜能，让文化包括艺术、文学、音乐、科学知识和慈善活动等成为可能。

人类基因型的变异

你已经看到，人类进化的条件有利于人类共有的重要生物潜能——例如两足化和语言思维能力——的进化。但是在共有的潜能中仍有相当大的变异。你的父母把他们的父母、祖父母以及祖辈遗传给他们的一部分遗传物质赋予了你，这为你的发育和发展设定了独特的生物学蓝图和时间表。**遗传**（heredity）是指从祖先那里对生理和心理特质的继承，而研究遗传机制的学科称为**遗传学**（genetics）（Carlson, 2004）。

最早关于父母及其后代关系的系统研究是由**格雷戈尔·孟德尔**（Gregor Mendel, 1822—1884）于 1866 年发表的。孟德尔在研究中使用的是毫不起眼的豌豆。他发现，不同种子所结出豌豆的形态特征，如豌豆是圆的还是皱的，可以从种子来源植株的形态来预测。基于他的观察，孟德尔认为，来自雄株和雌株的成对“因素”共同决定了后代的特性（Lander & Weinberg, 2000）。尽管孟德尔的研究最初未能受到其他科学家的重视，但是现代技术使得研究人员能够以可视化的方式研究孟德尔所提到的“因素”，这就是我们现在所说的基因。

本节的大部分内容将关注**人类行为遗传学**（human behavior genetics）。这一研究领域结合遗传学和心理学来探究遗传与行为的因果联系（Kim, 2009）。人类行为遗传学的研究通常关注的是个体差异的来源：你个人基因遗传中的哪些因素有助于解释你的思考和行为方式？另有两个学科领域从更广的视角关注自然选择的力量如何影响人类和其他物种的行为模式，它们是对人类行为遗传学的重要补充，这就是社会生物学和进化心理学。**社会生物学**（sociobiology）领域的研究者为人类和其他动物的社会行为和社会系统提供进化解释。**进化心理学**（evolutionary psychology）领域的研究者将这些进化的解释扩展到人类经验的其他方面，例如思维是如何运作的。本章主要讨论个体差异。然而，随着本书的展开，我们将考虑从进化的视角揭示人类共有经验的例子，包括伴侣的选择（第 11 章）、情绪的表达（第 12 章），等等。

让我们从遗传学的一些基本原理开始吧。

基础遗传学　在你每个细胞的细胞核中都有被称为 **DNA**（deoxyribonucleic acid，脱氧核糖核酸）（见**图 3.3**）的遗传物质。DNA 组成很小的单元，称为**基因**（gene）。基因包含蛋白质合成的指令。这些蛋白质调节身体的生理过程和表型性状的表达：体型、体力、智力以及许许多多的行为模式。

基因存在于被称为染色体的杆状结构上。在受孕的那一刻，你从父母那里继承了 46 条染色体，23 条来自父亲，23 条来自母亲。每条染色体都含有数千个基因。一个精子与一个卵子结合，只是实现了数十亿种可能的基因组合中的一种。**性染色体**（sex chromosome）含有编码男性或女性生理特征发育的基因。你从母亲那里继承了 X 染色体，从父亲那里继承的或是 X 染色体或是 Y 染色体。XX 的染色体组合，编码女性特征的发育；XY 的染色体组合，编码男性特征的发育。

你所继承的基因对——分别来自你的母亲和父亲——是大多数生理和心理特征的遗传起点。在很多情况下，一个基因都有不同的变体。

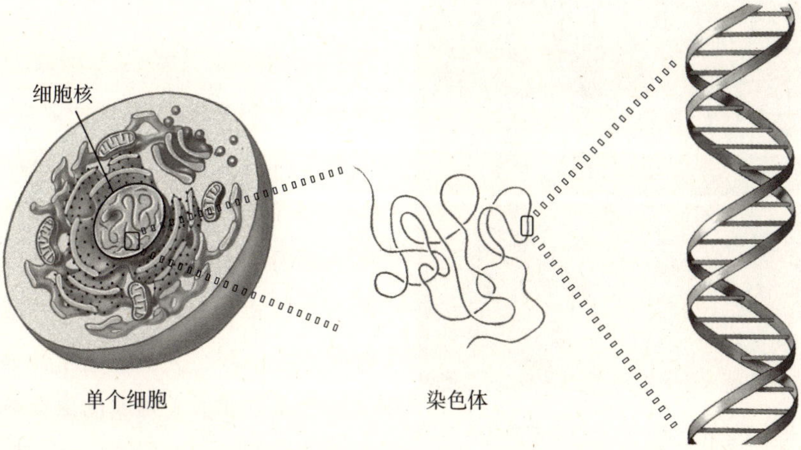

图 3.3　遗传物质

你的身体中每个细胞的细胞核都包含染色体的拷贝，传递你的遗传信息。每条染色体都包含一条以双螺旋排列的 DNA 长链。基因是 DNA 的片段，包含蛋白质合成的指令，蛋白质指导你的个体发育。

资料来源：Lefton, Lester A.; Brannon, Linda, *Psychology*, 8th Edition, © 2003. Printed and electronically reproduced by permission of Pearson Education Inc., Upper Saddle River, New Jersey.

你的表型由你继承的变体来决定。考虑一下人们在接触毒藤时会发生什么：基因的一个变体使得他们对毒藤的过敏效应免疫；同一基因的另一变体则使人们皮肤过敏。然而，让人们免疫的基因是该基因的显性变体，而让人们敏感的基因是隐性变体。当人们继承了基因的不同变体时，显性基因胜出。如果你的皮肤对毒藤的反应强烈，你很可能遗传了两个隐性基因。一系列的其他生理性状（如眼睛的颜色、头发的颜色、嘴唇的宽度）都是由显性基因和隐性基因来决定的。

随着我们开始考虑人类经验中更加复杂方面的遗传基础，需要注意的重要一点是，一些特征是由不止一对基因来决定的。这些特征被称为**多基因性状**（polygenic trait），因为不止一个基因影响该性状。例如，第 15 章我们将讨论心理障碍的遗传基础。研究表明，对于每一种障碍，一个以上的基因影响哪些个体具有风险（Keller & Miller,

人类的染色体——在受孕的那一刻，你从母亲那里继承了 23 条染色体，从父亲那里继承了另外 23 条。

2006)。

从 1990 年开始，美国政府资助了一个全球性的研究工程，也就是人类基因组计划(Human Genome Project, HGP)。一个有机体的**基因组**(genome)是指染色体上基因以及相关 DNA 的全部序列。2003 年，人类基因组计划已经完成了获取人类基因组完整序列的目标。基于这些已得的信息，研究者现在的关注点在于对所有 20 500 个人类基因进行识别(Clamp et al., 2007)。最终的目标是为所有基因的定位和功能提供完整的说明。

遗传力 为了达到理解基因功能的目标，人类行为遗传学的研究常常关注于估计特定人类性状或行为的**遗传力**(heritability)。遗传力在 0~1 的范围内进行衡量。如果估计值接近 0，那就说明该特质主要是环境影响的结果；如果结果接近 1，那就说明该特质主要是遗传影响的结果。

为了分离环境和基因的作用，研究者经常使用*收养研究*和*双生子研究*。在收养研究中，研究人员尽可能多地收集收养儿童亲生父母的信息。随着儿童的成长，研究者评估这些儿童与其亲生父母以及养父母之间的相似性。前者反映了遗传的作用，后者反映了环境的作用。

在双生子研究中，研究者比较*同卵双生子*和*异卵双生子*在特定特质或行为上的相似性。同卵双生子是由同一个受精卵发育而来的。在过去，研究者认为同卵双生子共享 100% 的遗传物质。然而近年来的证据表明，出生前和出生后的因素往往使“同卵”双生子的基因并不完全相同(Silva et al., 2011)。即便如此，同卵双生子共享的遗传物质要高于异卵双生子，后者大约共享 50%。(异卵双生子在遗传上的相似性不比其他类型的兄弟姐妹高。)研究人员通过确定在特定特质上同卵双生子和异卵双生子之间相似性的差异来核算该特质的遗传力估计值。看看下面这个双生子研究，该研究评估了遗传对人们咖啡消费量的影响。

研究特写

这项研究关注了来自荷兰的 2 252 对同卵双生子和 2 243 对异卵双生子（Vink et al., 2009）。让这些双生子完成一项调查，要求他们估计自己每天喝多少杯含咖啡因的咖啡和多少杯茶。研究者发现，同卵双生子的生活习惯更相似：在每种比较中，同卵双生子之间的相关系数都显著高于异卵双生子。研究者的统计分析得出咖啡消费量的遗传力估计值为 0.39，属于“中等”。此外，相比茶而言，双生子更偏好咖啡的遗传力估计值为 0.62，属于“较大”。

你和家人是不是每天早上都喝一大杯咖啡，而一想到茶就受不了？上述数据支持这样一种观点，即这种行为部分可由基因解释。实际上，研究者已经开始采取进一步行动，试图找出影响咖啡消费的具体基因。两项独立的研究指向了共同的结论——影响人们咖啡因代谢能力的基因发生了重要的变异（Cornelis et al., 2011; Sulem et al., 2011）。一组研究者猜测，某些基因变体或许让人们可以消费更多的咖啡，因为他们的身体能更高效地清除咖啡因（Sulem et al., 2011）。这个关于咖啡消费遗传力的例子说明了当代研究的演变。科学家们试图从陈述事实（例如，“咖啡消费是可遗传的”），转变为理解这一事实为什么正确（例如，“特定基因上的差异会影响个体清除体内咖啡因的能力”）。

研究者在行为与基因之间建立联系的能力带来了一些伦理问题，伴随人类基因组计划的成功，这些问题接踵而至（Wilkinson, 2010）。例如，各种各样的技术已经能够让准父母们选择生男孩还是生女孩。但是，他们应该或者能去做这种选择吗？如果选择的是儿童的智力水平、运动能力或者犯罪倾向呢？随着人类基因组计划以及相关研究不断取得新进展，此类伦理问题会在关于公共政策的争论中变得越来越突出。

我们已经了解到，研究者通常能估计出人类经验重要方面的遗传力。现在让我们看看为什么环境也很重要。

基因与环境的交互作用 本章一开始我们就对比了作为人们生活中因果力量的先天与后天因素。然而，研究者越来越多地发现，遗传和环境对机体行为都起着非常关键的作用。让我们考察这样一项研究，儿童成长的环境对其所继承基因的表达有着重大的影响。

研究特写

这项研究追踪了一批儿童，从他们 15 个月大一直追踪到 67 个月大（Kochanska et al., 2011）。在遗传方面，研究评估了影响神经递质 5- 羟色胺的基因的差异。这一基因具有长型（l）和短型（s）变体。该研究对遗传到两个长型变体（ll）和至少遗传到一个短型变体（sl 和 ss）的两组儿童进行了比较。在环境方面，研究评估了母亲对待孩子方式的差异。研究者分别在这些孩子年龄为 15、25、38 和 52 个月大时，观察他们在各种自然情境（如日常琐事和游戏）中与母亲互动的方式。其主要测量指标是，母亲在每种情境中对其子女需求的回应性高低。然后，在这些儿童 67 个月大时，研究者评估了他们在学校的学习能力（采用综合性测量指标，如阅读和数学能力的综合）。**图 3.4** 展示了基因与环境的共同影响。对那些至少携带一个短型变体的儿童来说，母亲的回应性产生了巨大的影响：母亲的回应性越高，他们的学习能力越强。然而，对于携带两个长型变体的儿童而言，母亲的回应性对他们的学习能力几乎没有影响。

假如你想预测一个儿童的学习能力，那么在你看图 3.4 时，请确保你明白为什么只有遗传信息或只有环境信息都是不够的。

通过这个例子，我们可以明白为什么研究人员试图弄清楚特定环境如何以及为何能够影响基因的表达，而特定基因又如何以及为何能够影响环境的重要性。我们将在后面的章节多次再回到基因与环境交互作用这一重要概念上。比如，在第 9 章中，你将看到在智力方面，基因与环境是如何交互作用的；在第 10 章中，你将看到教养方式与基

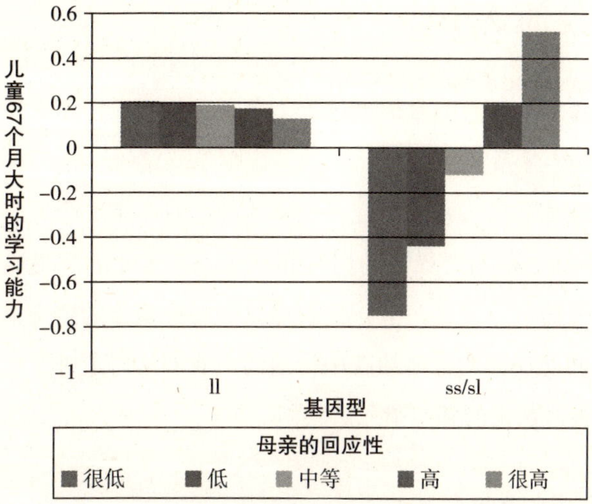

图 3.4　基因与环境交互作用，影响儿童的学习能力

在这项研究中，一组儿童遗传了两个长型变体（ll），另一组至少遗传了一个短型变体（ss 和 sl）。他们的母亲对他们的需要有不同的回应性。儿童的学习能力是遗传与环境共同作用的结果。例如，具有 ll 基因型且母亲的回应性很低的儿童与那些具有 ss 或 sl 基因型但母亲的回应性高的儿童拥有差不多相同的学习能力。

资料来源：Grazyna Kochanska, Sanghag Kim, Robin A. Barry and Robert A. Philibert, Children's genotypes interact with maternal responsive care in predicting children's competence, *Development and Psychopathology*, May 23, 2011, pp. 605–616.

因对儿童表现的交互影响。当你遇到这些例子时，你可能越来越发现，问题的答案很少要么是先天要么是后天这样简单。相反，你将发现行为往往是先天与后天的共同产物。

STOP 停下来检查一下

❶ 格兰特夫妇关于地雀的研究是如何说明基因变异在进化过程中的作用的？

❷ 基因型和表型的区别是什么？

❸ 人类进化中最关键的两个进化上的进步是什么？

❹ 遗传力的意思是什么？

批判性思考：想一想评估母亲回应性的那项研究。研究者为什么要在多个时间点对行为进行取样？

神经系统的活动

现在我们来看人类基因型的一个非凡产物：使得所有思考和行为成为可能的生物系统。

探求这种自然法则的研究者被称为神经科学家。今天，**神经科学**（neuroscience）是发展最快的研究领域之一。重要的发现以令人震惊的频率接踵而至。在这一节，我们的目的是探索你的感觉信息是如何通过神经冲动在你的身体和脑中传递的。我们从讨论神经元的特性开始，它是神经系统的基本单元。

神经元

神经元（neuron）是这样一种细胞，它专门接收和加工信息，或传递信息到体内其他细胞。神经元的形状、大小、化学成分和功能各异，但是所有的神经元都有着相似的基本结构，如**图 3.5** 所示。在你的脑内大约有一千亿到一万亿个神经元。

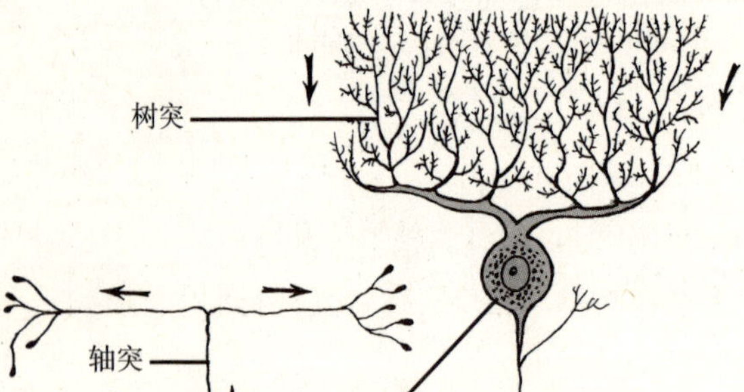

图 3.5 两类神经元

请注意神经元的形状和树突分枝的差异。箭头表示信息流动的方向。两个细胞都是中间神经元。

神经元一般从一端接收信息，再从另一端发出信息。接收传入信号的部分是一组被称为**树突**（dendrite）的分支纤维，由细胞体向外扩展。树突的基本工作是接收从感受器或其他神经元发出的刺激。神经元的细胞体，或称**胞体**（soma），含有细胞核和维持其生命的细胞质。胞体整合从树突接收的刺激（或者在一些情况下胞体直接从另一个神经元接收刺激），然后通过一条被称为**轴突**（axon）的向外延展的纤维将整合后的信息传递出去。信息沿轴突传导，其长度在脊髓内可达几英尺，而在脑内仅不到一毫米。轴突的末端是数个膨大的球状结构，称为**终扣**（terminal button），神经元通过终扣能刺激附近的腺体、肌肉或其他神经元。神经元一般只沿一个方向传递信息：从树突经由胞体到达轴突，再沿轴突传到终扣（见图 3.6）。

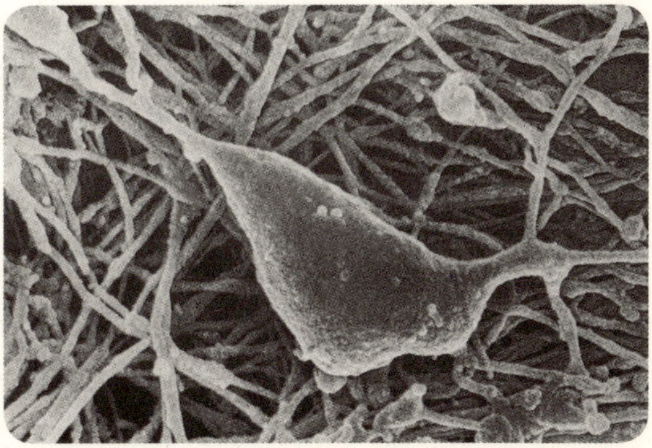

一个影响人类小肠收缩的神经元。树突、胞体和轴突在神经传递中各有什么作用?

神经元可以分为三个主要类别。**感觉神经元**（sensory neuron）携带来自感受器细胞的信息向内传至中枢神经系统。感受器细胞是高度特化的细胞，对光线、声音或身体姿势等非常敏感。**运动神经元**（motor neuron）携带来自中枢神经系统的信息向外传至肌肉和腺体。脑内的

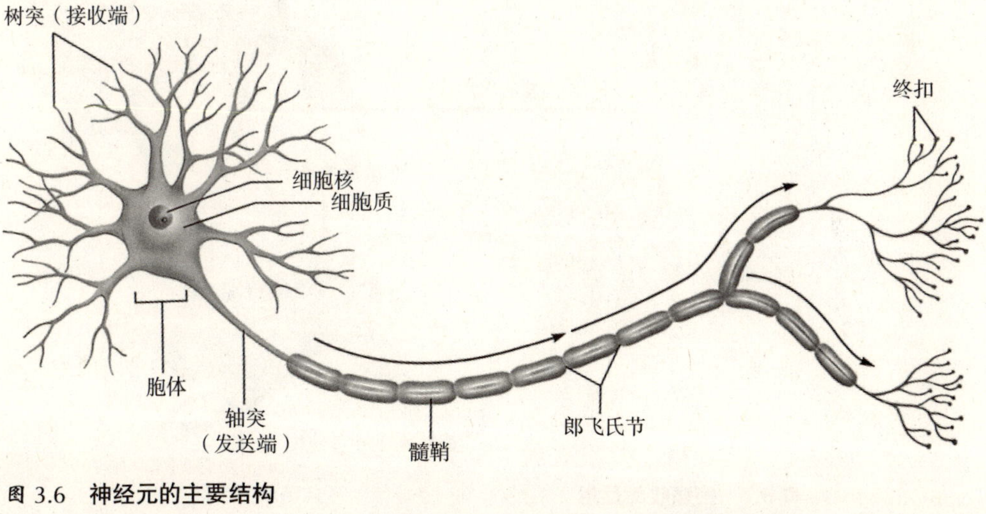

图 3.6　神经元的主要结构

神经元通过树突接收神经冲动，然后通过轴突把神经冲动传到终扣，在那里释放神经递质去刺激其他神经元。

大部分神经元是**中间神经元**（interneuron），它们将来自感觉神经元的信息，再传递到其他中间神经元或运动神经元。对于身体中的每个运动神经元，都有多达 5 000 个中间神经元，形成巨大的中介网络，构成脑的计算系统。

让我们以疼痛引起的收缩反射为例，说明这三类神经元是如何一起工作的（见图 3.7）。当皮肤表面附近的痛觉感受器受到尖锐物体的刺激，它们就通过感觉神经元把信息传向脊髓的中间神经元。中间神经元做出反应并刺激运动神经元，而后者又转而刺激身体适当部位的肌肉，把身体从引起疼痛的物体那里移开。在这一系列神经元活动已经发生并且身体已经离开刺激物体之后，大脑才接收到关于这一情境的信息。在这种生存依赖于快速行动的情形下，你对疼痛的知觉经常发生在你已经对危险做出实际反应之后。当然，这类偶发事件的信息随后会储存在大脑的记忆系统中，以便下次这类危险物体在伤害你之

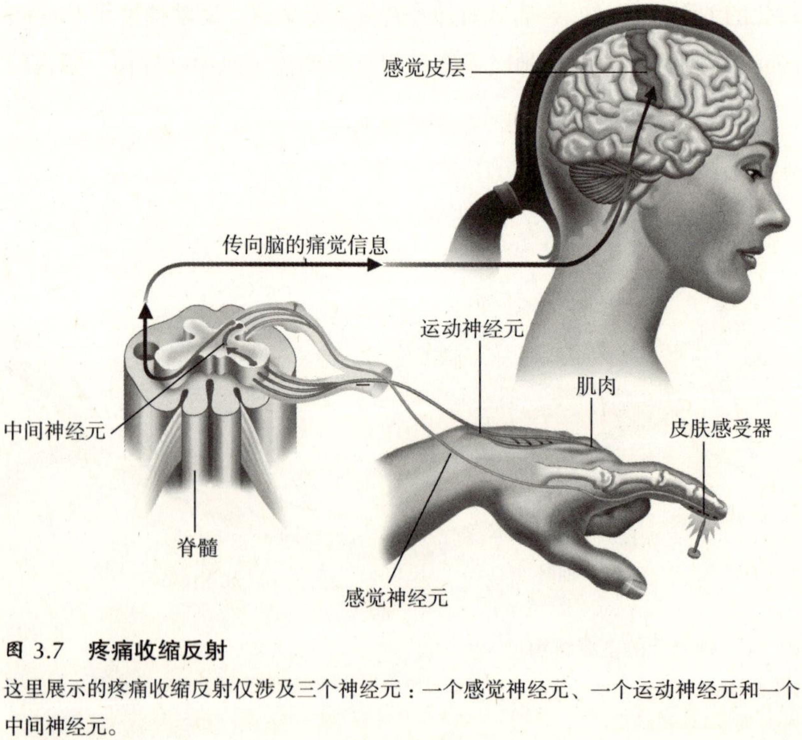

图 3.7　疼痛收缩反射

这里展示的疼痛收缩反射仅涉及三个神经元：一个感觉神经元、一个运动神经元和一个中间神经元。

前，你就完全可避免此类潜在危险。

20 世纪 90 年代中期，**贾科莫·里佐拉蒂**及其同事意外发现了一类新的神经元（Rizolatti & Sinigaglia, 2010）。当时他们正在研究猕猴脑中运动神经元的功能。研究表明，当猴子执行运动动作时，一些神经元会激活。然而他们惊讶地发现，当猴子只是观察研究者执行同样的动作时，也有一些神经元会激活。他们将这种神经元命名为**镜像神经元**（mirror neuron），因为它们会在个体观察另一个体执行动作时激活。尽管证据是间接的（因为研究者不能像对猴子那样对人类进行同样类型的研究），但有大量证据表明，人类的脑中也有镜像神经元在运作。镜像神经元让我们能够理解他人行为的意图。想象一下，当你看到朋友乔希的手伸向一个球时，“你自己的‘抓球神经元’开始发放，通过在脑内模拟乔希，你立即想到他打算去拿球”（Ramachandran, 2011, p. 128）。因此，镜像神经元让你可以利用自己的经验来理解他人的行为（Sinigaglia & Rizolatti, 2011）。这些神经元可能赋予了人类通过模仿来学习的巨大能力，从而使高效的文化进化成为可能。镜像神经元对人类的成就具有广泛影响的这一主张导致了相关的研究暴增。

散布于大脑庞大的神经元网络之间的还有数量约达神经元 5~10 倍之多的**胶质细胞**（glia）。glia 一词来源于希腊语中的 glue（黏胶），它提示了你这类细胞的一个主要功能：固定神经元的位置。在脊椎动物中，胶质细胞还有几项其他的重要功能（Kettenmann & Verkhratsky, 2008）。第一项功能在发育过程起作用，胶质细胞帮助新生的神经元找到其在脑内的适当位置。第二项功能是清理脑内环境，当神经元受损或死亡，附近的胶质细胞就会增殖，以清除受损或死亡的神经元留下的废物；胶质细胞还能吸收过量的神经递质和神经元间隙的其他物质。第三项功能是绝缘作用，胶质细胞在某类轴突的周围形成一层绝缘的外鞘，称为**髓鞘**（myelin sheath）。这种脂肪性绝缘大大增加了神经信号的传导速度。胶质细胞的第四项功能是防止血液内的有害物质接近脆弱的脑细胞。一种被称为星形胶质细胞的特化胶质细胞构成了*血脑屏障*，形成了围绕脑血管的连续性脂肪物质包膜。非脂溶性物质无法通过血脑屏障，因为许多有毒物质和其他有害物质都是非脂溶性的，所以它们无法透过血脑屏障而进入脑内。此外，神经科学家们相信，胶质细胞可能在神经传导中起着积极的作用。它们可能影响神经冲动传导所需的离子浓度（Henneberger & Rusakov, 2010）。而且，一些胶质细胞可能会产生与神经元相同类型的电化学信号（Káradóttir et al., 2008）。下一节我们会讨论这些信号。

动作电位

至此，我们仅笼统地谈到神经元“发出信息”，或彼此“刺激”。现在我们将正式地描述神经系统用以加工和传递信息的电化学信号的类型。这些信号是你的全部知识、感觉、欲望和创造能力的基础。

对于每个神经元的基本问题是：在某一时刻，它应该发放（即产生反应）还是不发放？笼统地说，神经元通过整合到达其树突或胞体的信息，确定这些输入主要表达为“发放”还是“不发放”，进而决定要不要发放。正规地说，每个神经元将接收到**兴奋性输入**（excitatory input）和**抑制性输入**（inhibitory input）的平衡，前者表达为发放，后者表达为不发放。在神经元内，兴奋性输入在一定时间或空间范围内的正确模式，将导致*动作电位*的产生，即神经元的发放。

动作电位的生物化学基础 为了解释**动作电位**（action potential）是如何工作的，我们需要理解神经元汇总传入信息的生物化学环境。所有神经传导都必须通过称为*离子*的带电粒子穿过神经元细胞膜的流动而产生。细胞膜是将细胞内外环境分隔开来的薄膜。我们可以把神经纤维想象成一根漂浮在咸汤里且内部装满了盐水的通心粉。通心粉内外的液体中都含有各种离子，比如钠离子（Na^+）、氯离子（Cl^-）和钾离子（K^+）等，它们带有正电荷或负电荷（见**图 3.8**）。细胞膜，或者说通心粉的表皮，在维持两种液体成分的适当平衡上具有关键作用。当细胞不活动或处于静息状态时，轴突内钾离子的浓度更高，而轴突

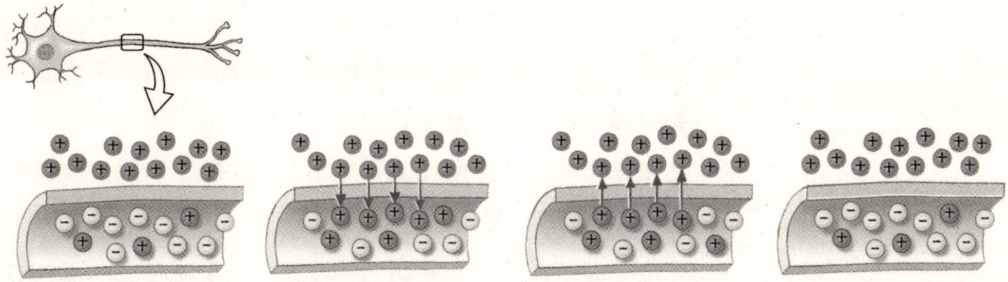

在静息状态，轴突周围液体的离子浓度不同于轴突内部的液体。正因如此，细胞内液发生相对细胞外液的极化，产生神经元的静息电位。

当神经冲动到达轴突的一个节段时，带正电的钠离子流入轴突。钠离子的内流导致神经元变成去极化。随着每个节段依次变成去极化，神经冲动沿着轴突向下传递。

一旦神经冲动传过，钠离子流出轴突，则静息电位得以恢复。

一旦恢复静息电位，轴突的这个节段就准备好了传递下一个冲动。

图 3.8　动作电位的生物化学基础

动作电位依赖于轴突内外离子电荷的不平衡。

资料来源：Lefton, Lester A.; Brannon, Linda, *Psychology*, 8th Edition, © 2003. Printed and electronically reproduced by permission of Pearson Education Inc., Upper Saddle River, New Jersey.

外钠离子浓度更高。细胞膜并不是完美的屏障，它存在少量的“渗漏”，使钠离子可以渗入，同时钾离子渗出。为了调整这种情形，细胞膜还有转运机制，可以将钾离子泵入和将钠离子泵出。这些离子泵的成功转运使细胞内液相对细胞外液具有 70 毫伏的负电压。这就意味着相对细胞外液而言，细胞内液发生了极化。这一轻微的极化电位称为**静息电位**（resting potential），它提供了神经细胞产生动作电位的电化学环境。

神经元对兴奋性和抑制性输入的模式发生反应时，静息电位转化为动作电位。每种输入都影响细胞内外离子平衡发生变化的可能性。它们引起**离子通道**（ion channel）的功能变化。离子通道是细胞膜上可兴奋的部分，它能选择性地允许特定离子流入和流出。抑制性输入引起离子通道努力保持细胞内呈现负电位，这将阻止细胞发放。兴奋性输入引起离子通道允许钠离子流入细胞，这将导致细胞发放。由于钠离子带正电荷，它们的流入改变了细胞膜内外正负电荷的平衡。当兴奋性输入相对抑制性输入达到足够的强度，使细胞发生从 –70 毫伏到 –55 毫伏的*去极化*时，动作电位就开始了，这说明已有足够的钠离子进入细胞内，产生了这一变化。

一旦动作电位开始，钠离子便涌入神经元，结果神经元内部相对外部变为正电位，说明神经元完全去极化了。多米诺骨牌效应促使动作电位沿轴突传导下去。去极化的前缘部分导致轴突邻近的离子通道打开，从而允许钠离子涌入。以这种依次去极化的方式，信号沿轴突向下传递（见图 3.8）。

发放之后，神经元怎样返回到最初的极化静息状态呢？当神经元内变为正电位时，允许钠离子流入的通道关闭，而允许钾离子流出的离子通道打开。钾离子的流出恢复了神经元内的负电位。因而，甚至当信号还在向轴突的远端传导时，产生动作电位的细胞部位已返回静息平衡，以使它们准备好对下次刺激的反应。

动作电位的性质 动作电位传导的生化方式使其具备了几个重要特性。动作电位遵从**全或无定律**（all-or-none law）：阈值以上，动作电位的大小不受刺激强度增加的影响。一旦兴奋性输入的总和达到阈值，统一大小的动作电位便会产生；如果未达到阈值水平，动作电位就不会产生。这一全或无定律带来一种后果，即动作电位的大小沿轴突传播时并不减弱。从这个意义上说，动作电位被认为是*自传播的*，即一旦开始就不需要外界刺激保持其移动。这类似于爆竹上点燃的引线。

不同神经元沿轴突传导动作电位的速度不同，最快的速度可达到每秒 200 米，而最慢的速度只有每秒 10 厘米。传导速度快的神经元，其轴突覆盖着一层紧密的髓鞘，如前所述，它是由胶质细胞组成的。神经元的这种轴突看起来像一长串短管。短管之间的小裂缝称为*郎飞氏节*（Nodes of Ranvier）（见图 3.6）。在轴突覆盖髓鞘的神经元上，动作电位从一个节点向下一个节点跳跃式传导。这样既节省时间，又节省在轴突上各个位置的离子通道开闭所需的能量。髓鞘的损伤会破坏动作电位传导的微妙节奏，并引起严重问题。多发性硬化症（MS）是一种由于髓鞘退化而引起的严重障碍。主要症状是复视、震颤，最终造成瘫痪。多发性硬化症中，来自身体免疫系统的特化细胞侵害了有髓鞘神经元，使轴突裸露出来，破坏了正常的突触传递（Wu & Alvarez, 2011）。

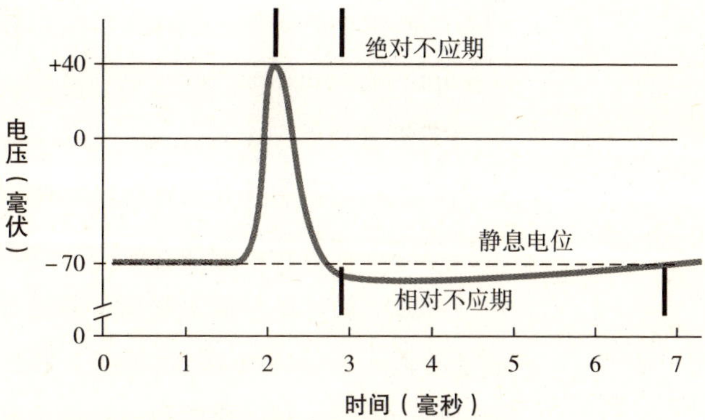

图 3.9　动作电位期间神经元电压变化时程表

钠离子进入神经元引起它的电位从其极化或静息状态的负电位向去极化的正电位变化。一旦神经元去极化，它就进入一个短暂的不应期。此时受到刺激也不会产生另一个动作电位。只有膜内外离子平衡恢复之后，才能产生另一个动作电位。

当动作电位传过一个轴突节段后，神经元的这部分就进入**不应期**（refractory period）（见图 3.9）。在绝对不应期，无论进一步的刺激有多强烈，都不能引起另一个动作电位的产生；在相对不应期，神经元只对比平常发放所需强度更为强烈的刺激做出反应。当你刚冲完马桶，水箱正在充水时，你是否试过再次冲水？水箱内的水必须达到一定量之后，才能再次给马桶冲水。同样，为了使神经元能够产生下一个动作电位，它必须自行“复位”，并等待刺激超过其阈值。不应期在某种程度上保证了动作电位只沿轴突向下传播：它不能反向传播，因为早先刚兴奋的轴突部位处于不应状态。

突触传递

当动作电位沿轴突完成其跳跃式的旅程而到达终扣时，它必须把信息传递给下一个神经元，但是两个神经元间没有直接的接触，它们以**突触**（synapse）的方式联系起来。突触包括突触前膜（发出信息神经元的终扣）、突触后膜（接收信息神经元的树突或胞体的表面）以及两者之间微小的间隙。当动作电位到达终扣，就启动了称为**突触传递**（synaptic transmission）的一系列事件，信息得以从一个神经元跨越突触间隙传递到下一个神经元（见图 3.10）。当动作电位到达终扣，导致突触囊泡逐渐前移并固定在终扣的内膜上，突触传递就开始了。每个囊泡内部都有**神经递质**（neurotransmitter），这种化学物质能刺激其他神经元。动作电位也引起离子通道开启，允许钙离子进入终扣。钙离子的流入引起突触囊泡的破裂，释放出它们所含的神经递质。一旦突触囊泡破裂，神经递质很快跨过突触间隙扩散到突触后膜。为了完成突触传递，神经递质必须与镶嵌在突触后膜上的受体分子结合。

神经递质与镶嵌在突触后膜上的受体分子结合必须具备两个条件。第一，不能有其他神经递质或化学分子附着到受体分子上；第二，神经递质的形状必须与受体分子相匹配，就像钥匙与钥匙孔一样精确匹配。只要有一个条件不符合，神经递质就不能附着到受体分子上，意味着它将不能刺激突触后膜。如果神经递质附着到受体分子上，它就可能给下一个神经元提供“发放”或“不发放”的信息。一旦神经递质完成了它的工作，它就从受体分子上脱离，回到突触间隙中。在那里，它要么在酶的作用下分解，要么被突触前终扣重新吸收，以便快速再利用。

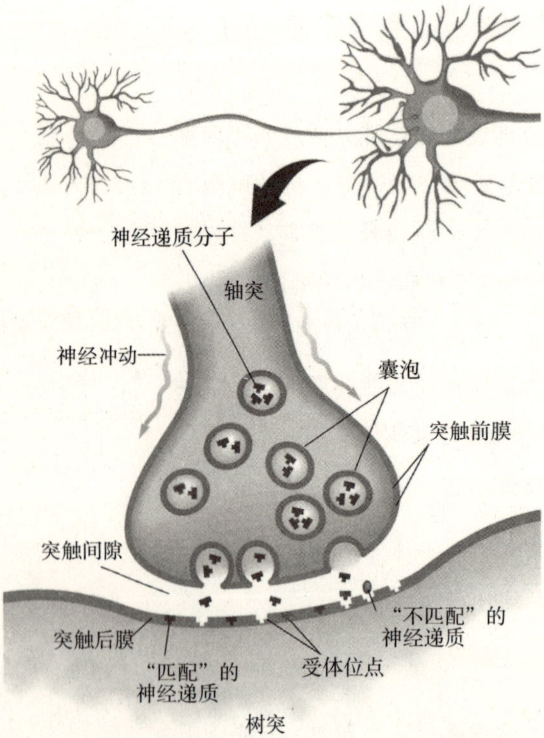

图 3.10 突触传递

突触前神经元中的动作电位引起神经递质释放到突触间隙中。一旦神经递质跨过突触间隙，它们就刺激镶嵌在突触后膜上的受体分子。同一个细胞内可能存在多种神经递质。

一种神经递质产生兴奋作用还是抑制作用，取决于受体分子。也就是说，同一种神经递质在一种突触中可以产生兴奋作用，而在另一种突触中却产生抑制作用。每个神经元将它在突触处所得到的信息，与 1 000~10 000 个其他神经元进行整合，以决定它是否应该启动另一个动作电位。正是数以千计的兴奋和抑制性输入的整合，才使得全或无的动作电位成为所有人类经验的基础。

你可能会问，为什么我们带你这么深入地了解神经系统。这毕竟是一门心理学课程，而心理学应该是研究行为、思维和情感的。事实上，突触是全部心理活动得以发生的生物媒介。如果你改变正常的突触活动，你就将改变人们行为、思考和感受的方式。对于突触功能的理解，已经促进了一些领域知识的重大进展，包括学习与记忆、情感、心理障碍、药物成瘾以及心理健康的化学基础。贯穿《心理学与生活》全书，你都将会用到从本章获得的知识。

神经递质及其功能

很多化学物质已经被确认或推测为在脑中发挥作用的神经递质。那些已经被深入研究过的神经递质都符合一套技术标准。它们是在突触前的终扣中产生的，当动作电位到达终扣时，就被释放出来。突触间隙出现神经递质时，会导致突触后膜发生生物反应。如果阻止神经递质的释放，就不会有随后的反应发生。为了让你认识不同的神经递质对于行为调节的作用，我们下面讨论一些业已发现对脑的日常功能具有重要作用的神经递质。这一简短讨论也可以让你理解神经传递障碍产生的诸多途径。

乙酰胆碱　乙酰胆碱（acetylcholine）存在于中枢与外周神经系统。阿尔茨海默病是一种退行性疾病，在老年群体中越来越常见，这种疾病的特征之一是记忆丧失，被认为是由于分泌乙酰胆碱的神经元退化造成的（Craig et al., 2011）。在神经和肌肉之间的接合点，乙酰胆碱也是一种兴奋性递质，它引起肌肉收缩。一些毒素会影响乙酰胆碱的突触作用。例如，肉毒杆菌毒素经常发现于保存不当的食物中，它通过阻止呼吸系统中的乙酰胆碱释放而产生毒害作用。这种肉毒杆菌中毒可导致人们因为窒息而死亡。箭毒是亚马孙河一带印第安人涂在吹箭箭尖上的剧毒物质，它通过占据重要的乙酰胆碱受体，阻碍正常的神经递质活动，从而引起肺部肌肉麻痹。

γ-氨基丁酸 *GABA*（gamma-aminobutyric acid）是 γ-氨基丁酸的缩写，它是脑内最普遍的抑制性神经递质。可能多达三分之一的脑部突触使用 γ-氨基丁酸作为信使。对 γ-氨基丁酸敏感的神经元特别集中于丘脑、下丘脑和枕叶皮层等脑结构中。γ-氨基丁酸似乎通过抑制神经活动，在某些形式的精神障碍中起着关键作用。当脑中这种神经递质的水平降低，人们就可能会体验到焦虑或抑郁（Croarkin et al., 2011; Kalueff & Nutt, 2007）。焦虑障碍通常使用可以提高 γ-氨基丁酸活性的苯二氮䓬类药物加以治疗，如安定或佳乐定。苯二氮䓬类药物并不直接附着于 γ-氨基丁酸受体，而是能使 γ-氨基丁酸更有效地与突触后受体分子结合。

谷氨酸 谷氨酸（glutamate）是脑中最普遍的兴奋性神经递质。因为谷氨酸有助于在脑中传递信息，所以它在情绪反应、学习和记忆过程中起着关键的作用（Morgado-Bernal, 2011）。当谷氨酸受体不能正常工作时，学习的进程会变慢。此外，脑中谷氨酸水平的紊乱与多种心理障碍有关，包括精神分裂症（Bustillo et al., 2011）。谷氨酸也在药物、酒精和尼古丁成瘾中起作用。研究者开始探索通过改变大脑对谷氨酸的利用来治疗这些成瘾（Markou, 2007; Myers et al., 2011）。

多巴胺、去甲肾上腺素和5-羟色胺 儿茶酚胺（catecholamines）是一类化学物质，包括两种重要的神经递质：多巴胺（dopamine）和去甲肾上腺素（norepinephrine）。这两种神经递质在心理障碍中均有重要作用，如焦虑障碍、心境障碍和精神分裂症（Goddard et al., 2010; Keshavan et al., 2011）。增加脑内去甲肾上腺素水平的药物，可以提升心境和减轻抑郁。相反，精神分裂症病人脑内的多巴胺水平高于正常水平。正如你可能预期的，治疗这种疾病的方法之一，就是给病人服用降低脑内多巴胺水平的药物。我们将在第 15 章详细讨论这些药物疗法。

在美国，大约 150 万人遭受帕金森病带来的痛苦，其中包括迈克尔·福克斯。关于神经递质多巴胺的研究加深了对这一疾病的理解。神经科学的基础研究如何带来治疗手段的改善？

所有产生 5- 羟色胺（serotonin）的神经元都位于脑干，这一结构与唤醒以及很多自主过程有关。致幻药 LSD，即麦角酸二乙胺，似乎通过抑制 5- 羟色胺神经元而产生效应（Fantegrossi et al., 2008）。这些 5- 羟色胺神经元在正常情况下会抑制其他神经元，但是 LSD 会引起这种抑制作用缺失，造成生动而奇特的感觉体验，其中一些体验可持续数小时。许多抗抑郁药物，如百优解，通过防止 5- 羟色胺从突触间隙移出而增强其作用。

内啡肽　内啡肽（endorphins）是一类常被归为神经调质的化学物质。**神经调质**（neuromodulator）是能够改变或调节突触后神经元活动的物质。内啡肽是内源性吗啡的简称，在情绪行为（焦虑、恐惧、紧张和愉悦）和疼痛的控制中具有重要作用，鸦片和吗啡等药物也是与脑内相同的受体位点结合。内啡肽由于其控制愉悦和痛苦的特性而一度被称为“进入天堂的钥匙”。研究者们检验了内啡肽在针灸和安慰剂的镇痛效应中至少具有部分作用的可能性（Han, 2011; Pollo et al., 2011）。这类检测依赖于纳洛酮，已知这种药物的唯一作用是阻断吗啡和内啡肽与受体的结合。任何一种通过刺激内啡肽释放以减轻疼痛的方法，在使用纳洛酮后都变得无效。注射纳洛酮后，针灸和安慰剂事实上都失去作用。这说明在一般情况下是内啡肽在帮助它们发生作用。

STOP 停下来检查一下

❶ 信息在神经元几个主要部分之间的传导模式是怎样的？

❷ "全或无定律"是什么意思？

❸ 神经递质是如何通过一个神经元而到达另一个神经元的？

❹ 脑中最普遍的抑制性神经递质是什么化学物质？

生物学与行为

至此，你已经对神经细胞信息传递的基本机制有了一定的了解，现在我们将神经元整合成更大的系统，这个系统支配着你的身体和心理。我们首先简要介绍那些被研究者们用于促进新发现的技术。其次，我们对神经系统的结构进行一般性描述，随之对脑本身进行详细观察。我们将讨论内分泌系统的活动，它是第二个生物控制系统，与脑和神经系统协同工作。最后，我们来看看日常生活经验如何持续地重塑我们的大脑。

对脑的窃听

神经科学家们一直试图在一系列不同层次上理解大脑的工作机制——从肉眼可见的解剖结构，到只有用高倍显微镜才能观察到的单个神经细胞的特性。研究者们所使用的技术与他们的分析水平相匹配。我们在这里所讨论的技术通常被用于研究特定脑区所负责的功能和行为。

对脑的干预 神经科学中的一些研究方法直接对大脑的结构进行干预，这些方法在现实中找到了其历史根基 。1848 年 9 月，铁路监工盖奇（Phineas Gage）在一次意外爆炸中，被一根 1 米多长的铁杆刺穿了颅骨。盖奇的身体损伤并不严重，左眼失明，左脸部分面瘫，而姿势、运动和言语无恙。但是在心理上，他却变了个人，他的医生对此有很清楚的阐释：

图片中盖奇拿着那根导致他受伤的铁杆，为什么医生们如此着迷于盖奇的人格变化?

> 他的理性和野性之间的平衡似乎已遭破坏，他变得反复无常、无礼，有时候沉迷于说些粗鄙的脏话，这些都不是他过去的习惯。他对同伴不再有一丝尊重，当他人的劝阻或建议与他的需求冲突时，他表现得很不耐烦……他受伤之前虽未受过良好的学校教育，但他头脑冷静，在熟人看来是个机灵、聪明的生意人，在执行自己的计划时精力充沛，坚持不懈。就这些方面来说他已完全变了。他的朋友和熟人都说他“不再是以前的盖奇了”（Harlow, 1868, pp. 339–340）。

这个案例发生的时候，科学家们刚刚开始形成脑功能与复杂行为之间关系的假设。盖奇在大脑被戏剧性地刺穿之后的行为变化，促使他的医生假设，大脑是人格和理性行为的基础。与盖奇从受伤中康复大约相同的时期，**保罗·布洛卡**（Paul Broca）正在研究大脑在语言中的作用。他在这一领域的第一项研究是对一个死者进行尸体解剖，死者的名字来自他生前唯一能说出的一个词“Tan”。布洛卡发现 Tan 大脑的左侧额区严重受损。这一发现引导布洛卡进一步研究其他语言障碍患者的大脑。在每个病例中，布洛卡都发现了同一脑区的相似损伤，现在这一脑区被称为**布洛卡区**（Broca's area）。正如你将在本书中读到的，现代研究者们仍试图发掘行为变化模式与脑损伤部位之间的关系。

当然，研究意外损伤的脑存在一个问题，即研究者无法控制脑损伤的部位和程度。为了更好地理解大脑及其与行为、认知功能的关系，

生活中的心理学

你的大脑如何确定信任与否

假设你的一个朋友向你做出承诺，然后说："相信我！"你应该信任他吗？近年来，研究者开始尝试了解：当你必须做出关于信任的决定时，你的大脑如何反应。大部分这类研究都集中于一种被称为催产素（oxytocin）的激素上。那些对促使非人类动物形成社会联结的生物机制感兴趣的研究者率先开始关注催产素。当代研究表明，催产素在人格和社会过程中起着广泛的作用（IsHak et al., 2011）。让我们看看催产素对信任的影响。

为了证明催产素的巨大影响，一组研究者招募参与者来玩一个针对信任的游戏（Baumgartner et al., 2008）。这个游戏需要两个玩家分配"货币单元"池。每一轮，"投资人"必须决定从12个货币单元中投入多少。实验者给资金的"受托人"提供投资回报。受托人可以决定是否与投资人平均分配回报。实际上，在游戏中途，投资者都获得了相同的反馈：实验者告诉他们，他们只有约一半的时间获得了公平的分配。受托人不可信任！

游戏的后一半会发生什么取决于投资人的催产素水平。在游戏开始前，一半的投资者通过喷鼻剂吸入一定剂量的这种激素（一旦激素被吸入，它就能进入大脑）。其他的参与者接受的则是安慰剂。对于游戏的前半部分，投资人吸入催产素或安慰剂几乎没有差异。下图表示了每一轮参与者投资的平均货币单元数量。你可以看到，在反馈之前，催产素组参与者投资的数量与安慰剂组参与者几乎相同。你可能预期："受托人不可信任"的反馈会产生巨大影响，将促使参与者减少投资，应该与安慰剂组

科学家需要使用一些方法，使他们能精确确定丧失功能的脑组织。研究者们开发了一些技术来造成高度集中化的大脑局部**损伤**（lesion）。例如，他们可以通过手术切除特定脑区，切断那些区域的神经联系，或者通过应用高热、冷冻或电流等手段损毁这些脑区。你能想到，这类永久损伤的实验只能在非人类动物中进行（正如本书第2章所讨论的，这类动物研究的伦理学问题现在也受到严格审查）。随着研究者们反复比较和整合动物脑损伤研究结果，以及越来越多有关脑损伤对人

的情况相符。安慰剂组的投资在游戏后半部分的确有所下滑。然而实际情况是，催产素组并未减少他们的投资。事实上，他们的投资变化趋势是相反的。显然，实验前催产素的吸入阻止了这些参与者对反馈信息（其他玩家背叛了他们的信任）做出反应。

这个项目还有另外一个要素：当投资人做出决定时，对他们的大脑进行 fMRI 扫描。大脑数据使得研究者可以确定大脑的哪些区域受到了吸入催产素的影响。扫描显示，催产素组参与者参与恐惧反应的脑区，如杏仁核，活动较弱。研究者提出，催产素抑制了恐惧反应，因而提高了参与者“在有背叛风险的情境中保持信任”的能力（Baumgartner et al., 2008, p. 645）。

在了解了这项研究后，你可能想知道自己脑中的化学组成让你倾向于信任还是不信任朋友。研究者正开始考虑这样的问题：催产素功能的个体差异如何对社会行为产生重要影响（Bartz et al., 2006）。

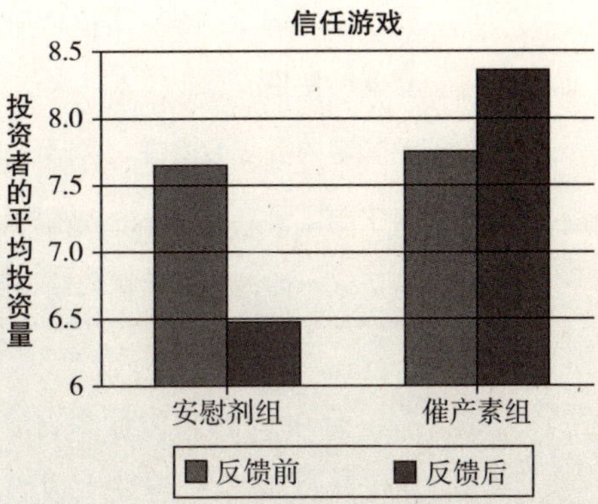

资料来源：Bartz, J. A., & Hollander, E. (2006). The neuroscience of affiliation: Forging links between basic and clinical research on neuropeptides and social behavior, *Hormones and Behavior, 50*, pp. 518–528.

类行为影响的临床发现，我们对脑的认识已经发生了根本的变化。

近年来，科学家开发出了一种被称为**重复经颅磁刺激**（repetitive transcranial magnetic stimulation, rTMS）的程序，这种程序使用磁刺激脉冲来对人类参与者造成暂时的可逆“损伤”，而不需要对实际组织造成损害就可以干预特定脑区的活动。这种新技术使得研究者可以探讨一系列在非人类实验中无法解答的问题（Sandrini et al., 2011）。下面这个例子应用了 rTMS 技术来研究大脑如何对名词和动词做出反应。

研究特写

如果你曾研究过语言，你很可能知道名词和动词有着非常不同的功能。一组研究者使用 rTMS 技术来检验这样一个假设，当你生成言语中的这两个部分时，在脑中是不同的脑区在工作（Cappelletti et al., 2008）。在实验中，参与者完成电脑上呈现的简单的单词填空。例如，参与者读到“今天我走路”，然后填空：“昨天我……”。相似地，他们读到“一个孩子”，然后填空：“许多……”。在一般情况下，参与者应该很快回答出“走路”和“孩子”。然而，假设研究者能够使用 rTMS 技术“损伤”那个帮助你做出反应的脑区，那么，我们预期参与者的反应会变慢。实际上，研究者找出了一个脑区（在布洛卡区的附近），当该脑区受到 rTMS 的刺激时，对动词的反应变慢，但名词不变。这些数据支持了这一假设，即名词和动词的大脑加工过程是有区别的。

你可以看到为什么这个实验是不可能在人类之外的被试身上完成的：人类是唯一习惯生成名词和动词的物种。

在某些情况下，神经科学家通过直接刺激脑区来了解某些脑区的功能。例如，20 世纪 50 年代中期，**沃尔特·赫斯**（Walter Hess, 1881—1973）首先使用电刺激探查脑的深部结构。例如，赫斯把电极放入自由运动的猫的脑内。通过按钮，他能向电极尖端发出微弱的电流刺激。他对将近 500 只猫的 4 500 个大脑部位进行了刺激，并仔细记录了每一个刺激引起的行为后果。他发现，由于电极部位不同，迅速开闭开关可引起睡眠、性唤起、焦虑或恐惧。例如，电刺激特定的脑区导致一只本来很温顺的猫愤怒地竖起毛，猛扑身旁的物体。

大脑活动的记录和成像 其他一些神经科学家利用电极记录环境刺激引起的大脑的电活动来绘制脑功能地图。脑的电输出可在不同精度水平上进行监测。在精度最高的水平上，研究者把高灵敏度的微电极植入脑内，记录单个脑细胞的电活动。这类记录能说明单一脑细胞对环境刺激做出反应时的活动变化。

对于人类参与者，研究者们经常在其头皮上放置一些电极，记录大范围整合性的电活动模式。这些电极提供**脑电图**（electroencephalogram, EEG）数据，或者说是放大了的脑活动信号。EEG 可用于研究心理活动和大脑反应之间的关系。例如，在一个实验中，研究者使用 EEG 来证明人们在观看带有情绪色彩的图片时，大脑的不同反应（Hajcak & Olvet, 2008）。参与者观看电脑屏幕上一系列令人愉悦（如微笑的面孔）、中性（如家居用品）和让人不快（如暴力画面）的图片，同时记录他们的大脑活动。EEG 揭示了大脑对中性图片和情绪性图片的不同活动模式：参与者似乎对令人愉悦的图片和让人不快的图片倾注了更多的注意，即使图片在电脑屏幕上消失之后，这种注意仍持续存在。

对脑研究来说，最激动人心的技术革新是一些扫描仪器，这些仪器原本用于帮助神经外科医生探测脑部异常，如中风或其他疾病引起的损伤。这些设备可以生成活动大脑的影像，而不必借助可能会损伤脑组织的侵入性程序。

为了获得脑的三维图像，研究者可以使用**计算机断层扫描术**（computerized axial tomography, CT 或 CAT）。当人们进行 CT 扫描时，他们的头部置于形如面包圈的圆环中，其中包含 X 射线源和 X 射线探测器。在扫描过程中，聚焦的 X 射线束从不同角度穿过头部。计算机将不同的 X 射线图像整合成脑的连贯图片。研究者经常使用 CT 扫描来确定脑损伤或脑异常的位置和程度。

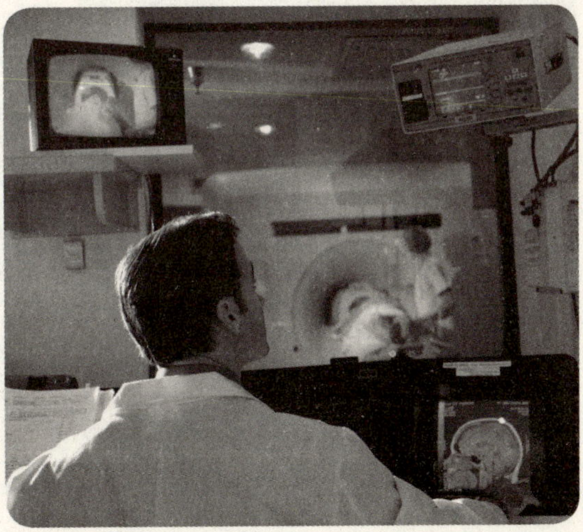

新的脑成像技术如何扩展了研究者可探索问题的范围?

在应用**正电子发射断层扫描术**（positron emission tomography, PET）的研究中，先给参与者服用不同种类的放射性物质（但是很安全），这些物质最终进入大脑，被活动的脑细胞所吸收。头骨外的记录仪器能检测出参与不同认知和行为活动的细胞发出的放射能。然后这些信息被输入计算机，构造出大脑的动态图像，显示出参与不同心理活动的脑结构。

磁共振成像（magnetic resonance imaging, MRI）利用磁场和射频波在脑内产生能量脉冲。因为随着脉冲调谐到不同频段，一些原子与磁场偶联平行排列。当磁场脉冲被关闭的瞬间，这些原子发生振动（共振）并返回到自己的初始态，特殊的射频接收器检测到这一共振并把信息导入计算机，计算机生成大脑区域不同原子位置的图像。通过观察这些图像，研究者就可以建立起大脑结构和心理过程之间的联系。

MRI 最大的用途是提供解剖结构细节的清晰图像；PET 扫描则更好地提供关于功能的信息。一种被称为**功能性磁共振成像**（functional MRI, fMRI）的新技术，通过检测流向脑细胞的血流的磁场变化，将上述两项技术的优势结合起来；fMRI 能提供更为精确的关于结构与功能的信息。研究者们开始利用 fMRI 去发现负责众多重要认知功能

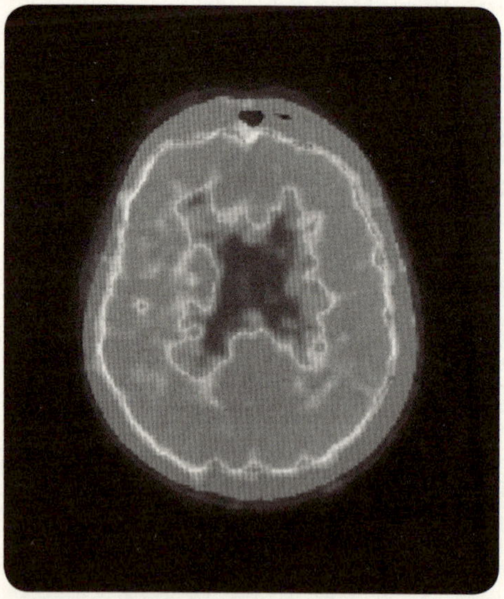

心理学家能通过 PET 扫描获取什么信息?

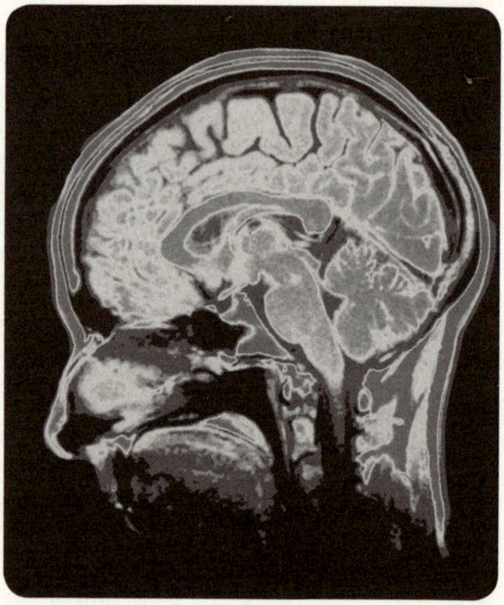

磁共振成像（MRI）产生对正常大脑的这一颜色增强剖面。借此确定特定功能背后的大脑区域，其目的何在?

的各个脑区的分布情况，如注意、知觉、语言加工和记忆（Spiers & Maguire, 2007）。

如上所述，科学的进步已为神经科学家提供了揭示脑最重要的奥秘所必需的技术。本章的剩下部分将描述其中的一些奥秘。

神经系统

神经系统由数以亿计的高度特化的神经细胞（即神经元）组成，正是神经元构成了脑和遍及全身的神经纤维。神经系统分为两个主要部分：**中枢神经系统**（central nervous system, CNS）和**外周神经系统**（peripheral nervous system, PNS）。中枢神经系统由脑和脊髓中的所有神经元组成，外周神经系统由所有构成神经纤维的神经元组成，这些神经纤维把中枢神经系统与身体联系起来。**图 3.11** 和**图 3.12** 显示了 CNS 和 PNS 的关系。

中枢神经系统的工作是整合和协调所有的身体功能，加工全部传入的神经信息，向身体不同部位发出指令。中枢神经系统发出和接收神经信息是通过脊髓而实现的。脊髓是将脑与外周神经系统联系起来的神经元干线，它位于脊柱的椎管内。脊神经从脊柱的每对椎骨之间的脊髓发出，最终与遍及全身的各种感受器、肌肉和腺体联系起来。脊髓协调身体两侧的活动，并负责不需脑参与的简单且动作快速的反射。例如，脊髓与脑之间的联结被切断的有机体，在受到疼痛刺激时仍能收缩其肢体。虽然完整的脑在正常条件下会注意到这种动作，但有机

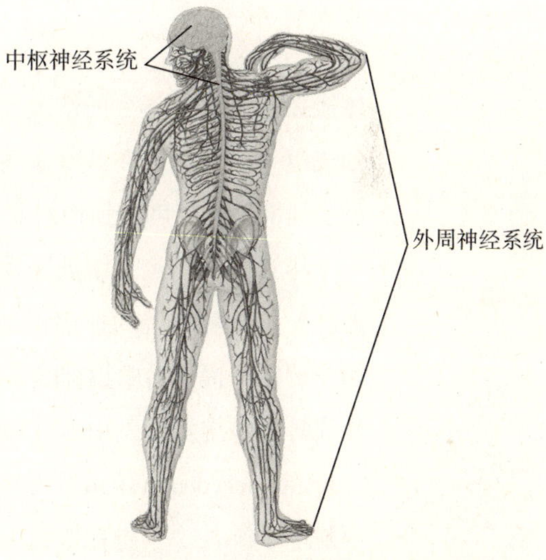

图 3.11　中枢神经系统和外周神经系统的划分

感觉和运动神经纤维组成外周神经系统，并通过脊髓与脑相连接。

Reprinted by permission of Richard McAnulty.

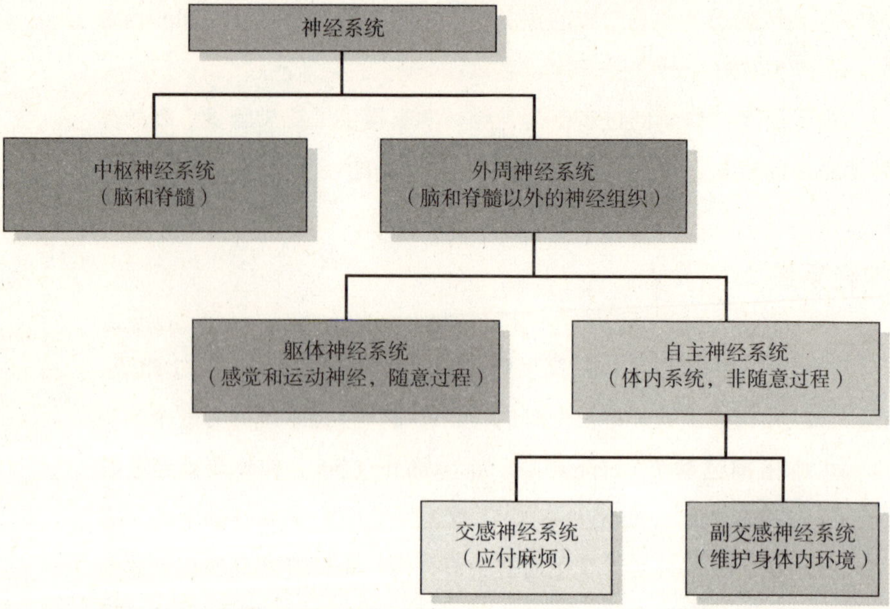

图 3.12 人类神经系统的层级结构

中枢神经系统由脑和脊髓组成。外周神经系统按其功能分为：控制随意动作的躯体神经系统和调节内部过程的自主神经系统。自主神经系统又分为两个系统：交感神经系统支配紧急情况下的行为，副交感神经系统调节常规环境下的行为和内部过程。

体能在没有上方指令的情况下完成该动作。脊髓的神经受损会导致腿部或躯干的瘫痪，在截瘫病人中可见这种症状。瘫痪的范围取决于脊髓受损部位的高度，损伤的部位越高，造成的瘫痪范围越大。

尽管中枢神经系统处于发号施令的位置，但它并不与外界直接接触。外周神经系统的作用正是把来自感受器（如眼睛、耳朵中所发现的）的信息提供给中枢神经系统，并传递脑对身体器官和肌肉的指令。外周神经系统实际上由两套神经纤维组成（见图 3.12）。**躯体神经系统**（somatic nervous system）调节身体骨骼肌的动作。例如，想象你在写一封电子邮件。手指在键盘上的运动由躯体神经系统控制。当你决定要“说”些什么时，你的大脑向手指发出敲击某些键的指令。同时，手指向大脑反馈关于其位置和运动的信息。如果你敲错了键，躯体神经系统就会通知大脑，然后大脑发出必要的修正指令，在几分之一秒内，你就能删除错误并敲击正确的键。

外周神经系统的另一部分是**自主神经系统**（automatic nervous system, ANS），它维持机体的基本生命过程。这个系统每天 24 小时都在工作，它所调节的是你通常不需有意识控制的那些功能，如呼吸、消化和觉醒。甚至当你睡觉时，自主神经系统仍然必须工作，它也在麻醉和长期昏迷状态时维持生命过程。

自主神经系统处理两类攸关生存的问题：一类是机体受到威胁，另一类是维持常规身体状态。为了执行这些功能，自主神经系统进一步分成交感神经系统和副交感神经系统（见图 3.12）。这两部分以相互对立的方式去完成它们的任务。**交感神经系统**（sympathetic division）支配应对紧急情况的反应；**副交感神经系统**（parasympathetic division）监测身体内部功能的常规运行。可以把交感神经系统看成“麻烦终结者”。在应激或紧急情境下，它会唤起某些脑结构，让机体为战斗或逃避危险做好准备，这一行为模式被称为“*战斗或逃跑反应*”。此时，消化停止，血液从内脏向肌肉流动，氧气传递增加，心率加快。当危险过后，副交感神经系统接过控制权，个体开始平静下来。消化活动恢复，心跳变缓，呼吸放松。副交感神经系统执行机体在非紧急情况下的常规维护，如排除体内废物，保护视觉系统（通过眼泪和瞳孔收缩），长期维持身体的能量。交感和副交感神经系统的分工如**图 3.13** 所示。

脑结构及其功能

脑是中枢神经系统最重要的组成部分。人脑结构大体分为三个相互联系的层次，最深层的结构称为*脑干*，主要与自主过程如心率、呼吸、吞咽和消化等功能有关。包围这个中央结构的是*边缘系统*，它与动机、情绪和记忆过程有关。包在这两层脑结构之外的是*大脑*，人类的全部心理活动发生在这里。大脑及其表层即*大脑皮层*整合感觉信息，协调你的运动，促成抽象思维和推理（见**图 3.14**）。让我们更详细地考察这三层脑结构的功能，先从脑干、丘脑和小脑谈起。

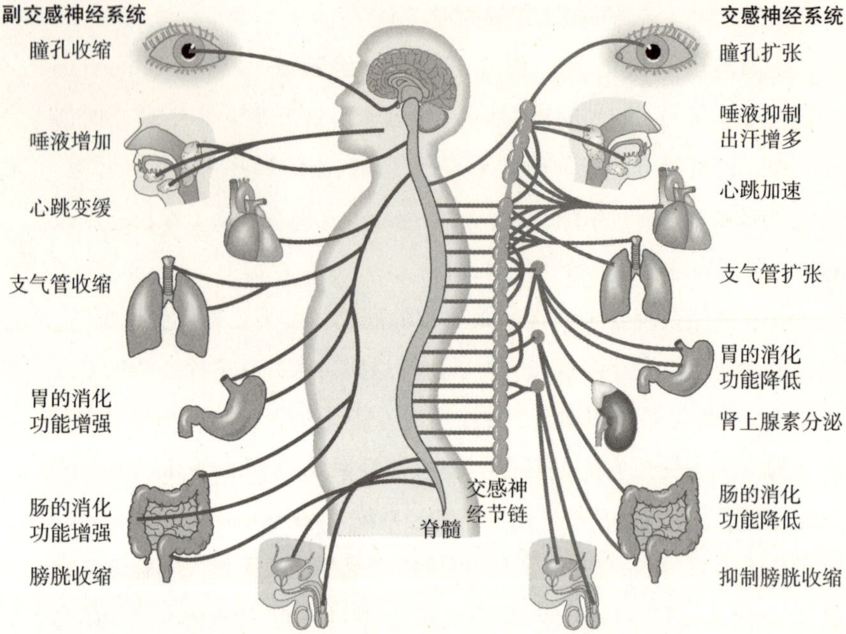

图 3.13 自主神经系统

副交感神经系统调节日常的内部过程和行为，在图左边显示。交感神经系统调节应激情境下的内部过程和行为，在图右边显示。请注意交感神经系统的神经纤维从脊髓发出或传入脊髓的途中，会连接到神经节，即特化的神经链簇。（见彩插）

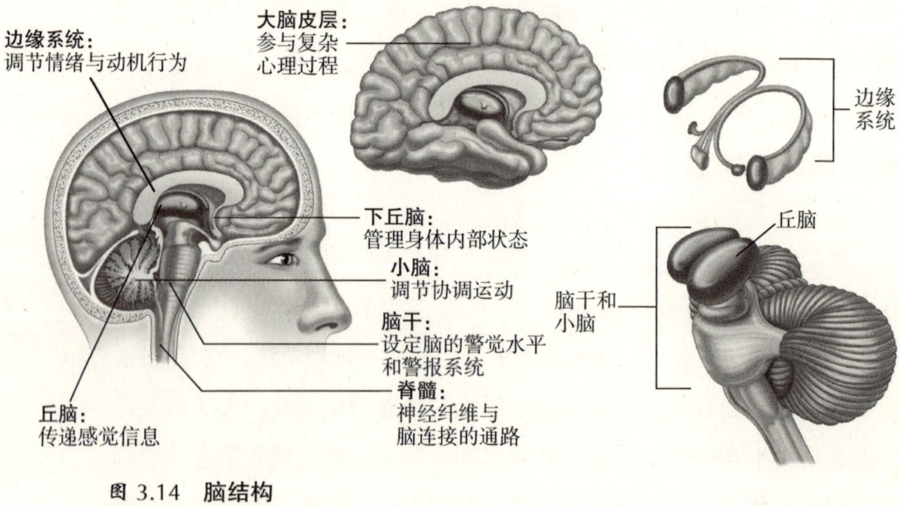

图 3.14 脑结构

脑包括以下主要组成部分：脑干、小脑、边缘系统和大脑皮层。这些组成部分以错综复杂的方式联结在一起。（见彩插）

脑干、丘脑和小脑　所有脊椎动物都有**脑干**（brain stem），含有综合调节机体内部状态的脑结构（见图 3.15）。**延髓**（medulla）位于脊髓的最上端，是呼吸、血压和心跳调节中枢。由于这些过程对生命的维持是必需的，所以延髓的损伤将是致命的。从身体发出的上行神经纤维和从脑发出的下行神经纤维都在延髓发生交叉，这就意味着身体的左侧与脑的右侧相连，而身体的右侧与脑的左侧相连。

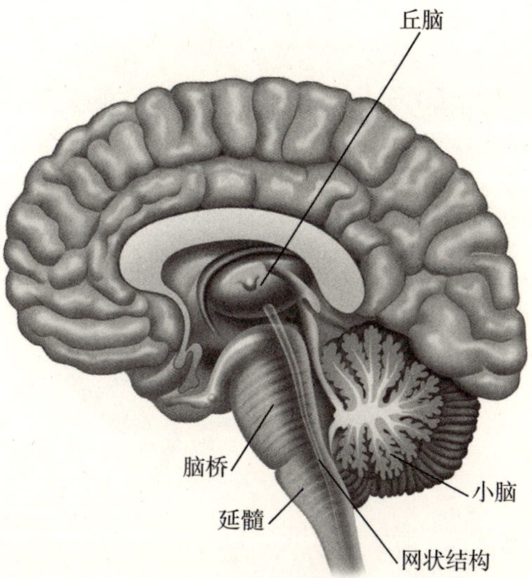

图 3.15　脑干、丘脑和小脑
这些结构主要与基本生命过程有关，包括呼吸、脉搏、唤醒、运动、平衡和感觉信息的简单加工。

紧贴延髓之上的是**脑桥**（pons），它提供传入纤维到其他脑干结构和小脑之中。**网状结构**（reticular formation）是一类致密的神经细胞网络，它是脑的“哨兵”。它唤醒大脑皮层去注意新刺激，甚至在睡眠中也保持脑的警觉反应。这个区域的大面积损伤往往会导致昏迷。

网状结构有伸向**丘脑**（thalamus）的长纤维束，传入的感觉信息通过丘脑到达大脑皮层的适当区域，并在那里进一步加工。例如，丘脑把眼睛获得的信息传递到大脑皮层视觉区。神经科学家很早就知道，与脑干相连的**小脑**（cerebellum）位于头骨基底部，协调身体的运动，控制姿势并维持平衡。小脑损伤会阻断原本平稳流畅的运动，造成不协调和不平稳。然而，最近的研究表明小脑有更多样的功能。例如，在学习和执行身体运动序列上，小脑有重要作用（Bellebaum & Daum, 2011; Timmann et al., 2010）。越来越多的证据表明，小脑也参与了一些高级的认知功能，如语言加工和痛觉体验（Moulton et al., 2010; Murdoch, 2010）。

边缘系统　**边缘系统**（limbic system）与动机行为、情绪状态和记忆

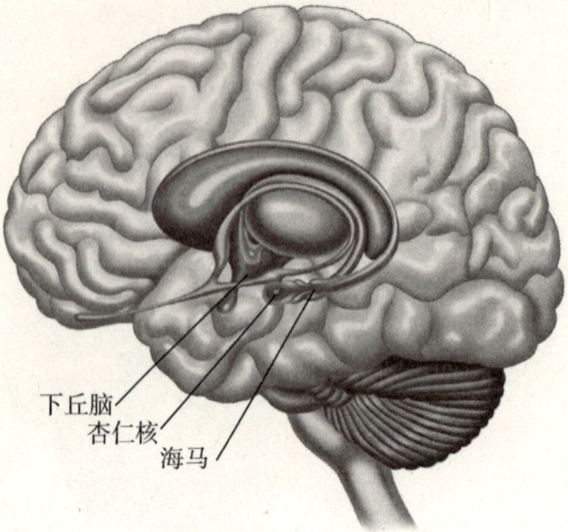

图 3.16　边缘系统

边缘系统结构仅出现在哺乳动物的脑内，它与动机行为、情绪状态和记忆过程有关。

过程相关。它也参与体温、血压和血糖水平的调节，并执行其他体内环境的调节活动。边缘系统由三个结构组成：海马、杏仁核和下丘脑（见图 3.16）。

海马（hippocampus）是边缘系统中最大的脑结构，在记忆获得中发挥重要作用（Wang & Morris, 2010）。相当多的临床证据支持这种观点，例如有关病人 H.M. 的著名研究。H.M. 可能是心理学中最著名的被试，他在 27 岁时进行了一次脑外科手术，试图缓解其癫痫发作的频率和严重程度。手术将一部分海马切除，结果 H.M. 的记忆表现彻底改变了。H.M. 是一个亲切友善的人，担任了 50 年的研究被试。他于 2008 年去世，为我们留下了脑功能相关重要信息的珍贵遗产。

我们来考察一下 H.M. 的一些经历。他在手术多年后，仍一直相信自己生活在做手术时的 1953 年。如果某个信息是他在手术之前经常接触的，那么他能回忆起这一信息。然而在手术后，他只有在“大量重复”的情况下才能获得新信息（MacKay et al., 2007, p. 388）。H.M. 仍能掌握新的技能（比如根据镜像画出正图），但他不记得曾参加过训练课程。海马损伤还影响了 H.M. 产生和理解语言的能力（MacKay et al., 2011）。因此，在对 H.M. 进行的研究中，大量证据表明，海马除了获取特定类型的记忆之外还有更广泛的功能。我们将在第 7 章详细讨论海马获取记忆的功能。

杏仁核（amygdala）在情绪控制中起作用。由于这种控制功能，杏仁核损伤可能对原本过于精神活跃的个体产生镇静效应（我们将在第 15 章讨论精神外科手术）。但是，杏仁核某些区域的损伤也会损害个体对特定面部表情的识别，比如那些传达悲伤和恐惧等负性情绪的面部表情（Adolphs & Tranel, 2004）。杏仁核也在带情绪内容的记忆的形成和提取中发挥重要作用（Murty et al. 2011）。因此，杏仁核受损的人通常很难在涉及情绪的情境中做出正确的决定，比如对赢钱或输钱做出反应（Gupta et al., 2011）。

下丘脑（hypothalamus）是脑内最小的结构之一，但在日常生活的许多重要功能中具有重要作用。实际上它由几个神经核团组成，即调节与动机行为（包括进食、饮水、体温调节和性唤起）有关的生理过程的小神经元束。下丘脑维持着身体内部平衡或者说**内稳态**（homeostasis）。当身体能量储存降低，下丘脑激发机体寻找食物和进食；当体温降低，下丘脑引起血管收缩并产生微小的非自主运动，这就是通常所说的“寒颤”。下丘脑也调节内分泌系统的活动。

大脑　人类的**大脑**（cerebrum）超过脑的任何其他部分，占总重量的三分之二。它的作用是调节脑的高级认知功能和情绪功能。大脑的外表面由数以亿计的细胞组成，形成约 2.5 毫米厚的薄层，称为**大脑皮层**（cerebral cortex）。大脑分成左右大致对称的两半，称为**大脑半球**（cerebral hemisphere），本章后面我们将进一步讨论大脑的两个半球。两个半球由大量神经纤维连接起来，这些纤维总称为**胼胝体**（corpus callosum），这个通路负责在半球之间来回传递信息。

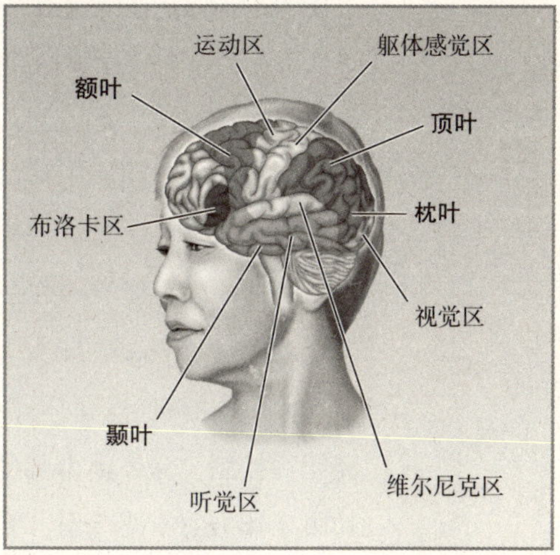

图 3.17　大脑皮层

大脑皮层的每个半球均含四个脑叶，每个脑叶的特定部位与不同的感觉和运动功能相关。（见彩插）

资料来源：Lilienfeld, Scott O.; Lynn, Steven J.; Namy, Laura L.; Woolf, Nancy J, *Psychology: From Inquiry to Understanding*, 1st Edition, © 2009. Printed and electronically reproduced by permission of Pearson Education Inc., Upper Saddle River, New Jersey.

神经科学家已经绘制出大脑半球分区图，界定了四个区域或者说脑叶（见**图 3.17**）。**额叶**（frontal lobe）参与运动控制和认知活动，如计划、决策、设定目标，位于外侧裂之上和中央沟之前。因意外事故而损伤额叶会对人的行为和人格产生毁灭性影响。正是这一脑区受损引起了盖奇巨大的变化（Macmillan, 2008）。额叶还包括布洛卡区，也就是保罗·布洛卡在关于语言障碍病人的研究中所发现的脑区。

顶叶（parietal lobe）负责触觉、痛觉和温度觉，位于中央沟之后。**枕叶**（occipital lobe）是视觉信息到达的部位，位于头的后部。**颞叶**（temporal lobe）负责听觉过程，位于外侧裂下部，即每个大脑半球的侧面。颞叶中包括一个被称为**维尔尼克区**（Wernicke's area）的脑区。1874 年，**卡尔·维尔尼克**（Carl Wernicke, 1848—1905）发现这个脑区受到损伤的病人，其生成的言语虽流畅但无意义，言语的理解能力受到了损害。

如果说每个脑叶单独控制某一特殊功能，这是一种误导。事实上，各个脑结构合作完成它们的功能，作为一个统一单元像交响乐队那样工作。不管你是在洗碗或是在解决一个微积分问题，还是与朋友谈话，你的脑作为一个统一整体在工作，各个脑叶相互影响，相互合作。但是，神经科学家能够在大脑四个脑叶中确定出完成某一特殊功能，如视觉、听觉、语言和记忆，所必需的区域。当这些区域受损时，它们的功能就遭到破坏或完全丧失。

身体的随意肌有 600 余块，其活动受到正好位于中央沟之前的额叶**运动皮层**（motor cortex）的控制。回忆一下，脑一侧发出的命令传向身体对侧的肌肉。同样，身体下部如脚趾的肌肉受运动皮层顶部神经元的控制。身体上部如咽喉的肌肉受运动皮层下部神经元的控制。如**图 3.18** 所示，与身体下部相比，身体上部从皮层得到精细得多的运动指令。事实上，运动皮层的两个最大区域负责支配手指（特别是大拇指）以及言语相关的肌肉活动。它们的脑区更大这一事实，反映了操作物体、使用工具、进食和谈话等这些人类活动的重要性。

躯体感觉皮层（somatosensory cortex）位于左、右顶叶，恰好处于中央沟的后方。这一皮层区域加工温度、触觉、躯体位置和疼痛的信息。与运动皮层相似，感觉皮层的上部与身体下部相关，皮层下部则与身体上部相关。感觉皮层的大部分区域用于加工来自唇、舌、拇

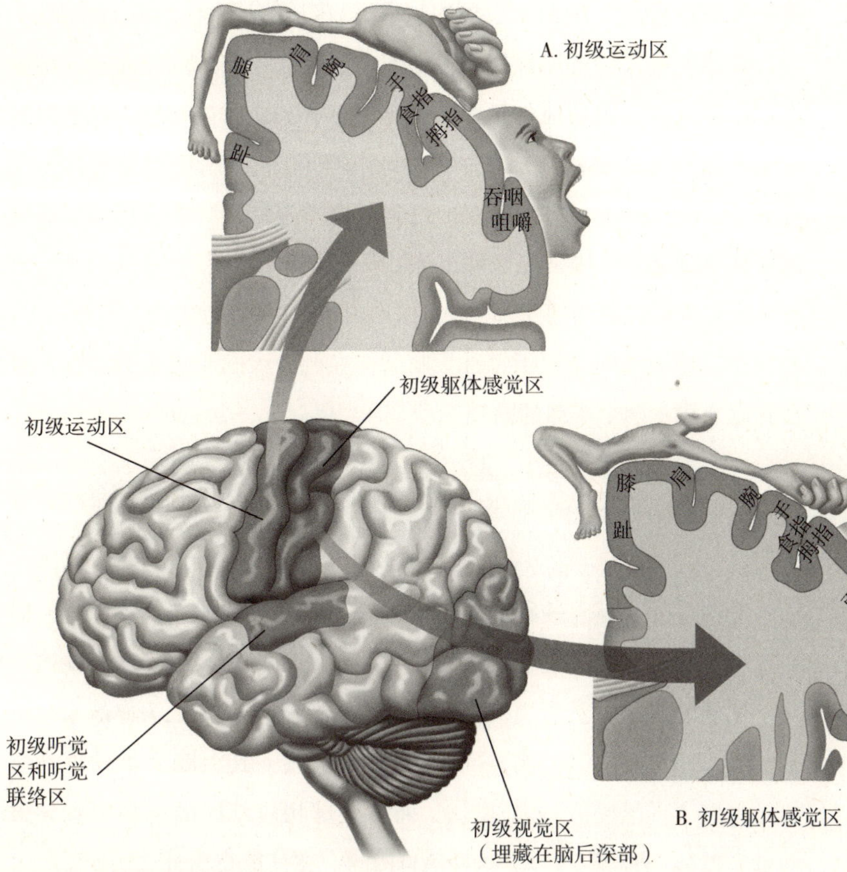

图 3.18　运动和躯体感觉皮层

身体的不同部位对于环境刺激和脑控制的敏感性各不相同。身体特定部位的敏感性与专门负责该部位的大脑皮层的大小有关联。如图所示，图中的身体部位画得越大，表示专门负责该部位的大脑皮层越大，同时对环境刺激也越敏感，脑对其运动的控制程度也越高。（见彩插）

指和食指的感觉信息，身体的这些部位提供最重要的感觉传入（见图 3.18）。与运动皮层一样，右半球的感觉皮层接收身体左侧的感觉信息，左半球的感觉皮层接收身体右侧的感觉信息。

听觉信息由**听皮层**（auditory cortex）加工，听皮层位于两侧颞叶。每侧半球的听皮层都从两只耳朵接收听觉信息。视觉传入由位于大脑后部枕叶的**视皮层**（visual cortex）进行加工。视皮层中最大的区域接收眼后部视网膜中心区的传入信息，这里传递的视觉信息最为详细。

并非所有大脑皮层都加工感觉信息或向肌肉发送动作命令。事实上，大部分皮层的功能与解释和整合信息有关。诸如计划、决策等过程被认为发生在**联络皮层**（association cortex）。联络皮层分布在几个皮层区，图 3.18 标示了其中的一个区。联络皮层使你将不同感觉通道的信息结合起来，用于计划对外界刺激做出适当反应。

现在我们已经考察了你的神经系统中很多重要的结构。回想一下，我们在讨论大脑时指出了每种大脑结构在两个大脑半球中都存在。现在我们来讨论两个半球的差异。

半球功能偏侧化

最初是什么信息使得研究者们怀疑大脑两半球的功能不同呢？请回想当布洛卡对 Tan 进行尸检时，发现其左侧半球有损伤。当他追踪这一发现时，发现具有类似语言功能障碍——现在称之为布洛卡失语症——的其他病人，其大脑左半球也都有损伤。而右半球相应脑区的损伤不会导致这种语言障碍。据此能得出什么结论呢？

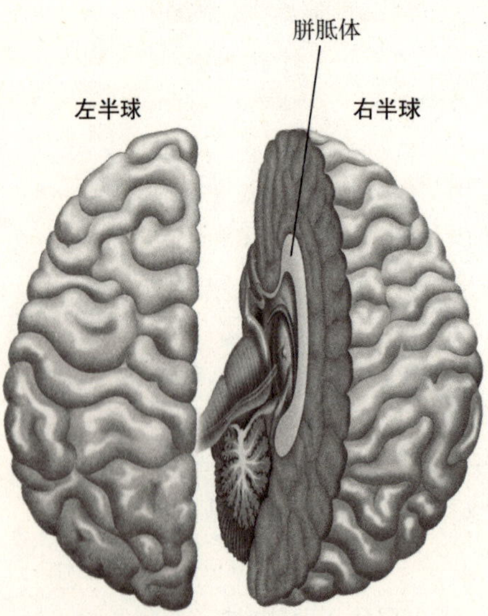

图 3.19 胼胝体
胼胝体是两半球间传递信息的巨大的神经纤维网络，切断胼胝体会破坏这种信息交流。

研究半球差异的机会最初出现在治疗严重癫痫病人的过程中。外科医生切断了病人的胼胝体，胼胝体是由约两亿条神经纤维组成的神经束，在大脑两半球之间来回传递信息（见图 3.19）。这项脑手术的目的在于防止癫痫发作时剧烈的电活动在两半球间扩散。此类手术一般是成功的，术后病人的行为在多数情况下看起来很正常。通常将接受这类手术的病人称为裂脑病人。

为了测试癫痫病人分离的半球的功能，**斯佩里**（Sperry, 1968）和**加扎尼加**

（Gazzaniga, 1970）设计了一种实验情境，使视觉信息分别呈现给每个半球。斯佩里和加扎尼加的方法依赖于视觉系统的解剖学结构（见图 3.20）。对于每只眼来说，*右侧视野*的信息到达左半球，*左侧视野*的信息到达右半球。在正常情况下，到达两侧半球的信息很快通过胼胝体由两半球共享。但在裂脑病人中，由于这些通路已被切断，使得出现在左或右侧视野的信息仅仅停留在右或左半球（见图 3.21）。

由于大多数人的言语由左半球控制，所以左半球可以把看到的信息"回话"给研究者，而右半球则不能。研究者与病人右半球的交流则通过手的动作来完成，包括识别、匹配或组装物体，这些任务都不需要使用词语。请考虑下面一个关于裂脑人利用他的左半脑来解释由右半脑支配的左手活动的例子。

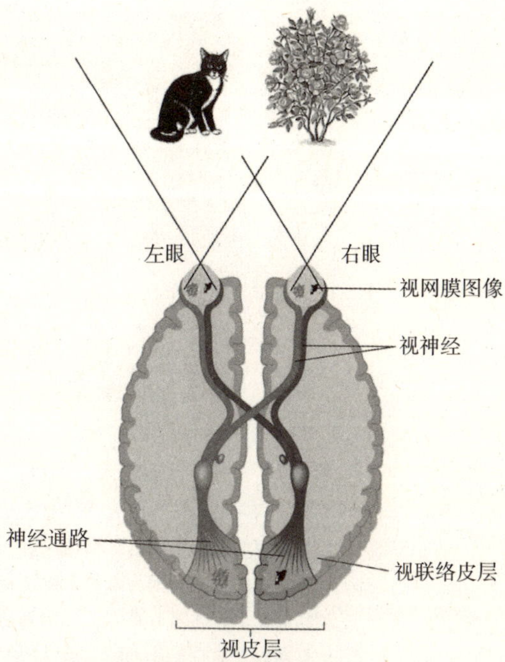

图 3.20　视觉信息的神经通路

从每只眼睛内侧发出的视觉信息的神经通路，在胼胝体处从脑的一侧交叉到另一侧。从两眼外侧携带信息的通路并不交叉到对侧。切断胼胝体，则右视野呈现的信息不能进入右半球，左视野的信息也不能进入左半球。

研究特写

将一幅雪景图呈现给裂脑病人的右半球，同时将一幅鸡爪图呈现给其左半球（Gazzaniga, 1985）。病人从一系列物体中找出与两张图有关的项目。结果病人用他的右手指着鸡头，用左手指着铁锹。病人报告清理鸡舍需要铁锹（而不是铲雪）。由于病人胼胝体已切断，左脑并不知道右脑看到了什么，左脑就需要解释为什么当左半球看到的只是鸡爪图时，却用左手指着铁锹。于是，左脑的认知系统提供了一种理论，从而使身体不同部位的行为具有了某种意义。

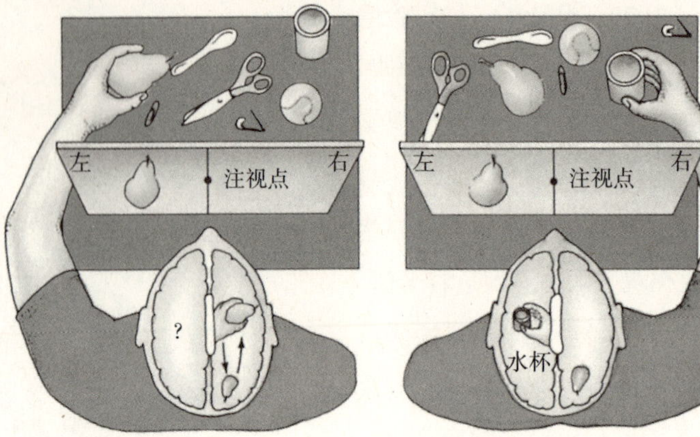

图 3.21 测试裂脑病人

当一个裂脑病人用左手去寻找与快速闪现在左视野的图片相匹配的物体时，他可以成功做到，因为他的视觉信息和触觉信息都进入右半球，如图 A 所示。但是，病人不能说出这个物体的名字，因为言语主要是左半球的功能。现在考虑要求同一个病人用右手完成相同的任务，如图 B 所示。在这种情况下，他不能利用触觉成功地找出物体，因为视觉信息和触觉信息是在不同的半球加工的。然而，在这个测试中，病人能够说出手中物体的名字。

资料来源：Zimbardo, Philip G.; Johnson, Robert L.; McCann, Vivian, *Psychology: Core Concepts*, 6th Edition, © 2009. Printed and electronically reproduced by permission of Pearson Education Inc., Upper Saddle River, New Jersey.

通过运用裂脑研究以及其他一些不同的研究方法，现在我们已经知道，大多数人与语言相关的机能偏侧化到左半球。当一侧大脑半球在完成某一功能起到主要作用时，我们就认为这一功能发生了偏侧化。言语——产生连贯口语的能力——可能是所有功能中偏侧化程度最高的。神经科学家已经发现，只有约 5% 的右利手者和 15% 的左利手者，其言语由右半球控制；另有 15% 的左利手者在两个半球都有言语加工（Rasmussen & Milner, 1977）。因而，对于大多数人，言语是左半球的功能，因此大多数人的左半球损伤后会引起言语障碍。有趣的是，使用美国手势语言的人，利用一套复杂的手的摆位和运动来表达意思，这些人的左脑损伤也导致类似的障碍（MacSweeney et al., 2008）。因此，偏侧化的不是言语功能，而是产生表达序列的能力，不论编码表达含义的是声音还是手势。

然而，你不应该据此得出左半球优于右半球的结论。虽然左半球在言语方面起主导作用，但在其他任务中，右脑则起主导作用。例如，大多数人在判断空间关系和面部表情时，右半球的活动更强（Badzakova-Trajkov et al., 2010）。尽管如此，左右半球的结合才能为你提供完整的经验。例如，具有更高语言使用禀赋的左半球，在大多数形式的问题解决中起着关键作用，你对此可能不会感到惊讶。但是，当问题的解决需要灵感爆发时，右半球的功能就变得明显起来，那些右半球相对活跃的人更有可能爆发出灵感（Kounios et al., 2008）。

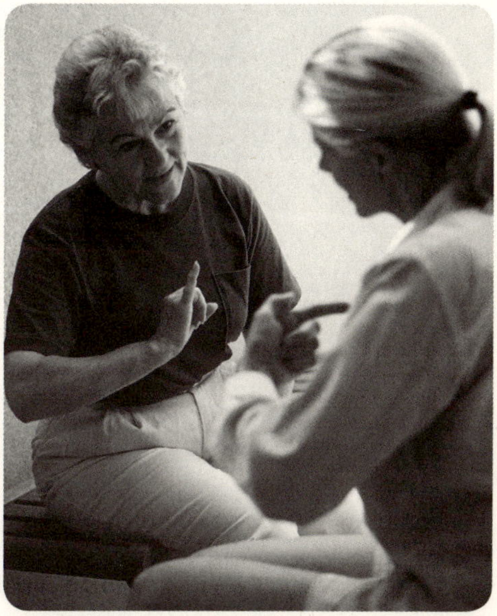

对使用手语的个体的研究，如何影响研究者对于脑功能偏侧化的信念？

至此，我们已经考察了神经系统中的许多重要结构。现在让我们来看看内分泌系统，它是与神经系统紧密协作、共同调节身体功能的躯体系统。

内分泌系统

人类基因型特化发育出第二个高度复杂的调节系统，即**内分泌系统**（endocrine system），其作用是辅助神经系统的工作。内分泌系统是一种腺体网络，它制造和分泌被称为**激素**（hormone）的化学信使到血流中（见图 3.22）。在日常功能中激素是不可或缺的，而在生命的某些阶段或某些情境下它们尤为重要。激素影响身体的生长。它们启动、维持和终止第一性征和第二性征的发育；影响唤醒和觉知的水平；作为心境变化的基础；调节代谢，即身体利用其能量储存的速率。内分泌系统通过帮助机体对抗感染和疾病，从而促进机体的生存。通过调

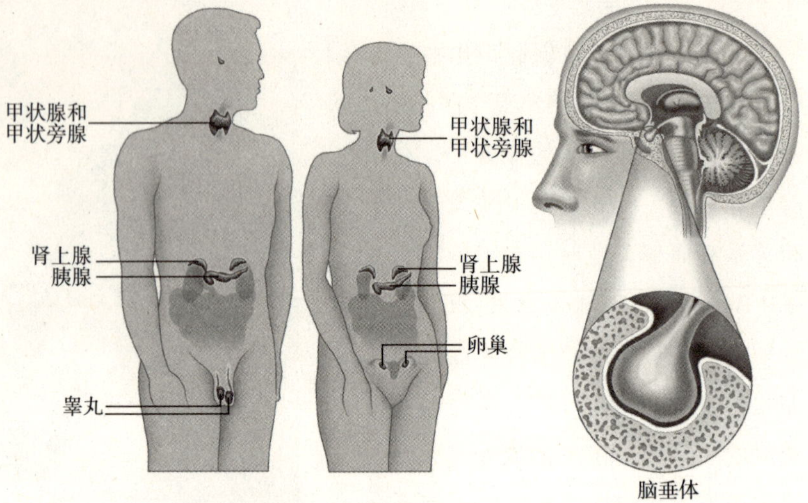

图 3.22 男性和女性的内分泌腺

脑垂体见最右侧，它是主腺体，调节左侧各种腺体的活动。脑垂体由下丘脑控制。下丘脑是边缘系统的一个重要脑结构。

节性唤起、生殖细胞的增殖和哺乳期母亲乳汁的产生等途径，内分泌系统促进物种的生存和延续。因此，没有有效的内分泌系统，你就无法生存。

内分泌腺对血流中化学物质的水平做出反应，或者为其他激素或脑发出的神经冲动所激发。然后激素被分泌到血液中，流向具有特异受体的远端目标细胞；激素对身体化学调节程序的作用，只在遗传上早已确定的反应部位上发生。在影响不同的特定目标器官或组织时，激素调节着大量的生化过程。内分泌作为多重作用的通信系统，能控制缓慢连续的过程，如血糖水平和钙水平的维持、碳水化合物的代谢和身体的一般生长。但是，当处于危机时会发生什么呢？内分泌系统也释放肾上腺素到血流中：肾上腺素会激发你的身体，使你能很快对挑战做出反应。

我们曾经提到过，下丘脑是内分泌系统与中枢神经系统间的中转站。下丘脑内特化的细胞从其他脑细胞中接收信息，然后指令下丘脑释放多种激素到脑垂体，再由脑垂体促进或抑制其他激素的释放。身体有几个不同部位可以产生激素，它们像工厂一样制造各种各样的激素，每种激素调节不同的体内生理过程，如**表 3.1** 所示。让我们考察最重要的一些生理过程。

表 3.1　主要内分泌腺及其产生的激素的功能

腺体	产生激素以调节
下丘脑	垂体激素释放
垂体前叶	睾丸和卵巢 乳汁生成 代谢 应激反应
垂体后叶	体内水分保持 乳汁分泌 子宫收缩
甲状腺	代谢 生长和发育
甲状旁腺	钙离子水平
肠腺	消化
胰腺	葡萄糖代谢
肾上腺	战斗或逃跑反应 代谢 女性性欲
卵巢	女性性征发育 卵子产生
睾丸	男性性征发育 精子产生 男性性欲

脑垂体（pituitary gland）通常被称为“主腺体”，因为它产生约 10 种影响其他内分泌腺分泌的激素，以及一种影响生长的激素。缺乏这种生长激素会导致侏儒症，而过量会导致巨人症。男性脑垂体分泌的促性腺激素，刺激睾丸分泌**睾酮**（testosterone），睾酮刺激精子的产生。脑垂体也能促进男性第二性征的发育，如脸上长胡须、变声以及生理成熟等。睾酮甚至还能提高攻击性和性欲。女性的一种脑垂体激素刺激**雌激素**（estrogen）的产生，雌激素是激素连锁反应的基础，这个连锁反应促使女性的卵巢释放卵子，使其具有生育力。一些避孕药正是通过阻断脑垂体控制该激素流这一机制，从而阻止卵子的释放。

可塑性和神经发生：变化的大脑

现在你已经对神经系统如何运作有了一个基本的认识：成千上万的神经元无时无刻不在进行着信息传递，以完成一系列身心活动。然而，最有趣的是，所有这些神经传导的一个结果是：大脑自身也无时无刻不在发生着变化。你想用一分钟来改变一下你的大脑吗？那就翻到前面几页回顾一下动作电位的概念。如果你很好地掌握了这个概念，或者你获得了其他一些新的知识，那么你就已经对你的大脑进行了新的塑造。研究者把脑的这种特性改变称为**可塑性**（plasticity）。神经科学领域的大量研究关注的是可塑性的生理基础。例如，研究者考察学习如何源于新突触的形成或现有突触传递的改变（Miyashita et al., 2008）。

因为脑的可塑性依赖于生活经历，所以大脑受各种各样的环境和活动所影响也就不足为奇了。由**马克·罗森茨韦格**（Mark Rosenzweig）开创的一系列研究表明，分别在贫乏和丰富环境下生活的大鼠，其脑发育有所不同（综述见 Rosenzweig, 1996, 1999）。早期研究在年幼动物身上证实了该观点：生活在丰富环境中的大鼠，大脑皮层的平均重量和厚度均大于在贫乏环境中生活的同窝大鼠。现在的研究者发现，对于成年动物的脑，环境的丰富性仍持续发挥着作用。

研究特写

一个月大的“Long–Evans”雌性大鼠被放置在标准的实验室笼子或一个丰富的环境中（里面装满了各种各样的物品，包括隧道、玩具和链条）（Harati et al., 2011）。在它们 24 个月（对于大鼠而言已经算老年）时，对它们进行空间记忆和注意力的测试。在丰富环境中长大的大鼠在这两种任务上都表现得比在标准环境中长大的大鼠要好。研究人员还分析了它们的脑，结果发现，丰富环境中成长的大鼠，其与任务相关的脑区有着更多的神经元。这个结果表明，丰富环境中的经验有助于保存大鼠的神经元或减少它们的损失。

利用脑成像技术，可以测量出与个体生活经验相关的非常具体的脑差异。请想象一下，一位小提琴演奏家需要用极为精细的触觉控制左手的手指。回顾一下图 3.18，你可以看到负责手指的感觉皮层区域有多么大。大脑扫描发现，相比非演奏者，小提琴演奏家左手手指的皮层代表区明显增大（Elbert et al., 1995）。而右手手指，由于在小提琴演奏中不需要太多感觉作用，其大脑皮层代表区就没有明显增大。对于12 岁以前就学习小提琴的演奏家，其左手手指的大脑皮层代表区增大得最多。专栏“生活中的批判性思维”解释了文化经验如何改变你的脑。

关于可塑性研究的另一个重要方面涉及人或动物的大脑或脊髓因中风、退行性疾病或事故而受到损伤的情况。大量临床证据表明有些时候大脑可以自愈。例如，中风会导致语言障碍，但随着时间的推移，其语言功能经常能够得到恢复。在有些例子中，大脑受损区域具有足够的残留功能使得康复成为可能；在另一些案例中，其他脑区取代了受损的部位而发挥作用（Turkeltaub et al., 2011）。研究者也开始开发一些技术来帮助大脑恢复。近年来，研究者开始关注干细胞，在适当的条件下，这种非特化的细胞可以分化成新的神经元而发挥作用（Li et al., 2008）。研究者希望干细胞能够最终提供一种方式，通过新的神经生长来替换神经系统中损伤的组织。因为最具分化可能性的干细胞通常来自胚胎和流产的胎儿，所以干细胞研究也成了伦理争论的一个热点。但是，研究人员相信干细胞研究可以为瘫痪病人或其他严重神经系统损伤者的救治带来福音。基于这个原因，科学界正在社会规范可以接受的范围内，积极探索各种可能的研究途径。

近年来关于脑修复的研究有了长足的进步，因为新的重要数据表明，成年哺乳动物包括人类的脑中仍存在**神经发生**（neurogenesis），即自然产生的干细胞发育成新的脑细胞（Leuner & Gould, 2010）。在近100 年里，神经科学家认为成年哺乳动物的神经元数量已经完全确定了，到了成年期只可能出现神经元死亡而不可能再生。但是新的数据挑战了这种观点。例如，请回忆一下我们前面所说的海马在形成某类记忆中的重要作用。现在研究者已经发现了成年动物海马中的神经发生，研究人员正在探究新生的神经元如何在生命全程中为新记忆的获取提供资源（Kempermann, 2008）。

在本章，我们简短探讨了一个 1.36 千克重的神奇物质，这就是你

生活中的批判性思维

文化如何“化入大脑”

随着对本书的学习不断深入，你将有多次机会体会文化对人们行为的影响。这些文化差异当然来自每个个体大脑的活动。事实上，有研究者指出，在发展的过程中文化会“化入大脑”（Kitayama & Uskul, 2011）。下面我们来探讨一下这个观点。

当个体在一个传递着一套特定价值观的环境中成长时，文化“化入大脑”的过程就开始了。这些价值观会影响人们如何应对各种各样的情境。例如，大量的跨文化研究表明，来自西方文化（如美国）的人通常把自己视为独立的行动者，而来自东方文化（如中国、日本和印度）的人通常把自己定义为一个更大群体的一分子（我们将在第 13 章更详细地探讨这个差异）。这一自我定义的差异对行为有多方面的影响。

例如，假设给你一个带有学校标识的普通咖啡杯。放弃它对你来说会有多痛苦？研究表明，答案取决于你成长于哪种文化（Maddux et al., 2010）。对于来自西方文化的人来说，财产在某种意义上成为了自我的一部分。因此，放弃财产就仿佛放弃了一部分的自我。但是，来自东方文化的人与他们的财产则没有这种关系。因此，当他们考虑放弃某一财产时，应该不会感到那么痛苦。

为了测量咖啡杯对每个人的价值，研究人员给一些实验参与者一个杯子作为礼物，并询问他们，别人给多少钱他们才愿意卖掉自己的杯子。对于其他参与者，研究者只是展示了一下杯子，然后问他们愿意付多少钱买这个杯子。来自西方文化的卖家要价比买家愿意出的价格大概高 3.24 美元，而来自东方文化的卖家只高约 1.60 美元。这种差异表明，西方参与者更看重他们的财产。

想想你生命中所有获得或放弃财产的时刻。在每种情况下，文化价值观都促使你以特定的方式思考这些财产。长此以往，你的大脑会不断重复神经活动模式来执行你的反应。当你读到关于大脑可塑性的内容时，丰富的小提琴经验会改变演奏者的大脑可能不会让你惊讶（Elbert et al., 1995）。小提琴手的大脑在执行经过高度练习的活动时变得更有效率。小提琴演奏化入了大脑。同样，当人们重复某种文化所期望的行为反应时，大脑在产生这些反应时会变得更有效率。如此，文化就化入了大脑。

- 脑成像技术如何能帮助你证明文化已化入了大脑？
- 如果一个人成长在一个多元文化的家庭中，可能会发生什么？

的脑。意识到大脑在控制行为和你的心理活动是一回事，而理解大脑是如何完成这些功能的却是另外一回事。神经科学家们正致力于一项令人着迷的探索，即理解脑、行为和环境如何相互作用。你现在已经获得了一些基础知识，它将使你能够理解随之展开的新知识。

STOP 停下来检查一下

❶ fMRI 优于其他脑成像技术之处是什么？

❷ 自主神经系统分为哪两个主要部分？

❸ 杏仁核的主要功能是什么？

❹ 在什么活动中，大多数人的大脑右半球更活跃？

❺ 为什么脑垂体通常被称为主腺体？

❻ 什么是神经发生？

要点重述

遗传与行为

- 自然选择导致物种的起源并随时间发生变化。
- 在人类进化中，两足化和大脑化是导致后来的进步包括语言和文化出现的原因。
- 遗传的基本单元是基因，基因与环境之间存在交互作用，共同影响表型特征。

神经系统的活动

- 神经元是神经系统的基本单元，接收、加工和传递信息到其他细胞、腺体和肌肉。
- 神经元将信息从树突通过细胞体（胞体）传递到轴突，再沿轴突传到终扣。
- 感觉神经元从特化的感受器细胞接收信息并将之发送到中枢神经系统。运动神经元把信息从中枢神经系统传到肌肉和腺体。中间神经元将信息从感觉神经元传送到其他中间神经元或运动神经元。镜像神经元在个体观察另一个体做动作时会做出反应。
- 一旦一个神经元的输入总和超过特定阈值，就会沿轴突发送动作电位到终扣。

- 当离子通道的开启允许离子跨细胞膜进行交换时，就会创造出全或无的动作电位。
- 神经递质被释放到神经元之间的突触间隙。一旦神经递质扩散跨过间隙，它们就会附着在突触后膜的受体分子上。
- 这些神经递质是兴奋还是抑制细胞膜，取决于受体分子的性质。

生物学与行为

- 神经科学家们利用多种方法研究脑与行为间的关系：研究脑损伤病人，损伤特定脑区，电刺激脑，记录脑活动，利用计算机控制的设备进行脑成像。
- 脑和脊髓构成中枢神经系统（CNS）。
- 外周神经系统（PNS）由连接中枢神经系统（CNS）和全身的全部神经元组成，包括躯体神经系统和自主神经系统。前者调节身体的骨骼肌，后者调节生命支持过程。
- 脑包括三个相互协调的层次：脑干、边缘系统和大脑。
- 脑干负责呼吸、消化和心率的调节。
- 边缘系统与长时记忆、攻击、饮食和性行为调节有关。
- 大脑控制更高级的心理功能。
- 某些功能会偏侧化到一侧大脑半球，例如，大多数个体的言语功能位于左半球。
- 虽然大脑两半球以协调一致的方式工作，但它们在不同任务中所起作用的相对大小不同。
- 内分泌系统产生和分泌激素到血流中。
- 激素协助调节生长、第一性征和第二性征的发育，以及协助调节代谢、消化和唤醒水平。
- 新的细胞生长和生活经验能够在出生之后重塑大脑。

关键术语

自然选择	社会生物学	基因组
基因型	进化心理学	遗传力
表型	DNA（脱氧核糖核酸）	神经科学
遗传	基因	神经元
遗传学	性染色体	树突
人类行为遗传学	多基因性状	胞体

轴突

终扣

感觉神经元

运动神经元

中间神经元

镜像神经元

胶质细胞

髓鞘

兴奋性输入

抑制性输入

动作电位

静息电位

离子通道

全或无定律

不应期

突触

突触传递

神经递质

神经调质

布洛卡区

损伤

重复经颅磁刺激（rTMS）

脑电图（EEG）

计算机断层扫描术（CT 或 CAT）

正电子发射断层扫描术（PET）

磁共振成像（MRI）

功能性磁共振成像（fMRI）

中枢神经系统（CNS）

外周神经系统（PNS）

躯体神经系统

自主神经系统（ANS）

交感神经系统

副交感神经系统

脑干

延髓

脑桥

网状结构

丘脑

小脑

边缘系统

海马

杏仁核

下丘脑

内稳态

大脑

大脑皮层

大脑半球

胼胝体

额叶

顶叶

枕叶

颞叶

维尔尼克区

运动皮层

躯体感觉皮层

听皮层

视皮层

联络皮层

内分泌系统

激素

脑垂体

睾酮

雌激素

可塑性

神经发生

第 4 章

感觉与知觉

你是否曾经想过，你那深锁在黑暗、寂静的颅腔中的大脑如何体验梵高画作上绚烂的色彩，如何体验摇滚乐的旋律和节奏，如何体验暑天西瓜的凉爽滋味，如何体验小孩温柔的亲吻，以及如何体验春天野花的芬芳？本章的任务就是解释你的身体和大脑如何感受始终围绕着你的那些刺激，诸如光、声音等等。你将会看到，进化如何赋予你能力去发现经验的许多不同维度。

你在享用西瓜时使用了什么感觉?

在这一章中，你将学习自己如何基于知觉过程进而形成对这个世界的经验。从广义上讲，**知觉**（perception）这一术语是指理解环境中客体和事件的所有过程——感觉它们、理解它们、识别和标记它们，以及准备对它们做出反应。知觉对象是当事人所知觉到的东西，是知觉过程的现象学的或经验的结果。你的知觉过程同时具有生存和感官享受双重功能。这些过程通过发出危险警报、激发你快速采取行动以避开危险，以及引导你获得愉悦的体验，从而帮助你更好的生存。这些过程同时也可以满足你的感官享受。感官享受具有满足感官的属性，包括享受各种吸引你的美景、悦耳的声音、温柔的接触、甜蜜的滋味和芬芳的香气。

为了更好地理解知觉过程，可把它分成三个阶段：感觉、知觉组织和辨认（或识别）客体。**感觉**（sensation）是感受器——我们眼睛和耳朵等部位中的结构——受到刺激后产生神经冲动以反映身体内外经验的过程。比如，感觉提供了视野内基本的事实。眼睛中的神经细胞向大脑中的细胞传递信息。

在**知觉组织**（perceptual organization）阶段，你的大脑整合来自感官的证据以及对世界的已有知识，形成对外部刺激的内部表征。以视觉为例，组织过程提供了对客体可能的大小、形状、运动、距离和朝向的估计。这些心理活动通常在没有意识觉知的情况下迅速而有效地完成。

辨认与识别（identification and recognition）过程赋予知觉物以意义。就视觉而言，知觉的前两个阶段回答"这个客体看起来是什么样子？"这一问题，而在这一阶段，变成了辨认问题——"这个客体是什么？"以及识别问题——"这个客体是干什么用的？"你将圆形的物体识别为棒球、硬币、钟表、橘子或月亮；你将人辨别为男性或女性、朋友或敌人、亲戚或摇滚明星。

在日常生活中，知觉似乎轻而易举。你基本觉察不到自己需要这些不同的加工阶段来理解周围世界的意义。本章应该会使你相信，实际上你做了许多复杂的加工和大量的心理活动，才得以获得这个"容易的错觉"。

关于世界的感觉知识

你对外部世界的经验一定是相对准确而无误的，否则你将无法生存。你需食物维持生命，需房屋保护自己，需与他人交往以满足社会需要，还需能意识到危险以躲避伤害。为了满足这些需要，你必须获得关于世界的可靠信息。在这一节，我们概述你的感觉过程是如何达成这些目标的。

近距和远距刺激

假设你就是图 4.1A 中的人，正坐在一张舒适的椅子上审视整个房间。房间内物体上反射的光进入你的眼睛，形成视网膜上的影像。图 4.1B 显示了出现在你左眼的影像（右边突出的部分是你的鼻子，下面是你的手和膝盖）。视网膜上的影像与产生该影像的环境相比如何？

一个非常重要的差别是，视网膜上的影像是二维的，而环境是三维的。这一差别会产生很多影响。例如，比较图 4.1A 中物体的形状与其视网膜影像的形状（图 4.1C）。真实世界中的桌面、地毯、窗户和图画都是长方形的，但实际上只有窗户在视网膜上形成了长方形的影像。画的影像是梯形，桌面的影像是不规则四边形，地毯的影像实际是三个分割的区域并有 20 多条边！下面是我们所面临的第一个知觉难题：你如何把这些物体知觉成简单标准的长方形？

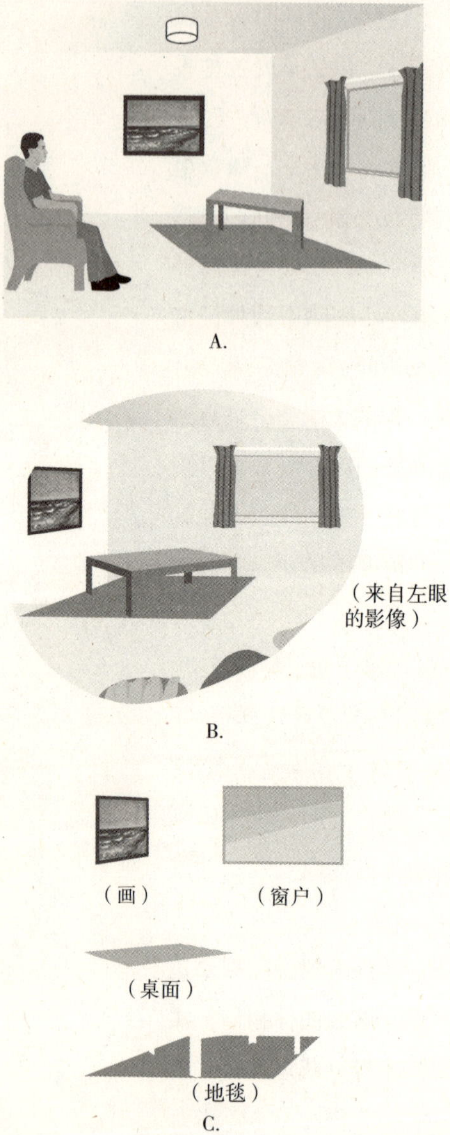

图 4.1 解释视网膜像

设想你坐在一把舒适的椅子上，环顾房间的四周（A）。房间里的物体所反射出的光线在你的视网膜上形成影像。让我们来考察到达你左眼的信息（B）。当你脱离背景看这些信息时（C），你就可以明白你的视觉系统所面临的任务：你的视知觉必须通过使用近距刺激（物体所产生的视网膜像）的信息，来解释或识别远距刺激（环境中的实际物体）。

然而实际情形更加复杂。你也可以注意到，你知觉到的房间内物体的许多部分实际上在视网膜上并没有出现。例如，你知觉到的两面墙之间的垂直边界从屋顶一直延伸到地板，但这个边界在视网膜上的影像只到桌面为止。同样，地毯在视网膜上的影像有一部分被桌子所遮挡。但这并不影响你把地毯正确地知觉成单一的完整的长方形。实际上，如果考虑到环境中的物体与其在视网膜上的影像的全部差别，你会对自己能把周围环境知觉得如此完善而感到惊讶。

环境中的物理客体与它们在视网膜上的光学成像的差别如此之大且重要，以至于心理学家把它们仔细地区分为知觉上两种不同的刺激。环境中的物理客体被称为**远距刺激**（distal stimulus）（远离观察者），而它们在视网膜上的光学成像称为**近距刺激**（proximal stimulus）（靠近观察者）。

现在可以更简洁地重述我们讨论的要点：你希望*知觉*的是*远距刺激*（环境中“真实”的客体），然而你必须从*近距刺激*即视网膜上的成像中获得信息。知觉的主要计算任务可以看成根据近距刺激中的信息来确定远距刺激，在诸多知觉领域中都是如此。听觉、触觉、味觉等知觉都涉及运用近距刺激中的信息来获得远距刺激特征的过程。

为了展示远距和近距刺激如何对应知觉过程的三个阶段，让我们看一下图 4.1 场景中的一个物体：挂在墙上的那幅画。在感觉阶段，这幅图画对应于视网膜上的二维梯形。顶边和底边向右汇聚，左边和右边长度不等，这是近距刺激。在知觉组织阶段，你把这个梯形看成三维空间中和你成一定角度的长方形。你把顶边和底边知觉为平行的，但是右侧离你更远一些；你知觉到长度相等的左边和右边。你的知觉过程对远距刺激的物理特征产生了一个很强的*假设*；现在需要的是辨认。在识别阶段，你把这个长方形物体辨认为一幅图画。**图 4.2** 是表示这些事件顺序的流程图。信息从一个阶段传送到下一个阶段的过程用方块之间的箭头表示。在本章结束时，你将了解该图所表示的相互作用过程。

知觉的任务是根据近距刺激辨认远距刺激。然而，早期的感觉研究者发现人们对世界的体验还带有心理成分。我们将会看到，这些研究者考察了环境中的事件与人们对这些事件的体验之间的关系。

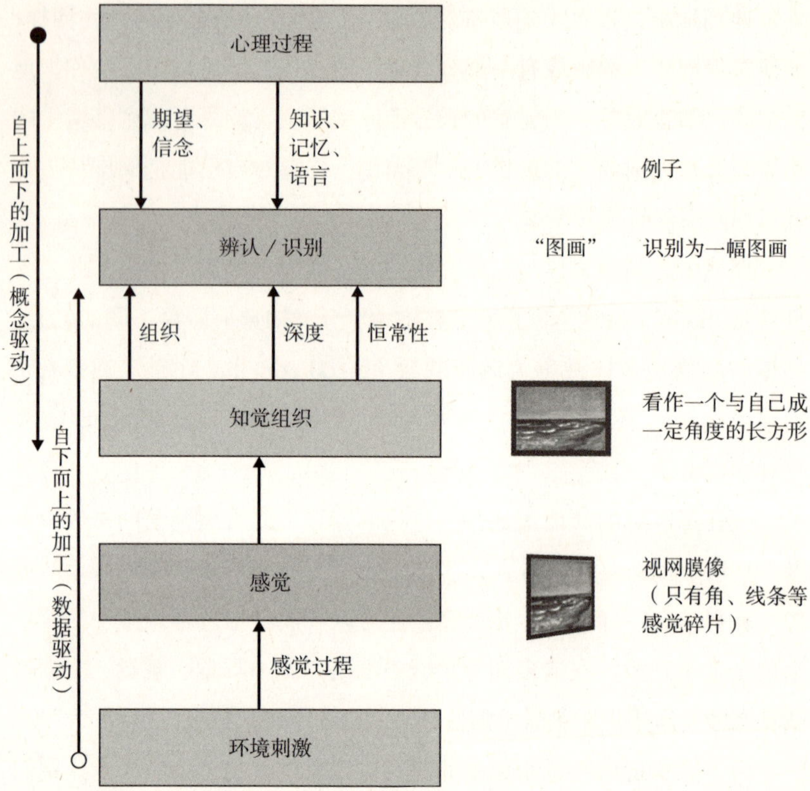

图 4.2　感觉、知觉组织和辨认与识别阶段

本图概述了输入信息从感觉、知觉组织到辨认与识别的转换过程。当知觉表征来自感觉输入中的信息时，就发生了自下而上的加工。当知觉表征受个体的先前知识、动机、期望及其他高级心理活动的影响时，就发生了自上而下的加工。

心理物理学

工厂的火灾报警器要多响才能让工人在喧嚣的机器声中听到它？飞机控制板上的警示灯要多亮才能看起来比其他的灯亮两倍？一杯咖啡中加多少糖才能感觉到甜？为了回答这些问题，我们必须能够测量感觉体验的强度。这是**心理物理学**（psychophysics）的中心任务，即研究物理刺激与其引发的行为或心理体验之间的关系。

德国物理学家**古斯塔夫·费希纳**（Gustav Fechner, 1801—1887）

是心理物理学史上最重要的人物。费希纳提出了心理物理学这一概念，并给出了一套测量物理刺激强度（以物理单位测量）与感觉体验强度（以心理单位测量）之间关系的方法（Fechner, 1860/1966）。费希纳的测量方法对所有刺激（如光、声音、味道、气味和触碰）都是一样的：研究者确定阈限并建立感觉强度与刺激强度之间关系的心理物理量表。

绝对阈限和感觉适应　感官能够觉察到的最小、最弱的刺激能量是多少？例如，刚好能听到的声音到底多轻柔？这两个问题涉及刺激的**绝对阈限**（absolute threshold），即产生感觉体验所需的最小物理刺激量。研究者测量绝对阈限的方法是：要求警觉的观察者完成一些觉察任务，比如在黑暗的房间尽力看到昏暗的灯光，或者在一间安静的房间里努力听到轻柔的声音。在一系列的多试次测试中，刺激以不同的强度呈现，每一试次观察者都要回答他们是否觉察到刺激。（如果你曾经测查过听力，那么你就参加过绝对阈限测试。）

绝对阈限研究的结果可总结为**心理测量函数**（psychometric function）：表示为在每一种刺激强度（横坐标）下刺激被觉察到的百分数（纵坐标）的曲线。**图 4.3** 是典型的心理测量函数。对于非常昏暗的灯光，觉察到的可能性为 0；对于较亮的灯光，觉察到的可能性为 100%。如果存在单一的、真正的绝对阈限，那么从 0 到 100% 的觉察是急剧变化的，而且正好发生在强度到达阈限的那一点。但这种情况并没有出现，原因至少有两个：观察者在每次的刺激觉察过程中会发生微小的变化（由于注意、疲劳等因素的变化），而且观察者有时甚至会在刺激不存在的情况下也做出反应（我们将在信号检测

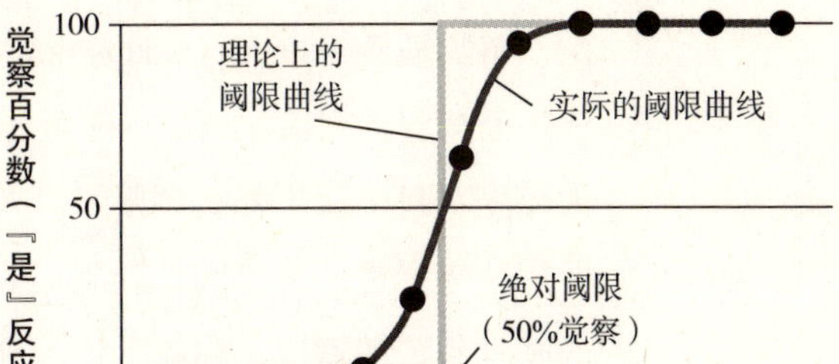

图 4.3　绝对阈限的计算

由于我们不能在一个特定的点上突然觉察到刺激，绝对阈限就被定义为在多试次测试中有一半次数能够被觉察的刺激的强度。

表 4.1 常见事件的大致阈限

感觉通道	觉察阈限
视觉	无雾的黑夜中 48 公里处一根燃烧的蜡烛
听觉	安静条件下 6 米外手表的滴答声
味觉	一茶匙糖溶于 7.6 升水中
嗅觉	一滴香水扩散到三居室的整个空间里
触觉	一只蜜蜂的翅膀从 1 厘米高处落到你的面颊

论部分讨论这种虚报)。因此,心理测量曲线通常是平滑的 S 形曲线,存在一个从无觉察、部分觉察到完全觉察的过渡区域。

因为刺激不能突然在某一强度下变得在所有次数中都能被清楚地觉察到,所以绝对阈限的操作性定义是:*在一半测试中能够觉察到感觉信号存在的刺激水平*。不同感觉通道的阈限可以用相同的程序来测量,只需改变刺激类型即可。**表 4.1** 显示了几种常见自然刺激的绝对阈限水平。

尽管能够确定觉察的绝对阈限,但同样重要的是要认识到,与稳定状态相比,感觉系统对感觉环境中的*变化*更为敏感。这些系统的进化使得它们偏好新的环境输入,这是通过一个被称为*适应*的过程实现的。**感觉适应**(sensory adaptation)是指感觉系统对持续的刺激输入反应逐渐减弱的现象。例如,你可能已经注意到,在户外待一段时间后,太阳光看起来就不那么刺眼了。人们在嗅觉领域通常有最幸运的适应经历:你走进一个房间,闻到一股恶臭。然而,一段时间后,随着你的嗅觉系统的适应,你就意识不到这种气味了。环境中总是充满了大量不同的感觉刺激。适应机制使你能够快速地对新信息源的挑战产生注意和做出反应。

反应偏差和信号检测论 在上述讨论中,我们假设所有的观察者都是相同的。然而,阈限测量还受反应偏差的影响。**反应偏差**(response bias)是指由于一些与刺激的感觉特性无关的因素,观察者偏好以特定

方式进行反应的系统倾向。例如，假设你参加一项实验，任务是检测一个微弱的灯光。在实验的第一阶段，当你正确判断“是，有灯光”时，研究者给你 5 美元。在实验的第二阶段，当你正确判断“不，没有灯光”时，研究者给你 5 美元。在每个阶段，每次错误判断都将处罚 2 美元。从第一阶段到第二阶段，你能看出这个奖励结构是如何导致反应偏差转变的吗？在刺激呈现的确定性相同的情况下，你是否会更经常在第一阶段说“是”？

信号检测论（signal detection theory, SDT）是解决反应偏差问题的一种系统方法（Green & Swets, 1966）。信号检测论强调对刺激事件出现与否做出判断的过程，而不是只密切关注感觉过程。经典心理物理学用单一的绝对阈限概念来理解感觉觉察过程，而信号检测论则从中区分了两个独立的过程：(1)最初的感觉过程，反映观察者对刺激强度的感受性；(2)随后独立的决策过程，反映观察者的反应偏差。

信号检测论提供了同时评估感觉过程和决策过程的方法。**图 4.4** 表示其基本设计。在全部试次中，微弱刺激和无刺激各出现一半。在每一个试次中，观察者如果认为信号出现就回答“是”，如果认为没有信号就回答“否”。正如图中所示，每种反应都可被归为以下四种形式中的一种：

- 当信号呈现时观察者回答“是”，这一反应称为击中（hit）；
- 当信号呈现时观察者回答“否”，这一反应称为漏报（miss）；
- 当信号未呈现而观察者回答“是”，这一反应称为虚报（false alarm）；
- 当信号未呈现且观察者回答“否”，这一反应称为正确否定（correct rejection）。

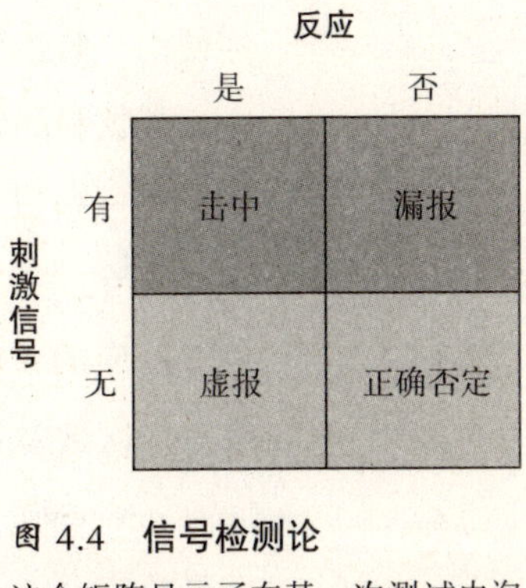

图 4.4　信号检测论

这个矩阵显示了在某一次测试中询问参与者目标刺激是否出现时可能得到的结果。

我们如何才能看到感知者决策过程的影响？如果卡萝尔是一个经常回答“是”的人，当刺激呈现

如果你谢绝一次晚餐邀请，你是将避免度过一个无聊的夜晚（正确否定），还是失去一次找到一生所爱的机会（漏报）？

时她几乎不可避免地会说“是”，那么她将有很多的击中次数。但她同时也将产生很多的虚报次数，因为她也经常会在刺激没有呈现时说“是”。如果鲍勃是一个经常回答“否”的人，那么他将有较少的击中次数和较少的虚报次数。

通过分析击中和虚报的百分数，研究者可以使用数学方法分别计算出观察者的感受性和反应偏差。这个过程使得我们能够发现两名观察者是否有相同的感受性，尽管他们的反应标准有很大差异。通过提供一种区分感觉过程和反应偏差的方法，信号检测论使得实验者可以确定和区分感觉刺激和个体的标准水平在做出最终反应上各自所起的作用。

差别阈限　假设你受雇于一家饮料公司，他们想要生产一种可乐产品，口味比现有的可乐稍稍甜一点儿，但是为了省钱，公司想尽可能少地在可乐中加糖。公司要求你测量的是**差别阈限**（difference threshold），即人们能够识别出两个不同刺激的最小物理差异。为了测量差别阈限，你使用一对刺激，并且要求观察者判断两个刺激是否相同。

在饮料问题上，你可以每次给观察者两种可乐，一种是标准可乐，另一种稍稍甜一点儿。观察者对每一对可乐都将回答“相同”或“不同”。经过多次这样的试次后，你将绘出心理测量函数图，纵坐标为“不同”反应的百分数，横坐标为实际差异。差别阈限的操作性定义是：有一半次数觉察出差异的刺激差值。差别阈限值也被称为**最小可觉差**（just noticeable difference, JND）。JND 是测量两种感觉心理差别程度的数量单位。

1834 年，**恩斯特·韦伯**（Ernst Weber, 1795—1878）开辟了对

JND 的研究。他发现了被称作**韦伯定律**（Weber's law）的重要关系：刺激之间的 JND 与标准刺激强度的比值是恒定的。因此，标准刺激越大或越强，达到最小可觉差所需的刺激增量就越大。例如，假设你想举起一个重 25 磅（1 磅≈ 0.45 千克）的手提箱。有关"举重"的心理物理学研究表明，你要在箱子里放入 0.5 磅重的衣服，才会发觉手提箱重了一些，即觉察到差别。然而，如果手提箱已经有 50 磅重了，你就需要再加 1 磅才能感受到不同。要注意，两种情况下的比值是一样的（0.5/25=1/50=0.02）。对不同的感觉维度来说，韦伯常数（刺激之间的 JND 与标准刺激强度的比值——译者注）有不同的值。比起光线强度，你能够更加精确地区分两种声音频率；而比起气味或味道之间的差异，你又可以用更小的 JND 觉察光线强度之间的差异。为了生产感觉稍甜一点儿的可乐，你的饮料公司需要在原有的基础上加入相当多的糖！

从物理事件到心理事件

我们对心理物理学的回顾可能使你意识到了感觉的核心问题：物理能量如何引发独特的心理体验？例如，不同波长的光波是如何使你感受到彩虹的？在我们分析具体的感觉之前，我们先来看看从物理事件（光波和声波、复杂的化学物质等）到心理事件（视觉、听觉、味觉和嗅觉）的信息流的概貌。

我们把从一种物理能量形式（如光）到另一种形式（如神经冲动）的转换称为**换能**（transduction）。因为所有的感觉信息都会转换成相同类型的神经冲动，所以大脑通过让不同皮层区域负责不同的感觉领域，从而来区分不同的感觉体验。对于每一种感觉，研究者都试图发现物理能量如何转换成神经系统的电化学活动，进而产生不同性质的感觉（比如，感觉到红色而不是绿色），以及不同数量的感觉（比如，洪亮的声音而不是轻柔的声音）。

感觉系统具有共同的基本信息传递过程。任何感觉系统的触发都意味着对环境事件或者说刺激的觉察。人们通过特化的**感受器**（sensory receptors）觉察环境刺激。感受器把物理形式的感觉信号转换为能够被神经系统加工的细胞信号。这些细胞信号向更高水平的神经细胞提供信息，神经细胞整合不同感受器单元的信息。在这个阶段，神经细胞提取关于刺激的基本性质的信息，例如刺激的大小、强度、形状和距离。在感觉系统的更深处，信息被整合为更复杂的编码，传递到大脑特定的感觉皮层和联合皮层。现在我们转向特定的感觉领域。

STOP 停下来检查一下

❶ 什么是近距刺激？

❷ 心理物理学研究的主题是什么？

❸ 绝对阈限的操作性定义是什么？

❹ 在信号检测论中，哪两个过程会影响观察者的判断？

❺ 差别阈限是什么？

❻ 何谓换能？

视觉系统

视觉是人类和其他大多数动物最为复杂而高度发展的重要感觉。视觉能力好的动物具有极大的进化优势。良好的视觉能力有助于动物发现远处的猎物和天敌。人类的视觉使得他们能够觉察到物理环境特性的变化，并相应地调整自身行为。视觉是被研究最多的一种感觉。

人　眼

眼睛就像一部照相机（见图 4.5），为大脑拍摄世界的动态图像。照相机通过收集和汇聚光线的透镜观察世界。眼睛也同样具有收集和汇聚光线的能力。光线穿过角膜（眼睛前部透明的凸起），通过充满房水（透明液体）的前房，再穿过瞳孔（不透明的虹膜上的开口）。为使照相机对焦，你会移动透镜使其接近或远离被拍摄客体。为了在眼中聚焦光线，豆形的晶状体会改变形状，变薄以聚焦远处客体或变厚以聚焦近处客体。为了控制进入照相机的光线量，你会改变透镜的开口（即光圈）。人眼则利用虹膜内肌肉的舒张和收缩改变瞳孔的大小（瞳孔是光线进入眼睛的小孔）。传统照相机的后部是感光胶片，记录穿过透镜的光线的变化。同样，在人眼中，光线穿过玻璃体，最后投射到视网膜（眼球后壁上的一层薄膜）上。

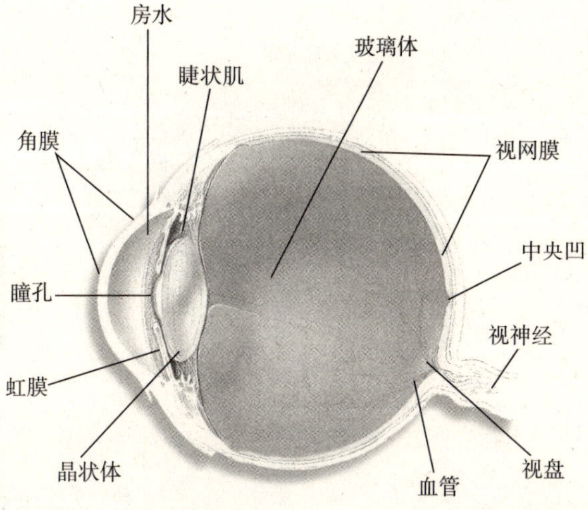

图 4.5　人眼的结构

角膜、瞳孔和晶状体使光汇聚在视网膜上。视神经把来自视网膜的神经信号送至大脑。

如你所见，照相机的特征和人眼的特征非常相似。接下来，我们将更加详细地讨论视觉过程的各部分。

瞳孔和晶状体

瞳孔（pupil）是虹膜上的开口，光线通过它进入眼睛。虹膜使瞳孔放大或缩小以控制进入眼球的光线量。通过瞳孔的光线经**晶状体**（lens）聚焦到视网膜；晶状体在这个过程中使图像左右翻转且上下颠倒。由于晶状体对近处和远处客体具有可变的聚焦能力，所以它非常重要。睫状肌可以改变晶状体的厚度，进而改变其光学特性，我们把这一过程称为**调节**（accommodation）。

具有正常调节能力的个体的聚焦范围是鼻前约 7.6 厘米到他能看到的最远的地方。然而，许多人患有调节障碍。例如，患有近视眼的人调节范围变近，不能很好地聚焦远处物体；而患有远视眼的人调节

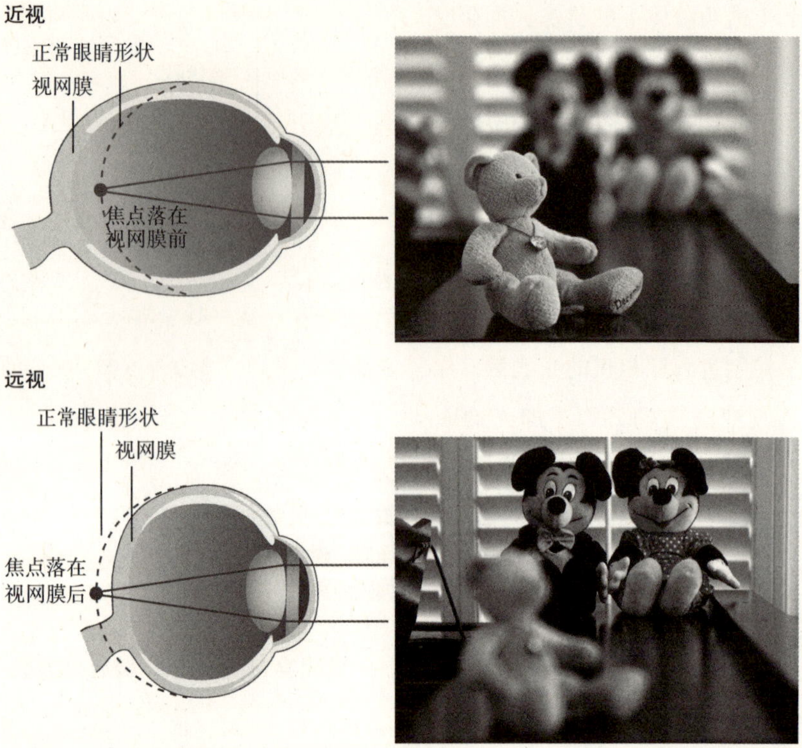

图 4.6　近视与远视

当来自远处客体的光线聚焦在视网膜前方时，人们会体验到近视。当来自近处客体的光线聚焦在视网膜后方时，人们会体验到远视。照片显示了如果远视眼和近视眼的人的视力没有经过眼镜或隐形眼镜的矫正，世界看起来会怎样。

范围变远，不能很好地聚焦近处的物体（见图 4.6）。老化也会导致调节能力出现问题。晶状体最初是清晰、透明和凸起的。然而随着年龄的增长，晶状体变得混浊、不甚透明和扁平，而且渐渐失去弹性。其中一些变化导致晶状体不能形成足够的厚度以聚焦近处客体。当个体年龄超过 45 岁之后，*近点*，即能够清晰聚焦的最近点，渐渐变远。

视网膜

我们用眼来看，但却用脑来见。人眼汇集和聚焦光线，再向大脑传递神经信号。因此，眼睛的关键功能是把关于世界的信息从光波转换为神经信号。这个过程是在眼球后壁的**视网膜**（retina）上完成的。在显微镜下，你能够看到视网膜分为几层，分别由高度组织化的不同类型的神经细胞组成。

从光能到神经反应的基本转换是由视网膜上对光敏感的锥体细胞和杆体细胞完成的。这些**光感受器**（photoreceptor）在连接外部世界（耀眼的光线）和内部世界（神经加工）的视觉系统中具有独特的地位。由于有时候你在几乎完全黑暗的环境中活动，而有时候又在明亮的光线下活动，因此大自然提供了两种加工光线的途径——锥体细胞和杆体细胞（见**图 4.7**）。1.2 亿个较细的**杆体细胞**（rod）在近乎黑暗时拥有最佳功能。700 万个较粗的**锥体细胞**（cone）则专门应对明亮而充满色彩的白天。

每当晚上关灯睡觉时，你便能够体验到锥体细胞和杆体细胞功能的差异。你可能多次注意到，最初在昏暗的光线下好像什么也看不到，但过一会儿，你的视觉感受性就又恢复了。你经历了一个**暗适应**（dark adaptation）过程——光线条件从光亮转为黑暗后眼睛感受性逐渐提高的过程。暗适应的产生是由于在黑暗中停留一段时间后，杆体细胞比锥体细胞变得更敏感，杆体细胞能够对环境中微弱的光做出反应。

中央凹（fovea）是视网膜中心附近一个很小的区域，这个部位只有密布的锥体细胞，没有杆体细胞。中央凹是视觉最敏锐的区域——颜色和空间细节都能在这里被最准确地探测到。视网膜上的其他细胞负责整合不同区域锥体细胞和杆体细胞的信息。**双极细胞**（bipolar cell）是一种神经细胞，它整合来自多个感受器的神经冲动，并将结果传递到神经节细胞。随后，每一个**神经节细胞**（ganglion cell）整合来自一个或多个双极细胞的冲动，形成单一的发放频率。中央凹的锥体细胞将神经冲动传导到该区域的神经节细胞，而在视网膜的边缘，杆体细胞和锥体细胞将神经冲动汇聚到相同的双极细胞和神经节细胞。神经节细胞的轴突组成视神经，视神经把眼睛外面的视觉信息传递到大脑。

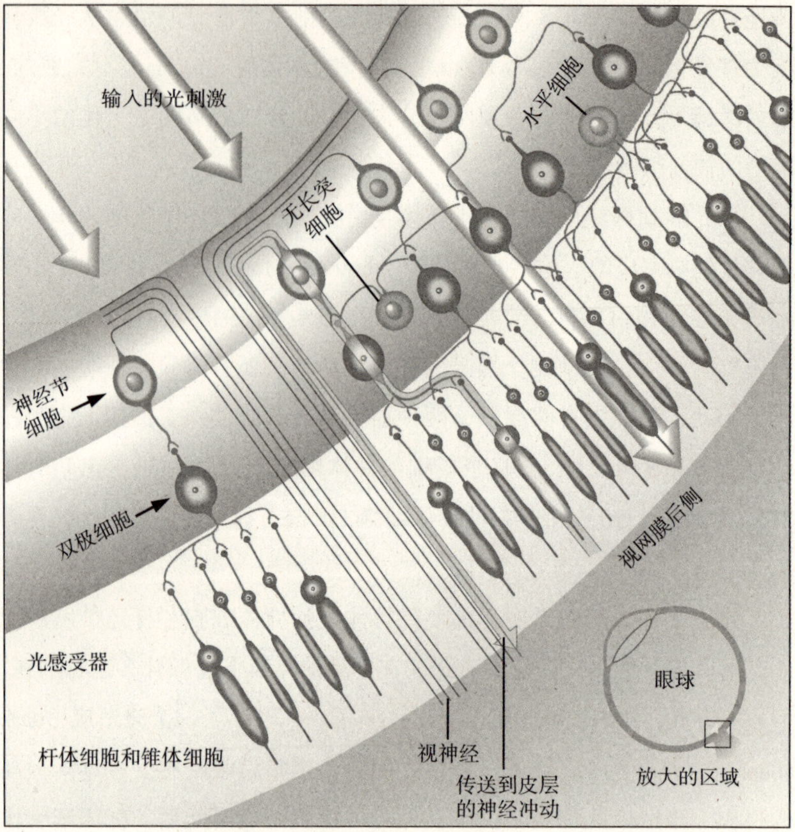

图 4.7 视网膜神经通路

这是一幅高度简化的非写实示意图，图中显示了连接视网膜上三层神经细胞的通路。光线经过所有这些细胞层到达位于眼球后部远离光源的感受器。请注意，双极细胞从不止一个感受器细胞收集冲动信号，并把结果发送给神经节细胞。来自神经节细胞的神经冲动（蓝色箭头）离开眼睛，通过视神经到达下一个中继点。（见彩插）

水平细胞（horizontal cell）和**无长突细胞**（amacrine cell）整合视网膜上的信息。但是它们并不把信息传到大脑，水平细胞把感受器相互连接起来，无长突细胞则负责双极细胞之间和神经节细胞之间的连接。

在视网膜解剖结构上有一个有趣奇特的地方，在那里视神经离开了每只眼睛，这就是视盘或**盲点**（blind spot），此处没有感受细胞。但是，只有在非常特殊的条件下你才能感觉到那里看不见东西，原因有两点：首先，两只眼睛的盲点都处于一个独特的位置，使得一只眼睛的感受器可以登记另一只眼睛看不到的信息；其次，大脑会用盲点周围区域恰当的感觉信息来填充这一区域。

图 4.8　发现你的盲点

在特殊的注视条件下，你可以通过观看**图 4.8** 发现自己的盲点。双手拿着这本书，伸直手臂，闭上右眼，用左眼注视那个银行图形，慢慢地把书移向自己。当那个美元标志落在你的盲点上时，它就消失了，但是你没有感觉到在你的视野中出现一个洞。相反，你的视觉系统利用周围的白背景填充了这个区域，所以你“看到了”白色（它本来是不存在的），却看不到你的钱，你应该在失去它之前把它存进银行才对！

第二个显示盲点的方法是，利用相同的程序注视图 4.8 中的十字。随着你把书逐渐移向自己，你是否看到线段之间的间隙消失而变成了一条连续的线段？

大脑的加工

大多数视觉信息的最后目的地是大脑枕叶上被称为初级视皮层的区域。然而，大多数信息在离开视网膜到达视皮层之前，还要经过其他的脑区。让我们来追踪视觉信息的传导路径。

两只眼睛内神经节细胞的数百万条轴突各组成一条**视神经**（optic nerve），在视交叉处汇合，视交叉的形状像希腊字母 χ。每一条视神经中的轴突在视交叉处又分为两束。来自每个视网膜的一半神经纤维仍然到达身体的同侧，而来自每只眼睛内侧的轴突将交叉越过中线进入大脑后侧（见图 4.9）。

现在这两束神经纤维都含有来自两只眼睛的轴突，将之重新命名为视束。视觉信息接下来流经外侧膝状体核（丘脑内的一个结构），它

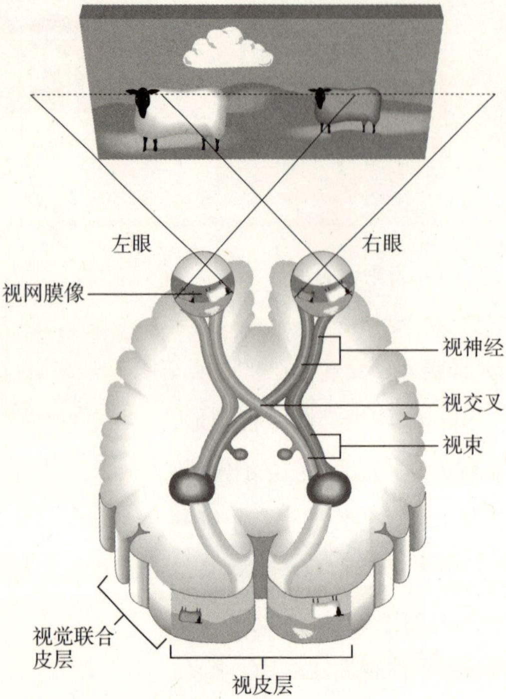

图 4.9 人类视觉系统的通路

本图显示了视野中的光投射到两眼视网膜的过程，以及来自视网膜的神经信息向大脑两半球视觉中枢传递的路线。

再将信息传递至视皮层（见图 4.10）。研究支持以下理论：一旦来自眼睛的信息到达皮层，视觉分析主要会分为两个通路——模式识别（客体是什么）和位置识别（客体在哪里）（Konen & Kastner, 2008）。模式识别和位置识别的分离是一个很好的例子，可以告诉你视觉系统是如何由许多分离的亚系统组成的，这些亚系统分析的是相同视网膜图像的不同方面。尽管你最后的知觉是一个统一的视觉场景，但它是通过视觉系统中的一系列通路完成的，这些通路在正常情况下彼此之间是精巧协调的。

（在我们讲后续内容之前，请再看看图 4.10，它显示了丘脑的位置。第 3 章指出，丘脑将输入的感觉信息传递到大脑皮层的恰当区域。事实上，其他感觉——比如听觉、味觉和触觉——信息的传递也经过丘脑内的结构。现在你对丘脑有了更多的认识，我们继续视觉话题。）

当不同皮层区域之间的精巧协调被打破时，研究者获得了关于视觉加工的重要信息。脑损伤可能影响模式通路或位置通路，抑或影响两个通路之间的交流，从而产生一些不同的障碍，统称为失认症（agnosias）。患有失认症的人通常难以识别或辨认物体和人。例如，一名叫作 K.E. 的病人因为脑中风而患上了同时失认症这一特殊障碍（Coslett & Lie, 2008）。患有这种障碍的人无法同时体验一种以上的视觉特征。例如，要求 K.E. 观察用不同颜色墨水写出的颜色词语（如用蓝色墨水印出“红色”这个词）。当研究者让 K.E. 说出颜色词语时，他在 48 试次中有 47 次正确。然而，当研究者要求他说出墨水的颜色时，

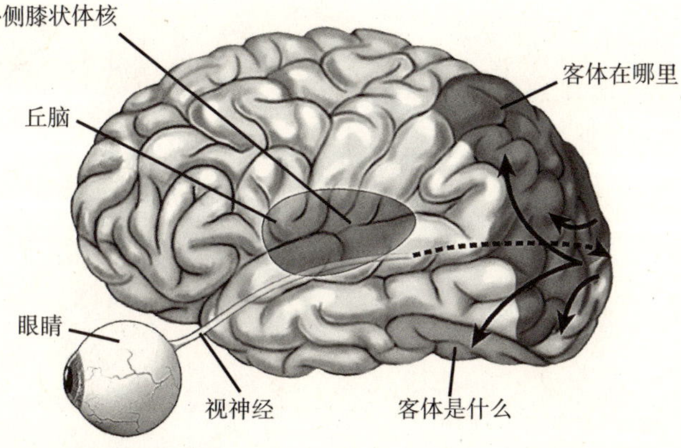

图 4.10 到达皮层的视觉通路

眼睛收集的视觉信息通过外侧膝状体核——丘脑内的一个结构——到达大脑皮层。视觉信号到达大脑皮层的不同区域，有的区域加工视觉世界"是什么"的信息，有的加工"在哪里"的信息。（见彩插）

却总是出错。实际上，他"明确表示他没有看到颜色"（p. 41）。注意，K.E. 的颜色视觉是完全正常的。当他被要求辨认色标的颜色时，他辨认的正确率为 100%。显然，K.E. 无法做到的是在同一空间位置同时体验同一知觉物体的两种属性（如一个词的意义及其书写颜色）。

来自视野中的感觉信息最终到达脑的视皮层。**大卫·胡贝尔**（David Hubel）和**托斯登·威塞尔**（Torsten Wiesel）两位感觉生理学家因其对视觉皮层细胞感受野的开创性研究而荣获 1981 年的诺贝尔奖。一个细胞的**感受野**（receptive field）是其输入刺激所对应的视野区域。正如**图 4.11** 所示，胡贝尔和威塞尔发现，对于不同形式的刺激，视觉系统不同水平的细胞有着不同的反应强度。例如，一种被称为"简单细胞"的皮层细胞对特定朝向的光棒有着最强的反应（见图 4.11）；每个"复杂细胞"也具有"偏好"的朝向，但是它们还要求小棒必须运动；"超复杂细胞"要求运动的小棒具有特定的长度或者刺激是运动的角或顶点。这些细胞为大脑更高级的视觉中心提供各种类型的信息，最终使大脑辨认出视觉世界中的客体。

我们在第 3 章描述过的成像技术的进步，已经使研究者有能力发

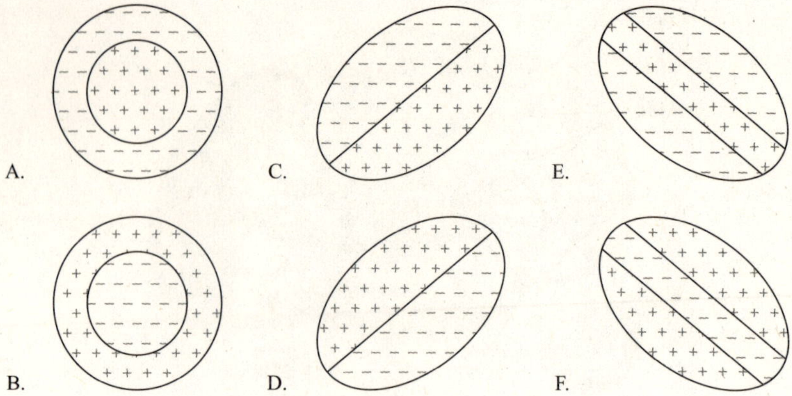

图 4.11 神经节细胞和皮层细胞的感受野

视觉通路上细胞的感受野就是其输入刺激所对应的视野区域。视网膜上神经节细胞的感受野是圆形的（A、B）；视觉皮层上最简单的细胞的感受野则沿一定朝向被拉伸了（C、D、E、F）。在这两个例子中，对感受野起反应的细胞都对标有“+”号区域的光产生兴奋，而被标有“–”号区域的光所抑制。此外，最令细胞兴奋的刺激是标“+”号的区域（光导致细胞兴奋的区域）是亮的，而标“–”号的区域（光导致细胞抑制的区域）是暗的。

现那些专门对更复杂的环境图像做出反应的皮层区域。这些研究已经确定了“优先对面孔、动物、工具、地点、文字和身体部位的图像起反应”的皮层区域（Mahon & Caramazza, 2011, p. 97）。我们来看一项考察大脑对身体图像反应的研究。

研究特写

当你观看人体图像时，你大脑的两个区域会特别活跃。这两个脑区被称为纹外皮层身体区（EBA）和梭状回身体区（FBA）。研究者想知道，当人们观看自己的身体和他人的身体时，这两个区域的反应是否不同（Vocks et al., 2010）。为了回答这个问题，研究者招募了 31 名 18~50 岁的女性。实验的刺激物是每名参与者身穿比基尼的脖子以下的照片（所以只有身体是可见的，脸不可见）。如**图 4.12** 所示，当参与者观看自己身体的照片时，她们大脑右半球的 EBA 和 FBA 表现出更大程度的激活。研究者认为，这种更大程度的激活可能部分源于这些女性对自己的身体照片有着不同的情绪反应。

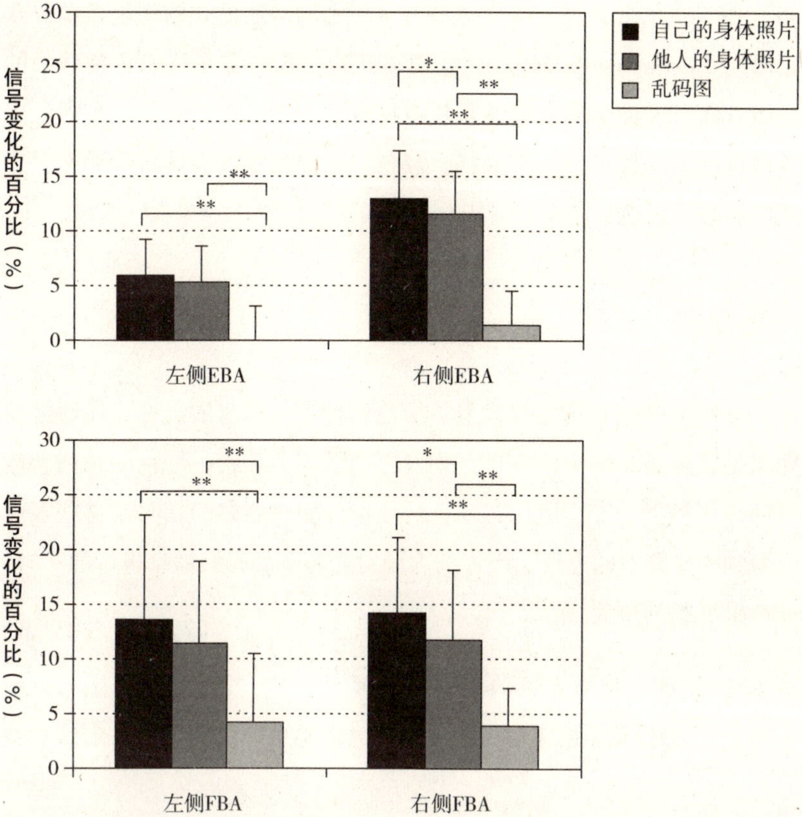

图 4.12　对身体图像起反应的脑区

与观看其他女性的身体照片相比，女性在观看自己的身体照片时，其大脑右半球的纹外皮层身体区（EBA）和梭状回身体区（FBA）显示出更大程度的激活。

资料来源：Vocks, S., Busch, M., Gronemeyer, D., Schulte, D., Herpertz, S., & Suchan, B. (2010). Different neuronal responses to the self and others in the extrastriate body area (EBA) and the fusiform body area. *Cognitive, Affective, and Behavioral Neuroscience, 10*, 422-429.

考虑到不同的脑区会专门对特定的环境经验做出反应，你可能想知道这些脑区在出生时就有着特殊的功能，抑或这些功能是生活经验的产物？研究者已经开始着手一些项目，以弄清导致这些大脑反应的因素中，先天与后天各自所占的比重（Cantlon et al., 2011）。

我们已经了解了视觉信息是怎样从眼睛传递到大脑不同区域的基本知识。研究者们还希望解决以下问题：灵长目动物的视皮层大约有

30个解剖上的亚区域，关于这些亚区域之间沟通模式的理论目前仍众说纷纭（Orban et al., 2004）。从现在开始，我们将介绍视觉领域中的具体方面。人类视觉系统最非凡的特点之一是，我们通过对相同的感觉信息的不同加工获得了形状、颜色、位置和深度等体验。那么，让我们能够看到视觉世界不同特性的转换是如何发生的呢？

颜色视觉

自然客体似乎具有被涂上了颜色这种不可思议的特性。你通常的印象是客体具有鲜艳的颜色，如红色的情人节礼物、绿色的杉树、蓝色的知更鸟蛋等等，但你对颜色的生动经验，依赖的其实是这些客体反射到感受器上的光线。当你的大脑对光源中编码的信息进行加工时，便产生了颜色知觉。

波长和色调 你所看见的光只是**电磁波谱**中一个很小的范围（见图4.13）。你的视觉系统无法觉察波谱中其他类型的波，比如X射线、微

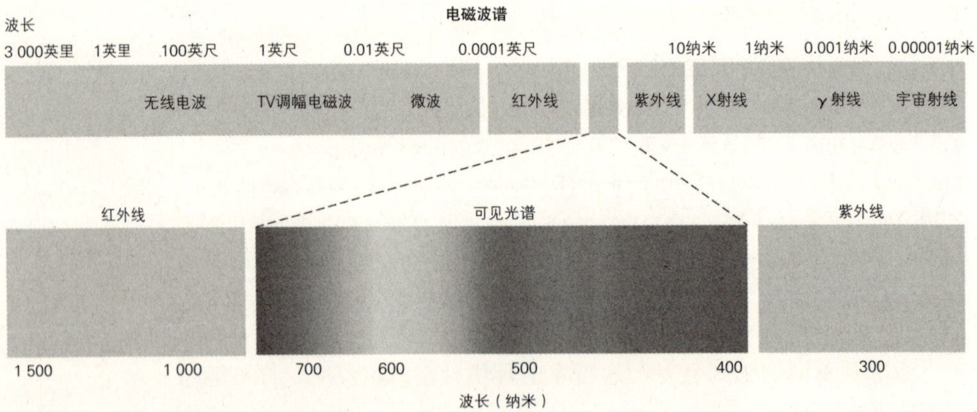

图 4.13 电磁波谱

视觉系统只能感觉到电磁波谱中一个很小的波长范围。你能感受到的波长范围在图中被放大，即从紫色到红色的区域。（见彩插）

资料来源：Wade, Carole; Tavris, Carol, *Psychology*, 10th Edition, © 2011. Reprinted and electronically reproduced by permission of Pearson Education, Inc., Upper Saddle River, New Jersey.

波和无线电波。用于区分不同种类电磁能量（包括光）的物理特性是波长，也就是两个相邻波峰之间的距离。可见光的波长用纳米（10 亿分之一米）来度量，其波长范围为 400 纳米到 700 纳米。特定物理波长的光线引发特定的颜色体验，例如，紫蓝色处于光谱的较低端，橙红色处于光谱的较高端。因此，光在物理上是用波长而不是颜色来描述的；颜色只是你的感觉系统对波长的解释。

所有的颜色体验都可以用三个基本维度来描述：色调、饱和度和明度。**色调**（hue）是描述光的颜色的维度，比如红、蓝、绿等。色调主要由光的波长决定。如**图 4.14** 所示，色调可以排列成色环。人们所感知的最为相似的色调处于相邻的位置。**饱和度**（saturation）是描述颜色感觉纯度的维度。纯色有最大的饱和度，柔和、混合及浅淡的颜色其饱和度居中，灰色的饱和度为零。**明度**（brightness）是描述颜色强度的维度。白色的明度最大，黑色的明度最小。用这三个维度对颜色进行分析时，发现一个惊人的结果：人的视觉能够区分出约 700 万种不同的颜色！但是，大多数人只能叫出其中一小部分颜色的名称。

让我们来解释一些日常的颜色体验。在你接受科学教育的过程中，你可能重复过牛顿爵士的发现，即太阳光是由全部波长的光组成的：通过用三棱镜将太阳光分解成完整的彩虹来重复牛顿的试验。三棱镜实验表明，各种波长的光适当混合将产生白光。这种不同波长的光的混合称为加色混合（additive color mixture）。再看一看图 4.14。色环上直接相对的两种波长的光称为**互补色**（complementary color），混合后会产生白光的感觉。你想证明一下互补色的存在吗？看看**图 4.15**。绿、黄、黑三色旗将会让你体

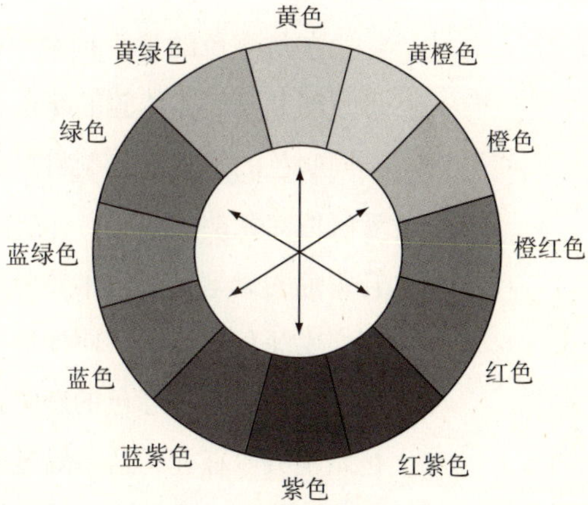

图 4.14　色环

基于相似性对颜色进行排列。互补色处于直接相对的位置。互补的色光混合产生白光。（见彩插）

资料来源：*Color workbook*, 3rd Edition by Becky Koenig. Prentice-Hall, 2003–2009. Reprinted by permission of the author.

图 4.15　颜色的视觉后像

注视绿、黑、黄三色旗中间的圆点至少 30 秒。然后盯着一张白纸或者一面白墙的中央。让你的朋友也尝试一下这种视觉后效错觉。（见彩插）

验到颜色负后像（这种视觉后像之所以称为“负”的，是因为视觉后像的颜色与原来的颜色相反）。在后面讲到颜色视觉理论时，我们会解释负后像产生的原因。当我们注视任何一种颜色足够长时间后，就会使部分光感受器疲劳，这时再看白色表面，我们就会看到原来颜色的互补色。

在与颜色的日常接触中，你可能已经注意到了视觉后像。但是，你大部分时候所体验的颜色并不是来自互补光。相反，你可能曾经将不同颜色的蜡笔或者颜料混合在一起来调配颜色。当你看蜡笔痕迹或者其他涂色的表面时，你所看见的颜色是没有被表面吸收的光波。尽管黄色的蜡笔看起来主要为黄色，但是它会让某些波长的光逃逸，从而产生绿色的感觉。同样地，蓝色的蜡笔让某些波长的光逃逸，于是产生蓝色和些许绿色的感觉。当黄色蜡笔和蓝色蜡笔混合的时候，黄色蜡笔吸收蓝光，蓝色蜡笔吸收黄光，唯一没有被吸收的波长看起来就是绿色！这种现象叫作减色混合（subtractive color mixture）。没有被吸收的那种波长的光，也就是被反射的光，产生了你所知觉到的蜡笔混合的颜色。

对于那些天生有色觉缺陷的人来说，颜色体验的一些规则是不适用的。色盲就是部分或完全不能分辨颜色。如果你是色盲，在观察绿、黄、黑三色旗时就不能产生负后像。色盲通常是与 X 染色体上的一个基因有关的伴性遗传缺陷（Neitz & Neitz, 2011）。因为男性只有一条 X 染色体，所以他们比女性更可能出现这种隐性性状缺陷。女性只有在两条 X 染色体上都有这种基因缺陷时，才会表现出色盲。在对白种人色盲的调查中发现，男性的患病率约为 8%，而女性的患病率不足 0.5%（Coren et al., 1999）。

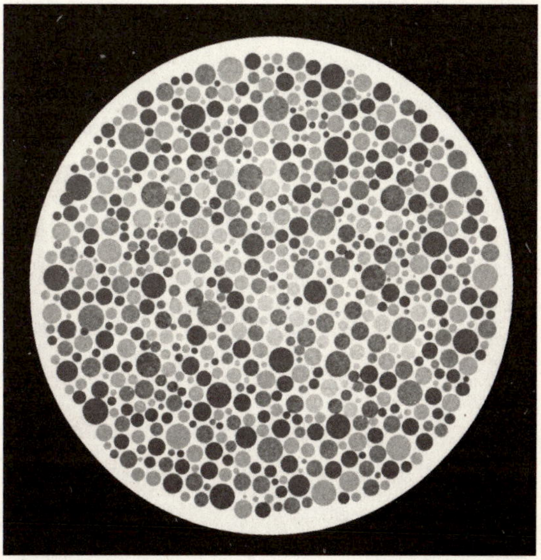

图 4.16　色盲测试

一个不能区分红色和绿色的人将不能辨认隐含在图片中的数字。（见彩插）

大部分的色盲者难以区分红色和绿色，特别是在低饱和度的情况下。只有很少的色盲者是将黄色和蓝色混淆。根本看不到任何颜色的色盲者最少，他们只能区分明度的变化。**图 4.16** 是研究者用来检测色盲的一张图片。那些红—绿系统有一定缺陷的个体是看不到图片中的数字的。让我们来看看科学家如何解释关于颜色视觉的一些现象，比如互补色和色盲。

颜色视觉的理论　颜色视觉的第一个科学理论是由**托马斯·扬爵士**（Sir Thomas Young, 1773—1829）于 1800 年左右提出来的。他认为正常人的眼睛具有三种类型的颜色感受器，产生心理上的基本感觉：红、绿、蓝。同时他还认为，所有其他的颜色都是由这三种基本感觉相加或者相减混合得到的。扬的理论后来得到**赫尔曼·冯·赫尔姆霍兹**（Hermann von Helmholtz, 1821—1894）的修正和扩展，最终被称作扬－赫尔姆霍兹**三原色理论**（trichromatic theory）。

三原色理论为人们的颜色感觉和色盲提供了一种合理的解释（根据这个理论，色盲者只有一种或两种感受器）。但是，这个理论不能很好地解释其他的一些事实和观察结果。为什么适应一种颜色后会产生另一种颜色（互补色）的视觉后像？为什么色盲者总是不能区分成对的颜色：红和绿，或者蓝和黄？

对这些问题的回答正是第二个颜色视觉理论的基础，这个理论由**埃瓦尔德·赫林**（Ewald Hering, 1834—1918）在 19 世纪晚期提出。根据他的**拮抗加工理论**（opponent-process theory），所有的颜色体验产生于三个基本系统，每个系统均包含两种拮抗的成分：红对绿，蓝对黄，或者黑（没有颜色）对白（所有颜色）。赫林推测，颜色之所以会产生互补色的视觉后像，是因为系统中的某个成分疲劳了（由于过度刺激），因此增加了它的拮抗成分的相对作用。根据赫林的理论，色盲的颜色类型成对出现，是因为颜色系统实际上是由成对的对立颜色构成的，而不是由单一的基本颜色构成的。

多年以来，科学家们对这两个理论的价值颇有争议。最终，科学家们认识到这两个理论实际上并不矛盾，它们只是描绘了两个不同的加工阶段，这些阶段与视觉系统中连续的生理结构相对应（Hurvich & Jameson, 1974）。例如，现在我们了解到，确实存在着三种锥体细胞。虽然每一种锥体细胞均对一定范围的波长起反应，但每一种只对特定波长的光最敏感。这三种锥体细胞的反应证实了扬和赫尔姆霍兹的预测：颜色视觉依赖于三种颜色感受器。色盲者缺少一种或者多种锥体感受器。

我们现在还知道，视网膜的神经节细胞以符合赫林拮抗加工理论的方式综合三种锥体细胞的输出（De Valois & Jacobs, 1968）。根据现代版本的拮抗加工理论，每对颜色的两个成分是通过神经抑制的方式实现其对立作用（拮抗）的（Conway et al., 2010; Shapley & Hawken, 2011）。一些神经节细胞接受来自红光的兴奋性输入和来自绿光的抑制性输入。系统内另一些细胞的兴奋和抑制模式是相反的。这两种神经节细胞构成了红—绿拮抗加工系统的生理基础。其他的神经节细胞组成了蓝—黄拮抗系统。黑—白拮抗系统则影响我们知觉颜色的饱和度和明度。

现在我们从视觉的世界转向声音的世界。

STOP 停下来检查一下

❶ 在视觉系统中，调节指的是什么？

❷ 中央凹内杆体细胞和锥体细胞的百分比是多少？

❸ 什么样的刺激模式会引起复杂细胞的反应？

❹ 哪种颜色视觉理论可以解释你在注视一个黄色斑点之后会出现蓝色的后像？

批判性思考：回忆一下比较女性在观看自己和其他女性身体照片时大脑反应的那项研究。为何研究者会采用她们身穿比基尼的照片？

听 觉

在我们对世界的经验中，听觉和视觉起着相互补充的作用。你经常在看见刺激之前就听见刺激，特别是当刺激来自你身后或者来自墙壁等遮挡物的另一侧时。尽管一旦客体进入视野之后，视觉在辨认客体上就优于听觉，但通常是因为你已经用耳朵将眼睛引向正确的方向之后才看见客体。为了开始对听觉的讨论，我们将首先描述到达耳朵的各种物理能量。

声音的物理特性

鼓掌，吹口哨，或者用铅笔敲打桌面。为什么这些动作会产生声音呢？因为它们使客体产生了振动。随着振动的客体推动介质中的分子前后运动，振动的能量传递到周围的介质中——通常是空气。振动导致的压力的微小变化以大约每秒 340 米的速度以叠加**正弦波**的形式从振动客体扩散出去（见图 4.17）。真空（例如外太空）中不能产生声音，因为在真空中没有供振动客体推动的空气分子。

正弦波有两个基本的物理特性，即频率和振幅，它们决定你听到的是什么样的声音。**频率**是指在给定时间内声波完成的周期数。如图

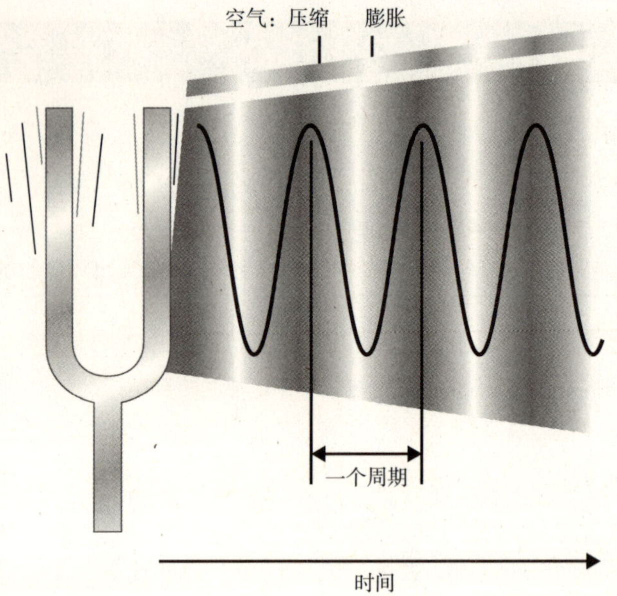

图 4.17 理想的正弦波

正弦波的两个基本特性是：（1）频率——固定单位时间内的周期数目；（2）振幅——周期的垂直距离。

4.17 所示，一个周期是指两个相邻波峰之间从左到右的距离。声音频率通常用赫兹（Hz）表示，测量每秒的周期数。振幅是衡量声波强度的物理特性，即波峰到波谷的高度。振幅用声音的压力或能量单位来表示。

声音的心理维度

频率和振幅这两个物理特性形成了声音的三个心理维度：音高、响度和音色。让我们看看这些现象是怎么产生的。

音高　**音高**（pitch）是指声音的高低，它是由声音的频率决定的；高频产生较高的音高，低频产生较低的音高。人们所能感受的纯音范围可低至 20 赫兹，高至 20 000 赫兹（低于 20 赫兹的频率可以通过触摸振动而非声音体验到）。通过下面一点，你就可以了解这个范围是多么宽广：钢琴上的 88 个键只覆盖从约 30 赫兹到 4 000 赫兹的频率范围。

正如我们之前在心理物理学部分所讨论的，频率（物理现实）与音高（心理效果）之间并不是线性关系。在频率很低的时候，频率只要增加一点点，就能引起音高的显著增高。在频率较高时，你需要将频率提高很多才能够感觉到音高的差异。例如，钢琴上两个最低的音仅有 1.6 赫兹的差别，而最高的两个音之间的差别竟高达 235 赫兹。这是心理物理学上最小可觉差的另一个实例。

响度　声音的**响度**（loudness）或者物理强度是由振幅决定的；振幅大的声波会给人响亮的感觉，而振幅小的声波是一种轻柔的感觉。人们的听觉系统可以感受范围宽广的物理强度。在一个极端，人们能够在 6 米外听见手表的滴答声，这是听觉系统的绝对阈限。如果更加敏感的话，你可以听见血液在耳朵内流动的声音。在另一个极端，90 米外喷气式飞机起飞的声音是如此巨大，甚至引起人耳的疼痛感。以声压的物理单位计算，喷气式飞机产生的声波所具有的能量是手表滴答声音能量的 10 亿多倍。

由于听觉的范围是如此宽广，声音的物理强度通常通过比率而不是绝对大小来表示；声压——产生响度体验的振幅大小的指标——通过称为分贝（dB）的单位来测量。**图 4.18** 显示了某些有代表性的自然声音的分贝值，同时也显示了相应的声压作为对比。你可以看到两个相差 20 分贝的声音的声压比为

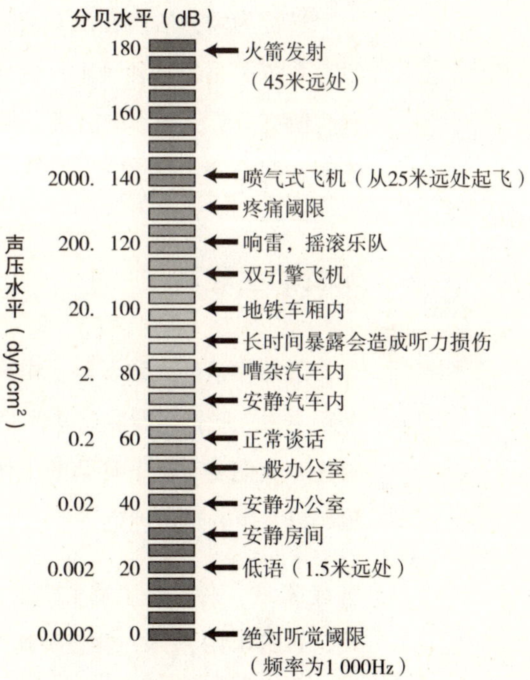

图 4.18　各种常见声音的分贝水平

该图显示了你听到的声音的分贝数范围——从绝对听觉阈限到火箭发射时的巨大噪声。分贝通过声压来计算，声压则是表示声波振幅水平的指标，通常与感受到的响度一致。

声音的什么物理特性让你得以从合奏乐中分辨出某一乐器的音色？

10:1。请注意：超过 90 分贝的声音会造成听力损伤，这取决于你暴露于这些声音的时间。

音色 声音的**音色**（timbre）反映了其复合声波的成分。例如，音色能使我们区分出钢琴和长笛的声音。少量的物理刺激，例如音叉，产生包含单一正弦波的纯音。纯音只有一个频率和振幅。现实世界中的大部分声音都不是纯音，而是复合声波，由多个频率和振幅叠加构成。

被称为噪声的声音没有清晰简单的频率结构。噪声包含相互之间没有系统关系的多种频率。例如，你在广播电台之间听到的静电噪声包含所有可听见频率的能量；因为没有基频（基波频率），所以你感觉不到音高。

听觉的生理基础

既然你已经大致了解了由声音所引发的心理体验的物理基础，那么接下来让我们来看看这些体验是怎样产生于听觉系统的生理活动的。首先，我们要看一下耳朵的工作原理。然后考察音高在听觉系统中的编码以及声音定位理论。

听觉系统 你已经了解了感觉过程是将外部能量转换为脑内的能量形式。如图 4.19 所示，要想听到声音必须发生四个基本的能量转换：(1) 空气中的声波必须在耳蜗中转换为流体波，(2) 然后流体波必须导致基底膜产生机械振动，(3) 这些振动必须转换成电脉冲，(4) 电脉冲必须传入听皮层。让我们来仔细考察这些转换的细节。

在第一个转换中，振动的空气分子进入耳朵（见图 4.19）。一些声

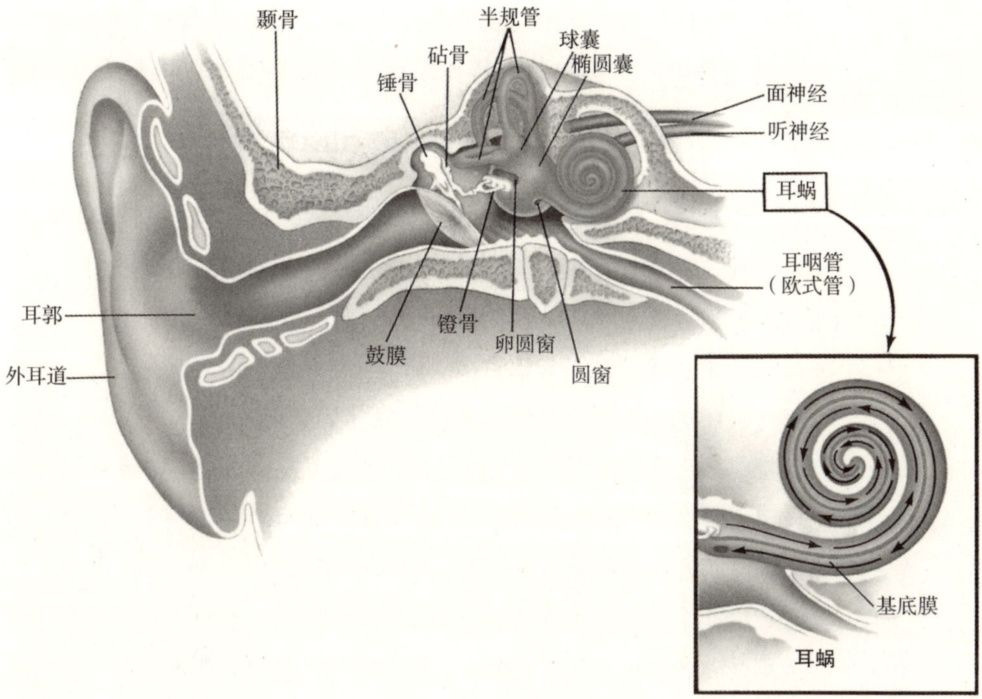

图 4.19 人耳的构造

声波通过耳郭，经外耳道传入，引起鼓膜振动。这个振动激活中耳内的小骨——锤骨、砧骨和镫骨。它们的机械振动经过卵圆窗到达耳蜗，并使其管道里的液体振动。当液体流动时，耳蜗中盘旋的基底膜内层上微小的毛细胞弯曲，刺激附着在其上的神经末梢。机械能量就此被转换为神经能量，并且通过听神经传送到大脑。（见彩插）

音直接进入外耳道，另外一些被耳郭反射后进入。声波沿着通道在外耳中传播直到到达通道的末端。在这里声波遇到一层薄膜，称为耳膜或者鼓膜。声波压力的变化使鼓膜振动，鼓膜将这一振动从外耳传递到中耳，即包含人体最小三块骨头（锤骨、砧骨和镫骨）的耳室。这些小骨组成机械链，将振动从鼓膜传递并集中到主要的听觉器官，即位于内耳的耳蜗。

在发生于耳蜗的第二个转换中，空气波变成“海浪波”。**耳蜗**（cochlea）是充满液体的螺旋管，其中**基底膜**（basilar membrane）位于中央并贯穿始终。当镫骨使位于耳蜗底部的卵圆窗发生振动时，耳蜗中的液体使得基底膜以波浪的方式运动（因此称之为“海浪波”）。研究者推测，耳蜗独特的螺旋结构使得人们对低频的声音更敏感（Manoussaki et al., 2008）。

在第三个转换中，基底膜的波浪形运动使得与其相连的微小毛细胞发生弯曲。这些毛细胞是听觉系统的感受细胞，当毛细胞弯曲时，它们刺激神经末梢，将基底膜的机械振动转换为神经活动。

最后，在第四个转换中，神经冲动通过名为**听神经**（auditory nerve）的纤维束离开耳蜗。这些神经纤维在脑干的耳蜗核会合。就像视觉系统的神经交叉一样，来自一只耳朵的刺激传递到两侧的大脑。听觉信号在到达位于大脑半球的颞叶听皮层之前要经过一系列的神经核团。对这些信号的高级加工开始于听皮层。（你马上将会了解图 4.19 所标注的人耳的其余部分在其他感觉中的作用。）

这四个转换发生在功能完好的听觉系统中。然而，数以百万计的人承受着各种形式的听觉障碍。听觉障碍一般分为两大类型，每一类型都是由一种或多种听觉系统成分的缺陷引起的。一种不太严重的类型称为传导性耳聋，是空气振动传导到耳蜗出现了问题。其中常见的问题是中耳的听小骨没有恰当地发挥作用，这种缺陷可以通过植入人造砧骨或镫骨的显微手术来矫正。比较严重的听觉障碍是神经性耳聋，原因是在耳中产生神经冲动或将神经冲动传至听皮层的神经机制方面存在缺陷。听皮层的损伤同样会导致神经性耳聋。

音高知觉理论　为了解释听觉系统是怎样将声波转换为音高感觉的，研究者们提出了两个截然不同的理论：地点说和频率说。

第一个理论是**地点说**（place theory），最初由赫尔姆霍兹于 19 世纪提出，后来由**格奥尔格·冯·贝克西**（Georg von Békésy, 1899—1972）加以修正、阐释和检验。贝克西也因该成就荣获 1961 年诺贝尔奖。地点说是建立在这一事实上的，即当声波经由内耳传导时基底膜会运动。不同的频率沿基底膜在特定的位置上产生最大的运动。对高频率的音调来说，基底膜上最大的波动发生在耳蜗的基部，即卵圆窗和圆窗所在的位置。对低频率的音调来说，基底膜上最大的波动发生在相反的一端。所以地点说认为，音高知觉取决于基底膜上产生最大刺激的特定位置。

长时间处于巨大的噪声中会导致听力损失。那么怎样才能避免这种听力损失呢？

第二个理论是**频率说**（frequency theory），它以基底膜振动的频率来解释音高。该理论预测，一个 100 赫兹的声波将使基底膜每秒振动 100 次。频率说还预测基底膜的振动将引起神经元以同样的频率放电，神经放电的频率就是音高的神经编码。这个理论的一个问题是，单个神经元不可能有足够的放电频率来表征音高很高的声音，因为没有一个神经元的放电频率能超过每秒 1 000 次。这使得单个神经元不可能区分出 1 000 赫兹以上的声音，而你的听觉系统实际上可以很好地区分它们。这个局限可以通过齐射原理（volley principle）得到解决，这一原理能够解释在听到高频声音时可能发生了什么。齐射原理认为，一些神经元可以通过联合活动（或称齐射）的形式，以与 2 000 赫兹、3 000 赫兹等乃至更高刺激的音调相匹配的频率放电（Wever, 1949）。

如同颜色视觉中的三原色理论和拮抗加工理论一样，地点说和频率说分别成功地解释了音高体验的不同方面。频率说可以很好地解释低于 5 000 赫兹的声音编码。而在更高的频率，即使通过齐射，神经元也不可能如此快速而精确地放电以充分地编码一个信号。地点说可以很好地解释 1 000 赫兹以上的音高知觉，而 1 000 赫兹以下的声音会引起整个基底膜广泛振动，以至于不能为神经感受器提供足以区分不同音高的信息。在 1 000 赫兹和 5 000 赫兹之间，两种机制都适用。

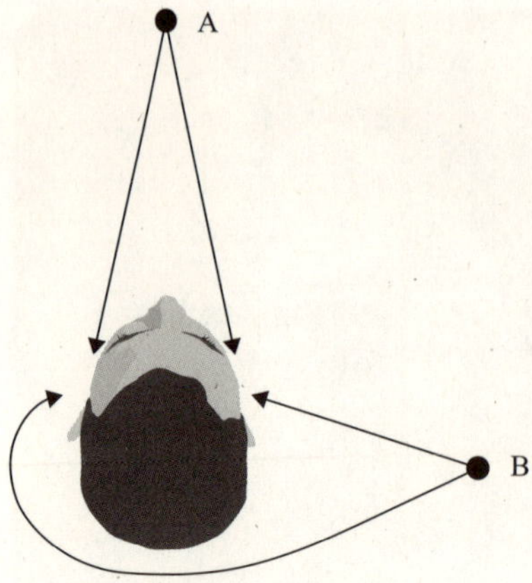

图 4.20 时间差与声音定位
大脑利用声音到达两耳的时间差来对空间中的声音进行定位。

因此，一个复杂的感觉任务被分成了两个系统，这两个系统联合起来可以提供比单个系统更精确的感觉。我们在下面将看到，你还有两个神经系统来帮助你定位环境中的声音。

声音定位　假设你在校园里散步，听到有人喊你的名字。大部分情况下，你可以很容易地确定对方的空间位置。这个例子显示，你的听觉系统可以十分有效地完成**声音定位**（sound localization）的任务，即你能够确定听觉事件的空间来源。你是通过两种机制来实现的：评估到达每只耳朵的声音的相对时间和相对强度（Recanzone & Sutter, 2008）。

第一种机制涉及比较声音到达每只耳朵的相对时间的神经元。例如，当一个声音在你的右侧响起的时候，它到达你右耳的时间比到达左耳的时间要早（见**图 4.20** 中的 B 点）。听觉系统中的神经元会在两耳之间产生特定时间延迟时特异性放电。大脑运用这种到达时间的差异来对空间中的声音源做出精确的判断。

第二种机制基于以下原理：对于声音首先到达的耳朵而言，声音的强度会稍微高一些，这是因为你的头部本身形成了一个声影（sound shadow）而使信号变弱。这种强度差取决于声音的波长以头部为参照的相对大小。长波、低频的声音几乎没有表现出强度差异，而短波、高频的声音则表现出可测量的强度差异。你的大脑中存在特化细胞来检测到达两耳的信号强度差异。

但是，当一个声音既没有产生时间差异也没有产生强度差异的时候又会怎样呢？在图 4.20 中，一个产生于 A 点的声音就是如此。当你闭上眼睛时，你不能辨别它的具体位置。所以你必须转动头部以改变耳朵的位置，从而去打破这种对称，为声音定位提供必要的信息。

有趣的是，鼠海豚和蝙蝠利用它们的听觉系统而非视觉系统在黑暗的海洋或洞穴中定位物体。它们使用回声定位法——它们发出音调很高的声音，然后从物体反射的声音中获取关于物体的距离、位置、大小、质地和运动的信息。事实上，有一种蝙蝠可以通过回声定位法区分相距只有 0.3 毫米的两个物体（Simmons et al., 1998）。

为什么蝙蝠进化出了利用回声定位法在环境中导航的能力？

STOP 停下来检查一下

❶ 声音的哪种物理特性使人们产生了音高的知觉？

❷ 毛细胞在听觉系统中起着怎样的作用？

❸ 哪种理论认为音高知觉取决于基底膜上最大刺激发生的位置？

❹ 如果一个声音自你的右侧发出，你预期会有怎样的时间差异？

其他感觉

本章主要描述视觉和听觉，因为科学家对之研究得最为透彻。然而，在外界环境中生存和享受的能力依赖于你全部的感觉库。我们将通过简要分析其他一些感觉来结束对感觉的讨论。

嗅　觉

你很容易想象出一些让你宁愿没有嗅觉的情形：你家的狗是否曾经打架输给了臭鼬？但是，为了避免闻到臭鼬的气味，你同样也要放弃新鲜的玫瑰、热黄油爆米花还有巧克力热饮等等那些沁人心扉的香气。所有这些物质都会以气味分子的形式向空气中释放气味。

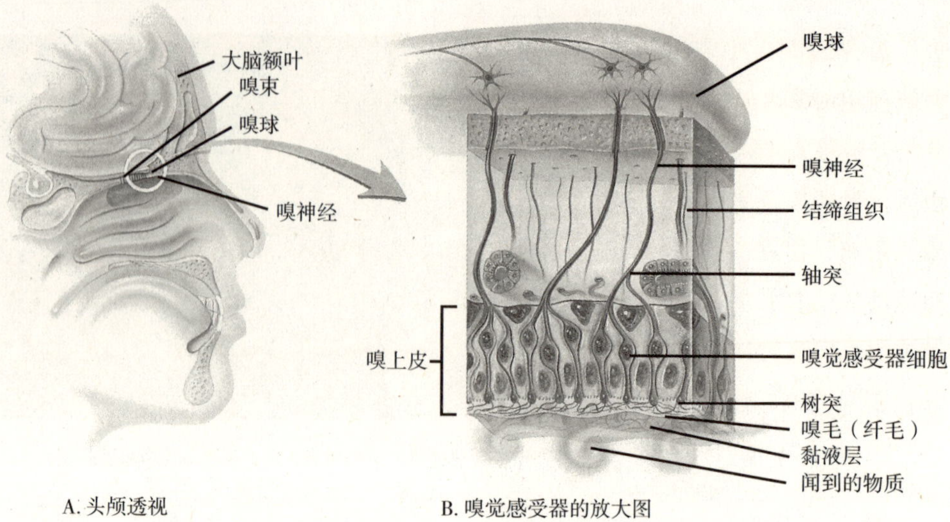

图 4.21 嗅觉感受器

鼻腔中的嗅觉感受器细胞受到环境中的化学物质刺激，它们将信息传递给大脑中的嗅球。（见彩插）

当这些分子与嗅纤毛（见图 4.21）膜上的受体蛋白相互作用时，**嗅觉**（olfaction）过程便开始了。一种物质只需 8 个分子就可以诱发一个神经冲动，不过至少需刺激 40 个神经末梢才能让人闻到那个物质的气味。一旦被诱发，这些神经冲动就会将嗅觉信息传递到位于感受器上方和大脑额叶下方的**嗅球**（olfactory bulb）。嗅觉过程开始于气味刺激促使化学物质流入嗅神经元的离子通道，回顾一下第 3 章我们可以知道，这一事件触发了一个动作电位。

嗅神经和嗅球的解剖学位置使它们很容易受到损伤。例如，当人们头部遭到打击时，向嗅球传递冲动的神经细胞的轴突可能会受损。一个由 49 名轻度脑外伤病人组成的样本接受了嗅觉能力测试（Fortin et al., 2010）。在其中的一项嗅觉测试中，28 人表现出了*嗅觉减退*，11 人表现出了*嗅觉丧失*。然而，嗅觉还是有希望恢复的：嗅觉系统能在嗅觉感受器和嗅球中产生新的细胞。正因如此，随着时间的推移，一些病人在脑部受伤之后能够重新获得一部分或全部的嗅觉能力（London et al., 2008）。

嗅觉的重要性在不同物种之间有很大的区别，人们推测，它是为了发现和定位食物而进化出来的一个系统（Moncrieff, 1951）。人类似乎主要将嗅觉与味觉相结合来寻找和品尝食物。不过，对于许多物种而言，嗅觉还被用来探测潜在的危险源。狗、大鼠、昆虫以及很多其他生物的嗅觉都远比人类敏锐，嗅觉对于它们的生存来说更为重要。它们的大脑相对更多地分配给了嗅觉。对于这些物种来说，嗅觉非常有用，因为这些有机体不必与其他有机体直接接触就能闻到它们的气味。

此外，气味也是一种有效的交流媒介。许多物种的成员通过分泌和探测一种被称为**信息素**（pheromones）的化学信号来相互联络。这些化学物质在特定物种内部被用来传递性接纳、危险、领地分界和食物源等信息（Thomas, 2011; Wolf, 2011）。例如，各个种类的雌性昆虫通过释放性信息素来提示它们是可以交配的（Herbst et al., 2011; Yang et al., 2011）。我们在第 11 章讨论人类和动物的性行为时将再次回到信息素这一主题。

味 觉

尽管一些美食家和品酒师具有辨别微小和复杂味道的超常能力，但很多时候他们依靠的其实是嗅觉而非味觉。当你吃饭的时候，嗅觉和**味觉**（gustation）会密切协作，共同起作用。事实上，当你感冒时，食物似乎寡淡无味，因为你的鼻道堵塞了，你闻不到食物的味道。你可以自己验证这一原理：捏住你的鼻子，然后试着去辨别质地相似但味道不同的食物，例如苹果片和生土豆片。因

为什么感冒的时候去品酒是不明智的?

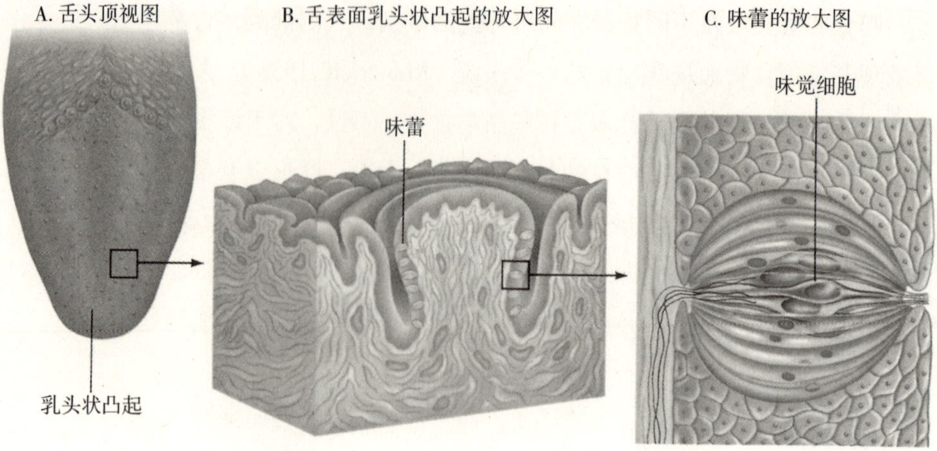

图 4.22 味觉感受器

图中 A 部分表示舌头上方乳头状凸起的分布。图中 B 部分表示放大的单个乳头，由此可以看见单个味蕾。图中 C 部分表示放大的味蕾。（见彩插）

为嗅觉对食物的味道有如此广泛的影响，所以一些患有嗅觉障碍的人也常常会失去食欲。

舌头的表面布满了乳头状的凸起，使它看起来凹凸不平。许多这种乳头中含有多个味觉感受器细胞簇，称为味蕾（见图 4.22）。味觉感受器的单细胞记录结果表明，单个感受器细胞对四种基本味道——甜、酸、苦、咸——中的某一种反应最为强烈（Frank & Nowlis, 1989）。近些年来，研究者发现了对第五种基本味道——鲜味（umami）起作用的感受器（McCabe & Rolls, 2007）。鲜味也就是味精即谷氨酸钠（MSG）的味道，这种化学物质经常被添加在亚洲的食物中，在富含蛋白质的食物诸如肉、海鲜及陈年奶酪中天然存在。尽管这五种味道的感受器细胞也对其他味道产生微小的反应，但是“最佳的”反应仍然是直接对应于特定味道的。每一种基本味道似乎都有一个独立的换能系统（Carleton et al., 2010）。

你放进嘴里的许多东西，例如酒精、香烟烟雾和酸味食物，都可能会损伤味觉感受器。幸运的是，你的味觉感受器大约每隔 10 天就会更新一次，甚至比嗅觉感受器的更新还要频繁（Breslin & Spector,

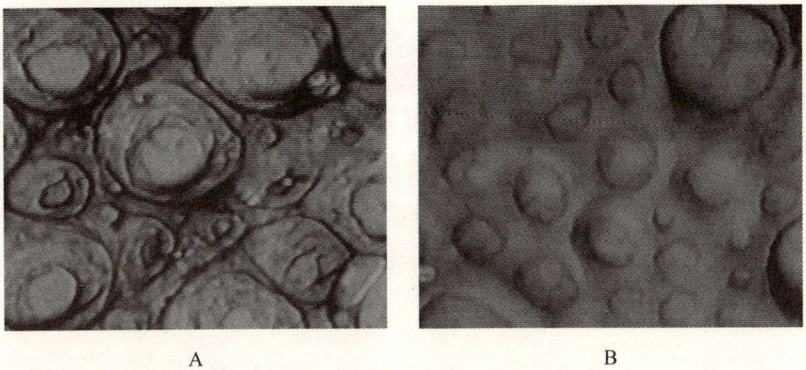

图 4.23 超级品尝者（A）和非品尝者（B）的舌头

一些口味偏好可以通过人们所拥有味蕾数量的显著差异来解释。

2008）。事实上，在你的所有感觉系统中，味觉系统最能抵抗损伤。很少有人会遭受完全而永久的味觉丧失。

从跟家人和朋友共同用餐的经历中，你可能意识到人们有着非常不同的口味偏好。例如，有些人喜欢辛辣的食物，而有些人一想到辣椒就不寒而栗。有些偏好可以用人们年幼时体验到的味道差异来解释。事实上，母亲所吃的食物会改变羊水的味道，因此一些食物偏好可能在子宫内就形成了（Beauchamp & Mennella, 2011）。然而，人们拥有的味蕾数量也存在显著差异。**图 4.23** 显示了两种舌头：味蕾数量远超平均数的个体被称为*超级品尝者*（Bartoshuk, 1993）。正如你在图中看到的，超级品尝者极端的感觉体验与普通人形成了鲜明的对比。不同人舌头上味蕾密度的差异似乎是由遗传导致的（Bartoshuk & Beauchamp, 1994）。女性比男性更有可能是超级品尝者。超级品尝者通常对苦味（大多数有毒物质都有的味道）化学物质更为敏感。你可以想象，如果女性在进化过程中通常负责抚育和喂养后代，那么味觉敏感度更高的女性的孩子将更有可能存活下来。

触觉和肤觉

皮肤是一个功能非常多的器官。除了能保护你免受外界损伤、保存体液和帮助调节体温之外，它还包含了能产生压力、温暖和寒冷感觉的神经末梢。这些感觉被称为**肤觉**（cutaneous senses）。

考虑一下你是如何意识到一个刺激对你的皮肤产生压力的。因为通过皮肤可以接收许多感觉信息，所以在身体的表层分布着众多类型的感受器细胞（McGlone & Reilly, 2010）。每一种感受器都对略有差异的皮肤接触模式产生特异性反应（Lumpkin & Caterina, 2007）。例如下面的两个例子：当有东西摩擦皮肤时，迈斯纳小体反应最为强烈；而当一个小物体对皮肤施加持续的压力时，梅克尔触盘则最为活跃。

皮肤对压力的敏感性在身体不同部位的差异非常大。例如，你用指尖感知刺激位置的精确度是后背皮肤的 10 倍。身体不同部位皮肤感受性的差异，不仅与这些部位的皮肤中神经末梢分布的密度有关，而且与负责这些部位的感觉皮层区域的大小也有关。在第 3 章中你已经了解到，你最敏感的部位恰是你最需要它的地方——你的面部、舌头和双手。正是来自这些身体部位的精确感觉反馈，我们才得以有效地进食、说话和抓握。

想象有人拿着冰块摩擦你的胳膊。你现在大体知道了你是如何感觉到冰块的压力的，但是你又是如何感觉到它冰冷的温度的呢？当你了解到你对热与冷拥有不同的感受器时，你可能会觉得很惊讶。你的身体中并没有一种类似于温度计的感受器，而是你的大脑整合了来自冷传感纤维和暖传感纤维的分离信号，以此监控环境中的温度变化。

肤觉有一个方面在人类关系中起着重要作用，那就是触觉。通过触摸，你可以向他人传达你渴望给予或接受安慰、支持、爱和激情（Gallace & Spence, 2010）。然而，你被触摸的部位或触摸他人的部位不同，影响也不同；那些引起性冲动感觉的皮肤区域称为性感区（或性欲发生区）。不同个体的性感区的唤起潜力是不同的，这取决于习得的联结以及这些区域感受器的密度。

前庭觉和动觉

为什么坐在过山车前排相对于坐在后排较不容易恶心?

接下来要介绍的两种感觉对你来说可能比较陌生，因为它们没有像眼睛、耳朵和鼻子这样能够直接看到的感觉器官。**前庭觉**（vestibular sense）告诉你，你的身体——特别是头部——是如何根据重力确定朝向的。这一信息的感受器是位于内耳中充满液体的导管和囊中的小纤毛。当快速转动头部时，液体流动并压迫纤毛，从而导致纤毛弯曲。球囊和椭圆囊（见图 4.19）告诉你关于在直线上加速或减速的信息。三个被称为半规管的导管是相互垂直的，因此能够告诉你关于在任何方向上运动的信息。当你转头、点头和倾斜的时候，这些结构会告诉你头部是怎样移动的。

由于偶然事故或疾病而丧失前庭觉的人，一开始会分不清身体朝向，容易摔倒和头晕。但大多数人最终会通过更多地依赖视觉信息使之得到补偿。当来自视觉系统和前庭系统的信息相互冲突时，就会发生晕动现象。人们之所以在行驶的汽车中看书会感到恶心，就是因为视觉提供的是静止的信号，而前庭觉提供的信号却是移动的。司机很少会发生晕动，这是因为他们既看到移动，也感觉到移动。

不论你是直立地站着、画画或者做爱，你的大脑都需要关于当前身体各部位的相对位置和相对运动的准确信息。**动觉**（kinesthetic sense）为我们持续提供运动过程中关于身体状态的感觉反馈。没有它，你就不能协调大多数的自主运动。

你拥有两个动觉信息的来源：位于关节中的感受器以及位于肌肉和肌腱中的感受器。位于关节中的感受器对伴随不同肢体位置的压力

动觉在技巧型运动员的表现中起什么作用?

和伴随关节运动的压力变化起反应。肌肉和肌腱中的感受器对伴随肌肉收缩和舒张时的张力变化起反应。

大脑通常会将动觉信息和触觉信息相整合。例如，如果不知道手指确切的相对位置，你的大脑就不能完全理解来自每根手指的信息。想象一下你闭着眼睛捡起一个物体。触觉可能使你猜测这是一块石头，而动觉能告诉你它有多大。

痛　觉

痛觉（pain）是身体对有害刺激的反应，所谓“有害刺激”就是那些强度足够导致组织损伤或具有这种威胁性的刺激。你对自己拥有发达的痛觉而感到高兴吗？你的回答可能是“是，也不是”。回答“是”是因为痛觉对生存至关重要。先天性无痛症患者不会感到疼痛，但他们的身体总是伤痕累累，而且他们的四肢因受伤而变形，如果他们的大脑能够向他们发出危险警告，许多伤害是可以避免的（Cox et al., 2006）。他们的经历表明，痛觉是重要的防御信号——提醒你注意避免潜在的伤害。回答“不是”是因为，总有一些时候你希望能切断疼痛的感觉。在一项对 4 090 名成年人的调查中，26% 的人报告称他们忍受着慢性疼痛的折磨，即“疼痛始终存在或频繁发作”（Toblin et al., 2011, p. 1250）。

科学家们已经开始鉴别对疼痛刺激起反应的特定感受器。他们发现一些感受器只对温度起反应，一些只对化学物质起反应，另一些只对机械刺激起反应，还有一些对痛觉刺激的组合起反应。这个痛觉纤维的网络是一个精密的网状结构，覆盖你的全身。外周神经纤维通过两条通路将痛觉信号传递到中枢神经系统：一种是外部包裹髓磷脂的、快速传导的神经纤维，另一种是外部没有包裹髓磷脂的、缓慢传导的、小的神经纤维。从脊髓中发出的神经冲动被传送到丘脑，最后到达大脑皮层，在那里确定痛觉产生的位置和强度，评估伤害的严重性，并形成行动计划。

在你的大脑中，内啡肽会影响你的痛觉体验。回忆一下第 3 章，吗啡类的镇痛药与大脑中相同的受体位点结合，而“内啡肽”这一术语来自内源性（自身产生的）吗啡。大脑释放内啡肽可以控制你的痛觉体验。研究者认为，内啡肽至少在某种程度上是针灸和安慰剂产生镇痛效应的原因（Han, 2011; Pollo et al., 2011）。

在决定你感受到的疼痛程度上，你的情绪反应、背景因素以及你对情境的解释与实际的物理刺激一样重要（Gatchel et al., 2007; Hollins, 2010）。心理背景是如何影响疼痛知觉的？**罗纳德·梅尔扎克**（Melzack, 1973, 1980）提出了一种关于疼痛调节方式的理论，即**门控理论**（gate-control theory）。该理论认为，脊髓中的细胞像神经闸门一样，切断和阻止一些痛觉信号进入大脑，而允许其他信号进入。大脑和皮肤中的感受器向脊髓发送开门或闭门的信息。例如，假设你在跑着接电话时小腿不小心撞到了桌子。在你轻揉撞击部位时，你对脊髓发出了抑制信息——关闭闸门。当然，从大脑发来的信息也可以关闭闸门。如果这个电话里有急事，那么你的大脑就可能关闭闸门，以使你避免因疼痛而分心。梅尔扎克（Melzack, 2005）还提出了一个关于疼痛的更新版的神经矩阵理论（neuromatrix theory），它包含了以下事实，即人们常常经历

参加宗教仪式的人走在热炭床上的时候，能够阻断疼痛的感觉。关于生理疼痛和心理疼痛之间的关系，这幅图告诉了你什么？

生活中的心理学

痛苦的分手真的会让人感到疼痛吗

在人生的某个时刻，几乎每个人都会经历一次浪漫关系的分手。如果你也不例外，你可能会告诉朋友，分手是“痛苦的”，他人的拒绝让你“受伤”了。我们在本章中看到，大脑对生理疼痛有着独特的反应。但一个有趣的问题是：大脑对强烈的社会痛苦的反应与强烈的生理疼痛相同吗？

为了回答这个问题，一个研究团队招募了40名参与者，他们都在研究前的6个月内经历了一次浪漫关系的意外分手（Kross et al., 2011）。研究者区分了对疼痛的情绪反应和实际的生理体验。生理疼痛会引起情绪痛苦，社会拒绝也是如此。早前的研究证实，人们的大脑对生理疼痛和社会痛苦有着相似的情绪反应模式（MacDonald & Leary, 2005）。然而，研究者希望证明，强烈的社会痛苦也会导致与实际的疼痛体验相同的大脑反应。为了证明这一点，研究者让参与者在接受fMRI扫描时既体验生理疼痛，也体验社会痛苦。

对于生理疼痛，参与者经历了对其左前臂施加高温刺激的试次。每名参与者要接触的高温水平都是单独测定的，以接近他们所能忍受的高温极限。在其他试次中，参与者接触的是温暖的刺激，他们都认为这一刺激并不令人痛苦。热试次和温试次之间的对比使研究者能够看到参与者在经历生理疼痛时，哪些脑区特别活跃。

这项研究也为社会痛苦提供了类似的对比。参与者带着两张照片来到实验室：一张是他们的前任伴侣，另一张是与他们前任伴侣相同性别的朋友。在一些试次中，参与者一边看他们前任伴侣的头像，一边回想他们在分手时感受到的拒绝。在其他试次中，参与者一边看朋友的头像，一边思考他们最近共同的愉快经历。研究者再次考察了大脑对痛苦和非痛苦刺激的反应差异。

在每一个试次中，参与者使用5点量表来评定他们的情绪痛苦程度。数字越小，情绪痛苦越大。研究者希望生理疼痛和社会痛苦的强度水平相当。参与者的评分表明这一目标已经实现了：生理疼痛所引发情绪痛苦的平均报告强度为1.88；社会痛苦的平均报告强度为1.72。

那么fMRI扫描显示了什么？正如你所料，生理疼痛激活了那些当身体受到有害的刺激时会做出反应的大脑感觉区域。此外，正如研究者预测的那样，当参与者回想他们的分手经历时，同样的大脑区域也被激活！由此得出的结论是，如果你曾经声称分手“让人感到疼痛”，可以肯定你是在说实话。

一些没有物理起因的疼痛：在这种情况下，疼痛完全源于大脑。

我们刚刚了解到，知觉疼痛的方式可能更多地反映了你的心理状态而非疼痛刺激的强度：你知觉到的可以与你实际感觉到的不同，甚至完全独立于你的感觉。这些关于疼痛的讨论有助于你理解本章的剩余部分，这部分将讨论使你能够组织和描述你对世界的经验的知觉过程。

STOP 停下来检查一下

❶ 参与嗅觉的一个重要大脑结构是什么？

❷ 你的味蕾会对哪些基本味道起反应？

❸ 你的皮肤如何感觉温度？

❹ 前庭觉的作用是什么？

❺ 门控理论的目标是什么？

知觉的组织过程

想象一下，如果你不能把数百万个视网膜感受器输出的可用信息综合和组织起来，这个世界看上去将会多么混乱不堪。你将看到毫无关联的色块在眼前晃动和旋转，如同万花筒一般。把感觉信息组织起来使你产生连贯知觉的过程，统称为知觉组织过程。

我们对知觉组织的探讨将从描述注意过程开始。注意过程使你的注意力集中在万花筒般体验的一个刺激子集上。接着我们将考虑首先由格式塔学派的理论家们描述的组织过程，他们认为你所知觉到的事物取决于组织规律，或者说你用以知觉形状和形式的简单规则。

注意过程

现在，花一些时间来寻找环境中你目前还没有直接意识到的 10 件东西。你是否注意到了墙上的一个点？是否注意到了钟的滴答声？如果你开始仔细地检查你的周围，你会发现有许多东西可以成为你关注的焦点。**注意**（attention）过程使得你能够将你的意识觉知指向所有你能获得的信息中的一个子集。一般而言，你越是密切注意环境中的某个客体或事件，就越能知觉或了解关于它的信息。

什么力量决定了哪些客体成为你的注意焦点？这个问题的答案有两个方面，我们可以称其为目标指向注意和刺激驱动注意（Chun et al., 2011）。**目标指向注意**（goal-directed attention）反映的是你对自己想要注意的客体做出的选择，与你自己的目标有关系。例如，如果你眼前是一个装满糕点的盒子，你可能只将自己的注意力指向那些表面有巧克力的甜点。你可能已经对这样的观点习以为常，即你能有意识地选择客体进行仔细观察。**刺激驱动注意**（stimulus-driven attention）发生在刺激——环境中的客体——的特征自动抓住你的注意之时，它独立于知觉者当时的目标。你肯定有过刺激驱动注意的经历，例如，当你驱车外出，在等红灯期间走神时，交通灯突然由红变绿常常会吸引你的注意力，即使你没有特别关注它。

你或许想知道这两个过程之间的关系是什么。研究表明，至少在某些情况下，刺激驱动注意会胜过目标指向注意。

研究特写

研究者首先假设，人类面孔“由于其生物学和社会重要性”而很容易吸引注意（Langton et al., 2008, p. 331）。为了检验这个假设，研究者让参与者观看不同类型的图片阵列，见**图 4.24** 中 A 和 B 部分。参与者的任务是尽可能地快速回答蝴蝶是否出现在阵列中。对图中的两个部分来说，回答都是“是”。（当然也有其他阵列的回答是“否”！）注意 A 部分的阵列还包括人类面孔。研究者预测参与者的注意会被这样的面孔所吸引，因此与没有面孔出现的情况（如图中 B 部分）相比，参与者要花更多的时间才能找到蝴蝶。这个预测被证实了：面孔的出现导致参与者更难找到蝴蝶。为了排除面孔只是在视觉上更加有趣的

图 4.24　选择注意的过程

参与者观看由六个物体组成的阵列。他们试图尽可能快速地回答每个阵列是否包含蝴蝶。物体都是以灰度图来呈现的，这样可以避免参与者使用颜色来帮助他们发现蝴蝶。当阵列包含人类面孔（A 部分）时，参与者的反应比没有面孔出现（B 部分）时要慢。

可能性，研究者把所有的刺激图片颠倒重复了这个实验。在这样的情况下，面孔看起来不再像面孔，因而它们不再干扰参与者寻找蝴蝶的能力。

你可以把这种现象看作刺激驱动注意，因为它与知觉者的目标指向相悖。如果参与者能忽略面孔，他们的任务就会完成得更好。因为参与者几乎总是希望在实验任务上表现得尽可能好，所以我们可以得出结论，尽管他们目标指向的需求让他们尽可能有效地注意蝴蝶，但面孔仍然会吸引他们的注意。

让我们假设你已经集中注意于环境中的某个刺激上。现在到了你的知觉组织过程发挥作用的时候了。

知觉组织原则

考虑图 4.25 左侧的图像。如果你像大多数人一样，你会看到作为图形的花瓶浮现于黑底之上。图形被视为位于前方的客体状区域，黑底被视为用来突出图形的背景。如你在图 4.25 右侧所见，图形与背景

图 4.25 图形与背景

对知觉过程而言，知觉组织的第一步是将场景的一部分解读为突出于背景的图形。

的关系也有可能改变——你可能会看到两张脸而非一个花瓶。你的知觉过程的最初任务之一是：决定在一个场景中孰为图形，孰为背景。

你的知觉过程如何决定什么应该被组织成图形？**格式塔心理学**（Gestalt psychology）的先驱者，譬如**库尔特·考夫卡**（Kurt Koffka）（1935）、**沃尔夫冈·苛勒**（Wolfgang Köhler）（1974）和**马克斯·惠特海默**（Max Wertheimer）（1923），深入研究了知觉组织的原则。这些心理学家主张，心理现象只有被视为有组织的、有结构的整体，而不是被分解成原始的知觉元素时，才可以被理解。“gestalt”（格式塔）这一术语大致就是“形式”“整体”“结构”或“本质”的意思。在格式塔心理学家的实验中，他们研究了知觉阵列是如何形成格式塔的，证明了整体与部分之和迥然不同。通过改变一个单一因素并观察它如何影响人们知觉阵列结构的方式，他们总结出了一套规律：

1. 接近律（the law of proximity）。人们将最接近的元素组织在一起。这就是为什么你会将下图看成五列而不是四行。

2. 相似律(the law of similarity)。人们会将最相似的元素组织在一起。这就是为什么你会在一圈“X”中看到由“O”组成的正方形，而不是“X”和“O”混在一起的纵列。

X　X　X　X　X
X　O　O　O　X
X　O　O　O　X
X　O　O　O　X
X　X　X　X　X

3. 连续律（the law of good continuation）。即便线条被截断，人们也会将其知觉为连续的。这就是为什么你会将下图解释为一支箭穿透了心脏，而不是一个由三个独立部分构成的设计。

4. 闭合律（the law of closure）。人们倾向于填补小的空隙而将客体知觉为一个整体。这就是为什么你会将下图知觉为一个完整的圆环。

5. 共同命运律（the law of common fate）。人们倾向于将似乎在向同一方向运动的客体组织起来。这就是为什么你会将下图知觉为交错的横行在各自移动。

空间和时间上的整合

我们目前所提到的所有格式塔规律应该可以使你确信，许多知觉过程都是以“恰当的方式”将世界的碎片整合在一起。然而，你通常不能在一次扫视或者注视时就能感知整个场景（回忆我们对注意的讨论）。你在给定时间内所感知到的通常只是整个视野中有限的一部分，而由此向各个方向延伸的许多部分是看不见的。为了获得周围环境的完整信息，你必须整合在不同时刻（即时间上的整合）注视不同的空间位置（即空间上的整合）所获得的信息。

可能令你惊讶的是，你的视觉系统无须太费力就能创建一个关于环境的实时整合图形。研究表明，你每一次注视环境的视觉记忆并没有保留精确的细节。

研究特写

考虑**图 4.26** 中的两张照片。它们显示了相同的场景，但一个是特写，一个是广角。假设我们向你呈现其中一张照片，在短暂的延迟之后，问你哪张呈现过。你可能认为你会在这个记忆测试中做得很好。然而，研究者证明，参与者在不到 1/20 秒的延迟后就会产生系统误差（Dickinson & Intraub, 2008）。在一系列的研究中，参与者观看快速连续呈现的三张照片，要么是特写，要么是广角。然后在短暂的延迟后，参与者看到其中一张照片的特写版本或广角版本。参与者必须在五点量表上回答这是否是他们之前看过的，量表范围从 –2

图 4.26　边界扩展

当人们观看照片时，他们很可能会使用记忆过程来扩展场景的边界。正因如此，他们经常回忆起看过一张广角照片，而实际上他们看到的是特写。

（“近了很多”）到 0（“相同”），再到 +2（“远了很多”）。参与者在他们的判断中产生了非常一致的误差：他们将相同的照片评估为“太近了”。研究者把这种误差称为“边界扩展”，因为参与者经常相信，原始照片包含了超出原始照片边界之外的信息。

为什么边界扩展会发生，并且发生得这么快？想一想看向窗外的情形。你不会认为世界中止于窗户的边界。相反，你会使用关于世界的知识扩展你所看到的景象。在许多方面，观看照片与向窗外看是一样的。因为你填充了照片边界周围的场景，所以很可能的是，你回忆照片包含着比实际更多的信息。边界扩展的这一解释可以告诉你为什么这个“误差”是有意义的：从一次扫视的样本中填充更大的场景，这对你并无坏处。

研究者已经发现了许多这样的例子：人们经常很难注意到从一个场景到下一个场景的变化（Simons & Ambinder, 2005）。其中一些常常被称为“变化视盲”的例子非常具有戏剧性。例如，在一项研究中，参与者竟然没有注意到，正在与他们交谈的人已经换人了（Simons & Levin, 1998）！这项研究看起来甚至有点儿像魔术——当一扇门在交谈者的中间穿过时，两名实验者交换了位置。实际上，舞台魔术师长久以来就在使用这种变化视盲搞出很多戏法来。（例如，一些著名错觉的感知基础，见 Macknik et al., 2008。）为什么人们会对他们的视觉世界中如此之大的改变视而不见呢？回忆我们之前对注意的讨论。要注意到变化，你需要同时注意到世界的原始特征和变化后的特征，这一点很重要。即便如此，你还常常需要消耗心理资源来探测变化。

运动知觉

有一种类型的知觉，它要求你对外部世界的不同扫视进行比较，这就是运动知觉（motion perception）。假设你看到一个朋友在教室另一端。如果他静止站立着，而你朝他走过去，他在你视网膜上成像的

是什么使你知道图中的“主角”在移动？移动的方向如何？

大小会随着你逐渐靠近而变大，成像扩大的速率让你感觉到自己接近他的速度有多快（Gibson, 1979）。

当你经历**Φ现象**（phi phenomenon）时，你就可领会到，你的知觉过程是如何将这些扫视结合起来的。当视野中不同位置的两个静止光点以大约每秒 4 到 5 次的频率交替出现时，就会发生这种现象——看起来好像是单个光点在两个位置之间来回移动，即使交替的速率相对较慢。这种效应也经常出现在户外广告牌以及频闪灯显示器中。

运动知觉还有助于将视觉世界中的元素拼凑在一起。想象你看到一只兔子在深草丛中穿行跳跃。你可能在任何时候都看不到整只兔子。然而，你的大脑发现了不同部分之间的共同运动，从而得出结论，它们都属于一个连贯的客体（Schwarzkopf et al., 2011）。

深度知觉

到目前为止，我们考虑的只是平面上的二维图形。然而，我们每天所感知的都是三维空间中的客体。能够感知空间的三个维度，这对于你接近想要的东西，比如感兴趣的人和美味的食物，躲避危险，比如疾驶的汽车和下落的钢琴，都是绝对重要的。这种知觉需要关于深度（你与客体的距离）和方向的精确信息。你的耳朵可以帮你确定方向，但对你确定深度却没有太大帮助。你对深度的解释依赖于多种关于距离的信息来源［通常称为深度线索（depth cues）］，包括双眼线索、运动线索和图像线索。

双眼线索和运动线索　你有没有想过为什么人会有两只眼睛而不是一只？另一只眼睛并不只是备用的。你的双眼提供了关于深度的明确信息。这种需要对到达双眼的视觉信息进行比较的深度线索，称为**双眼深度线索**（binocular depth cue）。双眼深度信息的两个来源是视网膜像差和视轴辐合。

因为双眼的水平距离有 5~7 厘米，所以它们接收到的外部世界的图像会稍有不同。为了让你确信这一点，试着做下面的实验。首先，闭上你的左眼，用右眼校准两根食指，使其与远处某个小物体成一直线，一根手指与眼睛保持一个臂长的长度，另一根手指在脸前方 30 厘米左右的距离。现在保持手指不动，闭上右眼睁开左眼，同时继续注视远处的物体。你的两根手指的位置发生了什么变化？你的左眼并没有看到它们与远处的物体成一直线，而是得到了一个稍有不同的图像。

一个客体对应于双眼的图像在水平方向上的位移称为**视网膜像差**（retinal disparity）。这种差异的大小取决于客体与你的相对距离，因此它提供了深度线索（见图 4.27）。例如，当你交替睁闭双眼时，相对于远处手指，近处手指的位置变化更大。

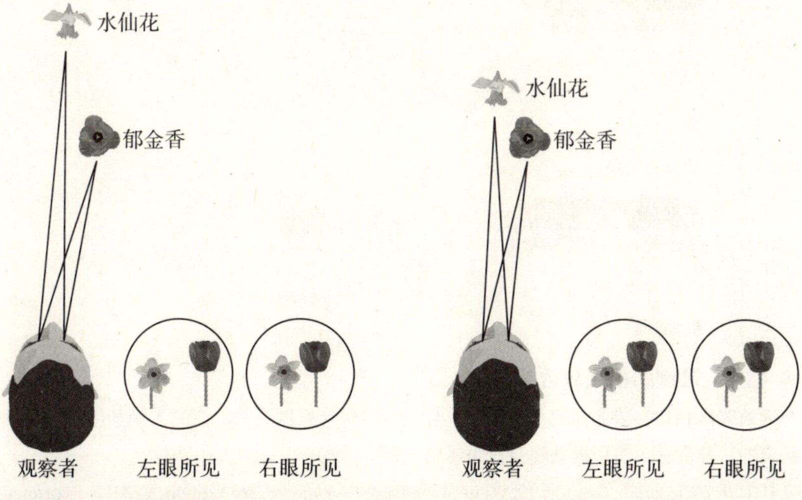

图 4.27　视网膜像差

视网膜像差随着两个客体之间深度距离的增加而增大。

当你睁开双眼观察外部世界时，你看到的大多数客体刺激双眼视网膜的不同位置。如果两个视网膜上对应的图像差异足够小的话，视觉系统就能够把它们融合为对单个客体在一定深度上的知觉。（不过，如果差异太大的话，当你整合双眼信息时，你实际上看到的是双重影像。）停下来思考一下，我们视觉系统的工作是多么惊人：它利用两个不同的视网膜成像，比较它们的相应部分在水平方向上的位移，然后产生一个具有深度的单一物体的整体知觉。事实上，视觉系统把两个图像之间水平方向上的位移解释为三维世界的深度了。

关于深度的双眼信息还来自**视轴辐合**（convergence）。当两只眼睛注视一个客体时，它们就会在某种程度上向内侧转动（见图 4.28）。当客体离你非常近时，例如在你面前几厘米，眼睛必须向内或向彼此转动很多，以使该客体的影像落在两个中央凹上。你可以观察你朋友的眼睛，先让他注视一个远处的物体，然后再注视一个近处的距离大约 30 厘米的物体，从你朋友的眼睛变化中你就可以真实地看到这种视

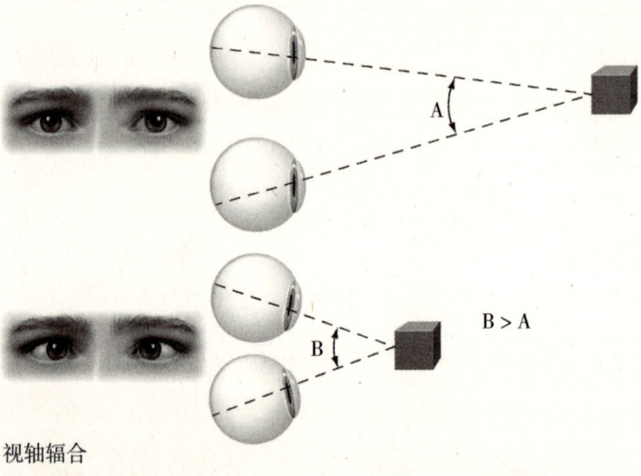

图 4.28 深度的视轴辐合线索

与远处客体相比，当客体离你较近时，你的双眼辐合程度更大。你的大脑利用来自眼睛肌肉的这种信息，使用视轴辐合作为深度线索。

资料来源：Ciccarelli, Saundra K; White, J. Noland, *Psychology*, 3rd Edition, © 2012. Reprinted and electronically reproduced by permission of Pearson Education, Inc., Upper Saddle River, New Jersey.

轴辐合。大脑利用眼部肌肉的这种信息来判断深度。然而，眼部肌肉的视轴辐合信息最多只对约 3 米内的深度知觉有效。在更远的距离上，双眼角度的差异太小而无法探测到，这是因为当注视一个很远的客体时，两眼的视线几乎是平行的。

为了弄清运动怎样作为深度信息的另一个来源，请做以下演示。和之前所做的一样，闭上一只眼睛，使你的两根食指与远处的某个物体成一条直线。然后头向一侧移动，同时注视那个远处的物体并保持手指不动。当移动头部时，你会看到两根手指都在移动，但是近处手指看起来比远处手指移动得更远和更快，而注视的物体根本没有运动。深度信息的这一来源称为**运动视差**（motion parallax）。运动视差提供了关于深度的信息，这是因为当你运动时，环境中物体的相对距离决定了它们在视网膜影像上相对运动的大小和方向。下一次乘车旅行时，不妨看看窗外景物以体验运动视差的运作，远处的物体看起来比近处的物体更像是静止的。

图 4.29　深度的插入线索

是什么视觉线索告诉你这个女人在铁窗的后面？

单眼线索　如果只有一只眼睛有视力，你就不能感知深度了吗？事实上，当只有一只眼睛可看时，可从一只眼睛中获得关于深度的进一步的信息。这些来源被称为**单眼深度线索**（monocular depth cue），因为当线索只来自一只眼睛时才会要求这样的信息。画家在两维的纸或画布上能够创作出看似三维的图像，其实就是熟练使用了单眼深度线索。

当一个不透明的物体挡住了另一个物体的一部分时，就造成了插入或者遮挡（见图 4.29）。插入提供的深度信息表明被遮挡的客体比遮挡物更远。遮挡物

图 4.30 相对大小作为深度线索

越近的物体在视网膜上投射出的像越大。结果就是，当你看到一列相同物体时，你认为更小的物体距离更远。

的表面还会阻挡光线，制造阴影，这些可以用作深度信息的额外来源。

图像深度信息的另外三个来源都与光线从三维世界投射到二维表面（如视网膜）的方式有关：相对大小、线条透视和质地梯度。相对大小（relative size）涉及光线投射的一个基本规律：相同大小的客体在不同距离投射到视网膜上的像大小不同。最近的客体投射的像最大，而最远的客体投射的像最小。这个规律被称为大小 / 距离关系。从**图 4.30** 可以看出，如果你看到一列相同的物体，你就会把更小的解释为距离更远。

线条透视（linear perspective）是一种同样依靠大小 / 距离关系的深度线索。当平行线（定义为两条直线之间保持相同的距离）向远处延伸时，在你的视网膜成像中，它们在地水平线上汇聚为一个点（见**图 4.31**）。你的视觉系统对汇聚线条的解释会引起庞佐错觉（Ponzo illusion）。如图所示，上面的线之所以看起来更长，是因为你根据线条透视把汇聚的两条边解释为向远处延伸的平行线。在这种背景下，你认为上面的线条好像更远一些，因此看起来更长，即远处客体应该比近处客体更长，才能形成长度相同的视网膜像。

图 4.31 庞佐错觉

汇聚的线条增加了一个深度维度，因此距离线索导致上边的线条看起来比下边的线条更长，即使它们事实上具有相同的长度。

质地梯度（texture gradients）之所以能提供深度线索，是因为随着表面向深处延伸，质地的密度会变大。**图 4.32** 中的麦田就是一个质地梯度作为深度线索的例子。你可以认为这是大小 / 距离关系的另一种结果。在这里，组成质地的单元随着距离的增加变得越来越小，而你的视觉系统把这种逐渐缩小的麦子解释为三维空间中的距离更远。

图 4.32　质地梯度作为深度线索的例子
麦田是质地梯度作为深度线索的一个自然例子。注意麦子倾斜的方式。

现在我们应该很清楚有许多来源可以提供深度线索。然而在正常的观察条件下，从这些来源得到的信息会组成单一而连贯的关于环境的三维解释。你知觉到的是深度，而不是存在于近距刺激中的各种不同的深度线索。换句话说，你的视觉系统会自动利用运动视差、插入或遮挡以及相对大小等线索，不需要你的意识觉知，就能进行复杂的计算，使你得到三维环境的深度知觉。

知觉恒常性

为了帮助你发现视知觉的另一个重要特性，我想让你用书做个游戏。把书放在桌子上，然后移动头靠近它，直到只有几厘米的距离，再把头移回到正常的阅读距离。尽管书在近处比在远处刺激的视网膜区域要大得多，但你不还是感觉书的大小保持不变吗？现在把书直立放置，试着顺时针倾斜你的头部。当你这样做的时候，书的视网膜成像在逆时针旋转，但你不还是感到书本仍在直立着吗？

一般来说，尽管你的感受器接收的刺激在改变，但你所看到的世界是不变的、恒常的、稳定的。心理学家把这种现象称为**知觉恒常性**（perceptual constancy）。粗略地说，它意味着你知觉的是远距刺激的特性（通常是恒定的）而非近距刺激的特性，每次你移动眼睛和头部时近距刺激的特性都会发生变化。对于生存来说，重要的是，尽管刺激眼睛的光线模式的性质存在巨大的变化，但你仍能感知到外部世界客体的恒常性和稳定性。知觉的一个关键任务就是：在视网膜成像发生变化的情况下，致力于发现环境的恒定性。下面就让我们来看看它在大小、形状和方向等方面是如何工作的。

大小和形状恒常性　什么决定你对客体大小的知觉？你感知客体的实际大小部分基于其视网膜成像的大小。然而，你用书进行的演示表明，视网膜成像的大小同时依赖于书的实际大小，还有它与眼睛之间的距离。你已经知道，距离信息可以从多种深度线索中获得。你的视觉系统把这种信息与成像大小的视网膜信息相结合，由此产生客体大小的知觉，它通常与远距刺激的实际大小相符。**大小恒常性**（size constancy）是指在视网膜成像大小变化的情况下，你仍能感知客体真实大小的能力。

如果感知客体的大小要考虑距离线索的话，那么当你被距离愚弄的时候，你也会对大小感到困惑。**图 4.33** 显示了发生在艾姆斯房间中的一种错觉。房间左边角落里的成年人与小孩相比显得特别矮，但当

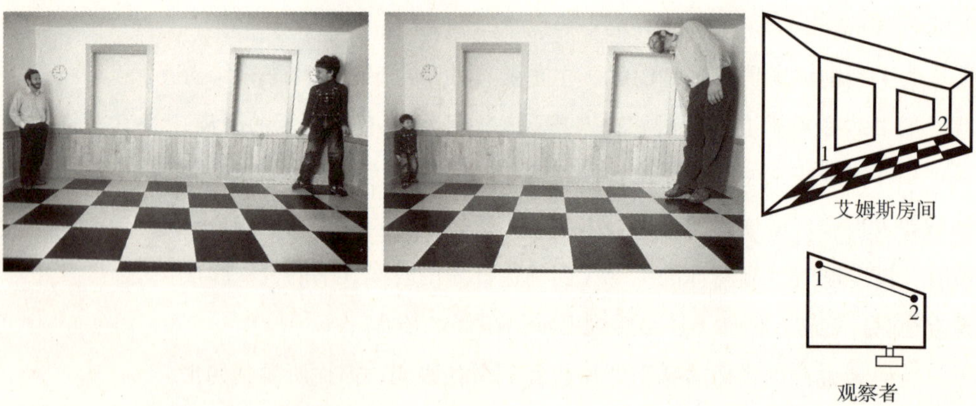

图 4.33　艾姆斯房间

艾姆斯房间被设计成用一只眼睛通过窥视孔——拍摄这些照片的最佳位置——进行观察。艾姆斯房间是由在深度和高度上成非常规角度的非矩形表面构建的。然而，如果只从窥视孔进行观察，你的视觉系统就会认为这是一个普通的房间，并对居住者的相对高度做出不同寻常的猜测。

他在右边时则显得特别高。产生这种错觉的原因是你将这个房间知觉为了长方形，认为两边角落与你的距离相等。因此在这两种情况下，你感觉小孩的实际大小与你视网膜上的图像大小是一致的。事实上，小孩与你的距离并不相等，这是因为艾姆斯房间制造出了一种巧妙的错觉。正如你在照片旁边的手绘图上看到的，尽管它看起来是一个长方形的房间，但实际是由非矩形的表面构建的，这些表面在深度和高度上都不是常规角度。右边的人的视网膜成像要大一些，因为他与观察者的距离只有左边人的一半。（顺便说一下，要想产生这种错觉你必须通过一个窥视孔，如图 4.33 照片的最佳拍摄点，即用一只眼睛去看。如果你在观看这个房间时可以四处走动，那么你的视觉系统将会获得关于这个房间的不寻常结构的信息。）

知觉系统推断物体大小的另一种方式是利用你对相似形状物体典型大小的先验知识。例如，一旦你认出了房屋、树或狗的形状，即便你不知道它们与你的距离，你也会知道它们各自有多大。当过去经验无法给你熟悉客体在极远距离下的形状信息时，大小恒常性可能就失效了。当你从摩天大厦的楼顶向下看行人时，你会认为他们看起来很像蚂蚁，这时你就经历了这种困惑。

形状恒常性（shape constancy）与大小恒常性有着密切联系。即便客体处于倾斜的位置，使得视网膜成像的形状本质上不同于客体本身的形状，可你仍然能够正确地感知客体的真实形状。例如，倾斜的矩形在你的视网膜上投射成梯形的像；倾斜的圆形投射成椭圆的像（见**图 4.34**）。然而，你通常会准确地将形状感知为空间中倾斜的矩形和

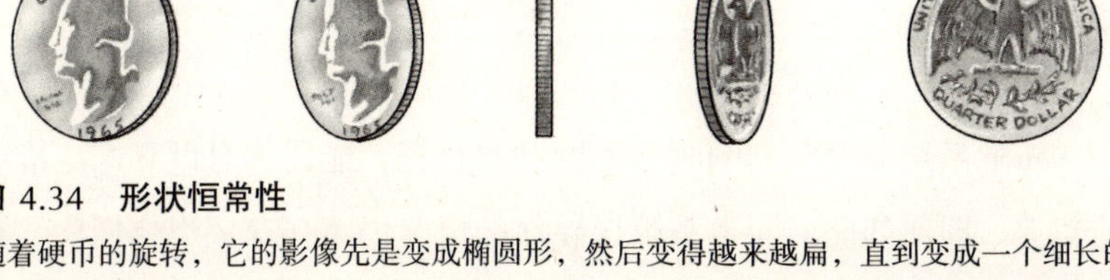

图 4.34 形状恒常性

随着硬币的旋转，它的影像先是变成椭圆形，然后变得越来越扁，直到变成一个细长的长方形，接着又变成椭圆形，然后又是一个圆形。但是，在任何一个朝向它都被知觉为一枚圆形的硬币。

图 4.35 亮度恒常性

亮度恒常性有助于解释为什么你把墙上所有的砖块都知觉为由相同的材料制成。

圆形。当具备很好的深度信息时，你的视觉系统只要考虑你与客体不同部位的距离就能确定一个客体的真实形状。

亮度恒常性 当你观看**图 4.35** 中的砖墙时，并没有把某些砖块看成亮红色，某些看成暗红色，而是将这些砖块知觉为亮度一样的红色，只是有些砖块被阴影挡住了而已（Kingdom, 2011）。这就是亮度恒常性的一个例子。**亮度恒常性**（lightness constancy）是指人们在不同的照明条件下，将物体的白度、灰度或黑度知觉为恒定的倾向。

和前面介绍的其他恒常性一样，在日常生活中，你经常体验到亮度恒常性。比如，你穿着一件白色 T 恤从灯光昏暗的房间里走到阳光明媚的室外。在灿烂的阳光下，T 恤反射的光线要比在昏暗的房间中强得多，但是你会觉得两种环境中 T 恤的亮度是一样的。实际上，之所以存在亮度恒常性，是因为即使物体反射光线的绝对量发生了改变，但反射光线的百分比却是基本恒定的。白色的 T 恤反射 80%~90% 的光线，而黑色的牛仔裤只反射约 5% 的光线。所以在同样的环境下衬衫看起来总是比牛仔裤要亮。

错　觉

知觉系统通过我们刚刚回顾的一些过程，能让你对世界产生准确的知觉。即便如此，知觉系统误导你的情况仍然存在：当你使用一种被证明是错误的方式体验某种刺激模式时，你就在体验**错觉**（illusion）。

错觉一词与 *ludicrous* 有相同的词根，二者都源于拉丁语 *illudere* 一词，意思是“嘲弄”。因为人们的感觉系统具有相同的生理基础，并且对世界的经验很相似，所以大多数人在相同的知觉情境中会有同样的错觉。（你将在第 5 章中了解到，这使得错觉不同于幻觉。幻觉是个体由于异常的生理或心理状态而体验到的非共有的知觉扭曲。）看一下**图 4.36** 中经典的视错觉。虽然我们在这里只能展示视错觉，但错觉其实也存在于其他感觉通道，如听觉（Deutsch et al., 2011; Zheng et al., 2011）、味觉（Todrank & Bartoshuk, 1991）以及触觉（Tsakiris et al., 2010）。

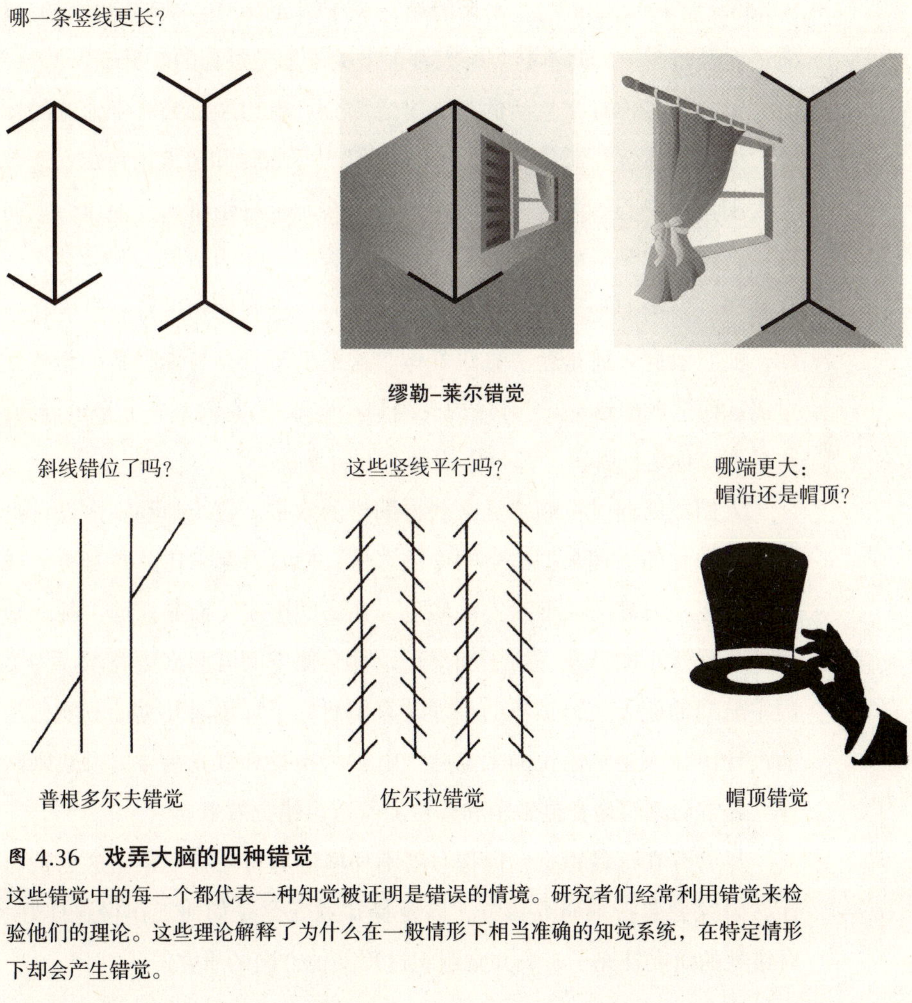

图 4.36　戏弄大脑的四种错觉

这些错觉中的每一个都代表一种知觉被证明是错误的情境。研究者们经常利用错觉来检验他们的理论。这些理论解释了为什么在一般情形下相当准确的知觉系统，在特定情形下却会产生错觉。

研究者经常创造新的错觉或者重构旧的错觉，以探索知觉过程的重要特征。考虑图 4.36 中的第一个例子，缪勒 – 莱尔错觉，该错觉是由弗朗茨·缪勒 – 莱尔在 1889 年关于视错觉的著作中首次描绘的。**理查德·格雷戈里**（Gregory, 1966）提出，人们将标准箭头体验为建筑物向他们突出的外角，将开放箭头体验为远离他们的内角。因为大小与距离之间的关系，人们会将看起来像内角的箭头体验为距离更远。基于这一解释，缪勒 – 莱尔错觉提供了深度知觉的一般过程导致错误知觉的一个例子。然而，这个问题还远未解决。现在的研究者不断提供时而支持该解释、时而与之相矛盾的证据（Howe & Purves, 2005; Weidner & Fink, 2007）！幸运的是，关于图 4.36 中经典错觉的研究目前还在进行当中，并不断为研究者带来关于知觉过程的新见解。

错觉也是你日常生活的基本组成部分。想想你每天对于地球的体验。你每天都会看到“日出”和“日落”，尽管你知道太阳肯定永远都在太阳系的中心。由此你可以理解为什么对于哥伦布和其他航海家而言，否定地球是平的错觉并乘船驶向它貌似存在的边界，需要多么非凡的勇气。类似地，当一轮满月在头顶时，尽管你知道月亮没有在追你，但它看起来还是会一直跟着你。这是由于月亮与你眼睛的距离太过遥远而造成的错觉。当月球的光线到达地球时，它们基本上是平行的，并且不论你走到哪里，都与你的运动方向垂直。

人们能够通过控制错觉来获得期望的效果。建筑师和室内设计师们利用知觉的原理来创造空间中的客体，使其看起来比其自身更大或更小。在小公寓的墙壁涂上浅颜色，在房间中央（而非靠墙）稀疏地摆放一些矮小的沙发、椅子和桌子，都会使空间看起来更宽敞。为美国宇航局的航天项目工作的心理学家们研究了环境对知觉的影响，从而设计出让人感觉愉悦的太空舱。电影的布景和灯光指导以及戏剧制作人经常会刻意地在电影中和舞台上营造出错觉效果。

尽管存在这些错觉，但你对周围环境应对得还算不错。这也是为什么研究者要特别研究错觉，以解释知觉究竟是如何工作得这样好。对错觉的研究补充了有关知觉组织过程其他方向的研究。

生活中的批判性思维

开车时使用手机会分心吗

在你所生活的地方，开车时以某种方式使用手机可能已经违法了。你也许对此类限制的必要性有着强烈的不同看法。研究数据为有关这一问题的公众政策争论提供了信息。大量研究聚焦在司机同时集中注意于打手机和驾驶环境的能力上（Strayer et al., 2011）。

考虑这样一个研究，参与者在高度仿真的驾驶模拟实验中驾车穿过郊区环境（Strayer et al., 2003）。这个模拟驾驶任务需要参与者施展一整套的日常驾驶技能（包括加速、保持车速和刹车）。每名参与者都有两种不同的驾驶体验。在一半的时间，参与者只执行根据方向指示开车这一项任务。在其他的时间，参与者还参与另一项任务：他们在驾驶时就各种日常话题打手机。在所有的时间内，参与者驾驶的路上都有一些广告牌。在实验的最后，测试他们对这些广告牌的记忆，这些测试是他们没有预料到的。只需驾驶时参与者识别出了 15 块广告牌中的 6.9 块；而当除了开车还需打电话与人交谈时参与者只识别出了 3.9 块。

让我们试着确定注意在这个结果中所起的作用。对于为什么参与者在交谈时记忆会变差，存在两个合理的解释：他们可能根本没有看到广告牌，或者他们看到了广告牌但是没有注意它们。为了理解后一个解释，抬头看看你周围的空间。当你盯着某一方向看时，你能看到很多物体，但是要想获得详细信息，你必须把注意直接集中在一个客体上。

在驾驶实验中，研究者测量了参与者的眼动，以精确地测定他们在看哪里。实际上，参与者在开车时交谈和不交谈，他们看每一块广告牌的可能性是相同的，甚至他们看的时间都是一样的。损害参与者记忆的似乎是他们看了广告牌但实际上没有对其集中注意。研究者进行了相似的实验，实验中参与者在路上驾驶真正的汽车（Harbluk et al., 2007）。研究得出了相同的有力结论：电话交谈会将司机的注意从驾驶环境中转移开来。此外，这项研究还证明了注意转移对行为的影响：注意最分散的司机也不得不执行最“紧急的刹车”。

这些研究能说服你应该禁止人们在驾驶时使用手机吗？你还想看到其他什么数据？

- 为什么研究者选择了这样的实验设计，即每一名参与者既执行单一任务，也执行双重任务？
- 伦理因素如何限制了研究者对此问题能够开展的研究类型？

在这一节中，我们介绍了许多知觉组织的过程。在本章的最后一节，我们将介绍辨认与识别过程，它为环境中的客体和事件赋予了意义。

STOP 停下来检查一下

❶ 刺激驱动注意是什么意思？

❷ 闭合律指的是什么？

❸ 什么样的视觉信息使你认识到一个人正朝你走来？

❹ 视轴辐合如何提供深度线索？

❺ 形状恒常性指的是什么？

批判性思考：在关于边界扩展的实验中，如果提醒参与者注意这个误差，你认为结果会改变吗？

辨认与识别过程

你可以认为前面讲到的所有知觉过程都在提供关于远距刺激的物理特性的知识——客体在三维世界中的位置、形状、大小、质地、颜色。然而，你还是不知道这些客体是什么，或者是否曾经见过它们。你感觉像是来到了一个外星球，所有的东西对你来说都是陌生的；你不知道吃什么，穿什么，远离什么，以及和谁约会。正是由于你能够将大多数客体识别和辨认为以前见过的东西，并且从经验中获知它们是某种有意义类别的成员，所以不会觉得所在的环境是陌生的。辨认与识别为知觉对象赋予了意义。

自下而上与自上而下的加工

在识别一个客体时，你要把看到的东西与存储的知识进行匹配。从周围的环境获取感觉信息，然后将这些信息发送给大脑以提取并分析相关的信息，这就是自下而上的加工。**自下而上的加工**（bottom-up processing）以经验事实为基础，它处理零散的信息，并将外界刺激的具体物理特征转换为抽象表征（回顾一下图 4.2）。这种类型的加工也被称为*数据驱动的加工*（data-driven processing，也译作材料驱动的加工），因为你的识别开始于来自外界的感觉信息——数据或材料。

然而，在许多情况下，你可以利用已经掌握的环境信息来帮助你进行知觉识别。例如，当你参观动物园时，你可能会比在其他地方更容易认出某些动物。相比在自家后院，你在动物园更有可能认为自己看到的是老虎。你的期望影响了你的知觉，这种现象就是自上而下的加工。

在对世界进行知觉时，**自上而下的加工**（top-down processing）涉及过去经验、知识、动机和文化背景。高级的心理机能通过自上而下的加工影响你对事物的理解。由于记忆中存储的概念会影响对感觉数据的解释，自上而下的加工也被称为概念驱动（conceptually driven）或假设驱动（hypothesis-driven）的加工。

我们转向言语知觉领域来看一个关于自下而上和自上而下加工的具体例子。你肯定有过在一个很吵闹的聚会中与别人交谈的经历。在那样的嘈杂环境中，你发出的物理信号很有可能无法全部准确无误地到达对方的耳朵里：咳嗽声、巨大的音乐声或笑声肯定会遮盖掉你说的某些话。尽管如此，人们却很少意识到他们听到的声音信号有间断，这种现象叫作*音素重建*（phonemic restoration）（Warren, 1970）。我们将在第 10 章讲到，*音素*是语言中最小的意义单位；当人们利用自上而下的加工将丢失的音素补充完整时，音素重建便发生了。听者往往很难分辨他们听到的是部分原始语音被噪声替代的词，还是夹杂着噪声的完整的词（如**图 4.37** 的 A 部分）（Samuel, 2011）。

图 4.37 的 B 部分显示了自下而上和自上而下的加工是如何相互作用来完成音素重建的。假设在一个吵闹的聚会上，你朋友说的话被噪声盖住了一部分，所以到达你耳朵里的声音是“I have to go home to walk my（噪声）og”。虽然噪声盖住了 /d/，但是你还是会认为实际听到的是完整的“dog”这个词。为什么呢？如图 4.37 所示，两类信息

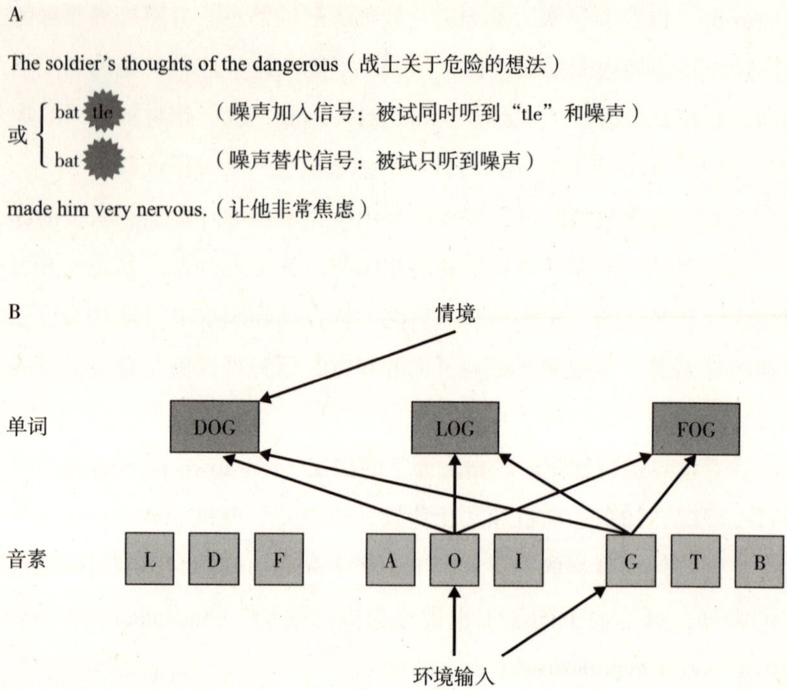

图 4.37　音素重建

（A）听者被要求说出噪声加在了音节之上还是替代了它。音素重建经常使他们难以区分。即使某个语音被噪声所替代，听者似乎还是“听到”了丢失的信息。（B）在这个例子中，当你的朋友说“dog”这个词时，噪声遮盖了 /d/。如果只根据耳朵从周围环境获得的信息，你的知觉系统会得出如下几个假设：“dog”“log”“fog”等等。然后，语境所提供的自上而下的信息——“I have to go home and walk my…”——支持了你的朋友说的是“dog”的假设。

资料来源：Reprinted with permission from Irwin Rock, *The Logic of Perception*, Cambridge, MA: The MIT Press. Copyright © 1983.

与言语知觉相关联，一种是单词，另一种是组成单词的语音。当 /o/ 和 /g/ 这两个语音到达言语知觉系统时，它们以自下而上的方式提供了单词水平的信息（图中仅给出了部分以 /og/ 结尾的单词）。这提供了你的朋友所说单词的几种可能。然后自上而下的加工开始发挥作用，根据整句话的语境，你推断出“dog”是最可能的单词。当整个过程——自下而上地辨认出一组候选词和自上而下地选择出可能正确的候选词——发生得足够迅速时，你就不会意识到 /d/ 的丢失，而是觉得听到了完整的单词（Samuel, 1997）。下次在吵闹的环境中，你会高兴地发现，你的知觉加工过程竟如此高效地对丢失的声音进行了填补！

情境和期望的影响

知觉的主要目标是获得对世界的准确认识。生存依赖于对环境中客体和事件的准确知觉：树丛中移动的是老虎吗？然而，在很多情况下，对于世界中的刺激究竟是何物，自下而上的知觉过程会带给你不止一种假设，或者在某些情况下，根本就没有特别恰当的假设。在这样的情况下，自上而下的过程则会利用情境和期望（contexts and expectations）来帮助你弄清世界上形形色色的事物。

图 4.38 提供了相同的感觉信息允许有两种解释的两个例子。这是两个两可图形（ambiguous figures）。**歧义**（ambiguity）是理解知觉中的一个重要概念，因为它表明单一的图像可以有多种解释。盯住每一个图形，直到你能看出两种解释。注意，一旦你看出两种解释，你的知觉就会在两种解释之间来回翻转。

许多杰出的艺术家都在其作品中把知觉歧义作为一种核心的创作手段。**图 4.39** 是萨尔瓦多·达利的作品《奴隶市场和消失的伏尔泰半

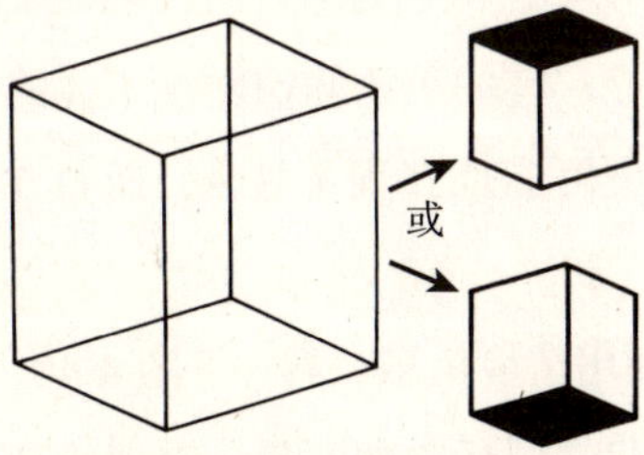

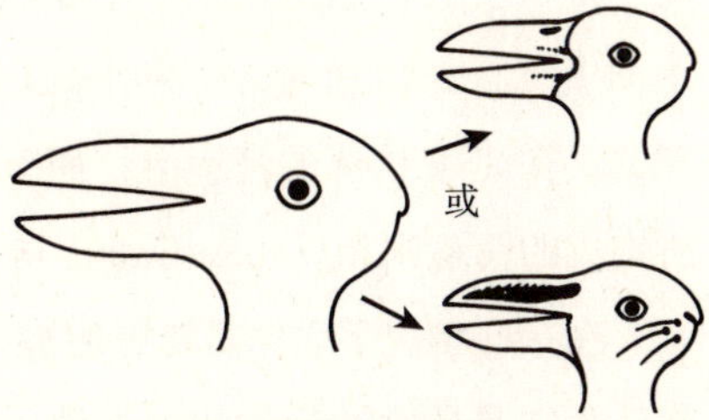

图 4.38　知觉歧义

每个例子都有两种解释，但是你不能同时体验到它们。你是否注意到自己的知觉在两种可能性间来回翻转？

图 4.39 艺术中的歧义

上图是萨尔瓦多·达利的作品《奴隶市场和消失的伏尔泰半身像》。你能发现伏尔泰吗？达利是在作品中使用歧义的众多现代艺术家中的一个。（见彩插）

身像》。这件作品揭示了复杂的歧义，画作的一部分必须经过彻底的重新组织和解释才能被知觉成法国哲学家伏尔泰“隐藏”的半身像。低矮拱门下的白色天空是伏尔泰的前额和头发，两位女士服装上白色的部分是他的两颊、鼻子和下巴。（如果你觉得看到他有困难，可以伸直胳膊持书或摘下眼镜。）然而，一旦你看出画中伏尔泰的半身像，你就总能看出这个法国人藏在哪里。

当环境提供了有歧义的信息时，你会利用情境信息和先前的期望来帮助你得出特定的解释。你的识别可能会因你所知道的、你在哪里以及你在周围所看到的其他事物而有所不同。看看下面的单词：

THE CAT

是不是 THE CAT？再看看各个单词中间的字母。它们的物理特性完全是一样的，但是在第一个单词中，你将它识别为 H，而在第二个单词中则将它识别为 A。为什么？很明显，你的英语知识影响了你的知觉。在 T_E 构成的情境中，那个字母更可能是 H 而不是 A，而 C_T 所构成的情境则相反（Selfridge, 1955）。

在一些情况下，你需要更加努力地利用情境信息。看一下**图 4.40**，你认为它是什么？假如我告诉你，这是我邻居后院的图景，表现的是他的斑点狗在一棵树的四周嗅来嗅去。现在你可以看到一只狗了吧？（这只狗的鼻子大约在图片的正中央。）为了感知到斑点狗，你需要自上而下地使用来自记忆的信息。如果你过去未曾见过犬嗅，缺乏这方面的经验，你很可能永远无法对这个场景产生明确的感知。

图 4.40　**两可图形**

你在图中看到了什么？

资料来源：Reprinted by permission of Sylvia Rock.

情境和期望在你的日常生活中扮演着重要的角色。你是否曾经有过这种经历：发现你认识的人出现在你认为他们不会出现的地方，比如另一个城市或另一个社交团体里？在这种情况下，你需要更长的时间去识别他们，有时你甚至不敢确定他们就是你认识的人。这并非因为他们的样子变了，而是他们出现的情境是你期望之外的。识别客体时，它所处的空间和时间情境或背景是一种重要的信息来源，因为你会从这些情境中产生一些期望——哪些东西你可能会见到，哪些你不太可能见到。

研究者经常通过研究定势来证明情境和期望对知觉（和反应）的影响。**定势**（set）是一种暂时的准备状态，使你以某种特定的方式对一个刺激产生知觉或反应。定势分为运动定势、心理定势、知觉定势三种。运动定势（motor set）是指个体做出预设的快速反应的准备状态。一个短跑运动员被训练得具有很好的运动定势，使其在听到发令枪声后尽可能快地起跑。心理定势（mental set）是指个体根据习得的规则、说明、期望或习惯倾向来应对某种情境（比如问题解决任务或游戏）的准备状态。当原来的规则在新的情境中不适用时，心理定势实际上会妨碍你解决问题，这一点在第 9 章中也会讲到。知觉定势（perceptual set）是指在既定情境中知觉到特定刺激的准备状态。例如，初为人母者会有一种听到自己孩子哭声的知觉定势。

定势常常会引导你改变对歧义刺激的解释。比如下面两行单词：

FOX; OWL; SNAKE; TURKEY; SWAN; D?VE

BOB; RAY; TONY; BILL; HENRY; D?VE

当你读以上两行单词时，你认为两个 D?VE 分别是什么？如果你认为第一个是 DOVE，第二个是 DAVE，那么这是因为这两行单词让你产生了一种定势，引导你以特定方式在记忆中寻找单词。

情境对知觉的影响显然需要你以某种形式组织记忆，以便与特定情境相联系的信息在特定时间能够被提取出来。换句话说，要产生适当或不适当的期望，你必须能够利用储存在记忆中的知识。有时候，你通过记忆“看到”的东西和用眼睛看到的一样多。我们将在第 7 章讨论记忆的一些特性，它们使得情境影响知觉成为可能。

最后的复习

为了巩固你在本章学到的所有知识，请回头看看图 4.2——你现在已经具备了理解整个流程图所必需的知识。图 4.2 也可以向你证明知觉研究的一个重要启示，即对某个刺激事件的知觉反应是人的整体反应。除了你的感受器受到刺激所提供的信息外，你的最终知觉还依赖于你是谁，你和谁在一起，以及你的期望、需求和价值观。一个知觉者经常要扮演两个不同的角色，那就是赌徒和内部设计者。作为一个赌徒，知觉者打赌当前的输入信息能够用以往的知识和个人经验来理解。作为一个内部设计者，知觉者不断地重新安排各种刺激，使得它们更加协调和连贯。为了获得清晰而一致的知觉，你必须抛弃不协调和混乱的知觉。

如果知觉加工完全是自下而上的过程，那么你会被此时此地平常而具体的相同事实所束缚。你可以记住你的经验，但是对未来没有什么用处，你在不同情境下看到的世界也不会有什么不同。然而，如果知觉加工只有自上而下的过程，那么你会迷失在你所希望和期望的幻想世界中。两种加工过程的适当平衡才能完成基本的知觉目标：以一种最能满足你作为生物存在和社会存在的需要的方式去体验外部世界，调整并适应你的自然和社会环境。

停下来检查一下

❶ 音素重建为什么是一个自上而下加工的例子？

❷ 什么造成刺激有歧义？

❸ 何谓定势？

要点重述

关于世界的感觉知识

- 知觉的任务是从近距（感觉）刺激所包含的信息中推断远距（外界）刺激是什么。
- 心理物理学探究人们对物理刺激的心理反应。研究者测量的是绝对阈限和刺激之间的最小可觉差。
- 信号检测论使研究者可以将感受性从反应偏差中分离出来。
- 心理物理学的研究者描述了物理强度与心理体验之间的关系。
- 感觉将刺激的物理能量通过换能转换成神经编码。

视觉系统

- 视网膜上的光感受器即杆体细胞和锥体细胞将光能转换成神经冲动。
- 视网膜上的神经节细胞整合来自感受器和双极细胞的输入信息，它们的轴突形成在视交叉处汇合的视神经。
- 视觉信息传递到大脑的数个不同区域，它们分别处理视觉环境的不同方面，例如事物看起来是怎样的或它们在哪里。
- 光的波长形成了颜色刺激。
- 不同颜色感觉在色调、饱和度和明度上有所差异。
- 颜色视觉理论将三原色理论（三种颜色受体）和拮抗加工理论（颜色系统由拮抗成分组成）结合起来。

听觉

- 听觉是由不同频率、振幅和复合度的声波引起的。
- 在耳蜗中，声波被转换成流动波而使基底膜发生振动。基底膜上的毛细胞刺激神经末梢，产生传向听皮层的神经冲动。
- 地点说能够很好地解释高频率声波的编码，频率说能够很好地解释低频率声波的编码。

- 人们通过两种神经机制分别计算到达两耳的声音的相对强度和相对时间来确定声音传来的方向。

其他感觉

- 嗅觉和味觉对物质的化学特性起反应，当人们寻找和品尝食物时它们通常同时起作用。
- 嗅觉是由鼻道深处对气味敏感的细胞完成的。
- 舌乳头中的味蕾是味觉感受器。
- 肤觉使人们产生了压力和温度的感觉。
- 前庭觉为人们提供了身体运动方向和速度的信息。
- 动觉为人们提供了关于身体不同部位所处位置的信息，它有助于协调运动。
- 痛觉是身体对可能有害的刺激的反应。
- 对疼痛的生理反应包括疼痛刺激部位的感觉反应以及在大脑和脊髓之间传送的神经冲动。

知觉的组织过程

- 知觉过程把感觉信息组织为连贯的图像，并让你产生对客体和图形的知觉。
- 你的个人目标和客体特性都可以决定你注意的焦点落在何处。
- 格式塔心理学家提出了知觉组织的原则，包括接近律、相似律、连续律、闭合律以及共同命运律。
- 知觉过程整合不同空间和时间的信息以解释环境。
- 双眼线索、运动线索和图像线索都能产生对深度的知觉。
- 你倾向于将客体知觉为拥有稳定的大小、形状和亮度。
- 关于感知错觉的知识能够让我们认识到一般知觉过程的局限性。

辨认与识别过程

- 在知觉加工的最后阶段——辨认与识别客体——人们通过综合自上而下的加工和自下而上的加工来为知觉对象赋予意义。
- 当相同的感觉信息可以被组织为不同的知觉对象时，会产生歧义现象。
- 情境、期望以及知觉定势都可能将对不完整或歧义刺激的识别引向某一方向，而不是另一个同等可能的方向。

关键术语

知觉
感觉
知觉组织
辨认与识别
远距刺激
近距刺激
心理物理学
绝对阈限
心理测量函数
感觉适应
反应偏差
信号检测论
差别阈限
最小可觉差（JND）
韦伯定律
换能
感受器
瞳孔
晶状体
调节
视网膜
光感受器
杆体细胞
锥体细胞
暗适应
中央凹
双极细胞
神经节细胞
水平细胞
无长突细胞
盲点
视神经
感受野
色调
饱和度
明度
互补色
三原色理论
拮抗加工理论
音高
响度
音色
耳蜗
基底膜
听神经
地点说
频率说
齐射原理
声音定位
嗅觉
嗅球
信息素
味觉
肤觉
前庭觉
动觉
痛觉
门控理论
注意
目标指向注意
刺激驱动注意
格式塔心理学
Φ 现象
双眼深度线索
视网膜像差
视轴辐合
运动视差
单眼深度线索
知觉恒常性
大小恒常性
形状恒常性
亮度恒常性
错觉
自下而上的加工
自上而下的加工
歧义
定势

第5章

心理、意识和其他状态

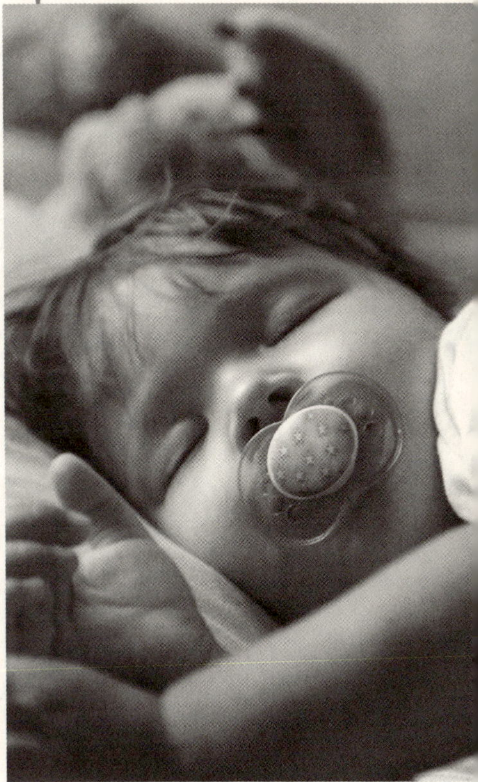

当你开始阅读本章时，请花点时间想想过去你特别中意的一件事，然后再想想你希望明天有什么事情发生。这些关于过去的记忆和对未来的设想来自哪里，到达了何处？虽然在你的大脑中显然已经储存了大量的信息，但这些想法不太可能在你坐下来读心理学教科书的那一刻，恰好就在你“心里”。因此，你也许很自然地认为这些想法到达了你的意识，它们来自当时并不在你意识中的脑海的某个位置。但这些特定的想法是怎么进入心理层面的？你实际考虑过不同的记忆或关于未来的其他选项了吗？也就是说，你意识到你做了一个选择吗？还是这些想法不知怎么（通过一些无意识的操作）就出现在了你的意识之中？

这些问题构成了第 5 章的主题。我们将从讨论日常意识的内容和功能开始。你将看到，意识既有助于生存，也让你认识到你是谁以及你在世界中的合适位置。之后，我们将转向从觉醒到睡眠的昼夜周期中的意识变化。我们还将考察西方文化和非西方文化中人们对梦的看法。最后，我们讨论人们有意改变意识状态的许多例子，比如冥想，比如摄入改变意识的药物，等等。对于所有这些主题，我们都会探讨研究者为了科学地研究心理的各个方面所使用的方法。你将学到研究者如何努力将内部的过程外化，将个人的体验变得公开，并准确地测量主观体验。

意识的内容

首先，我们必须承认，**意识**（consciousness）这个术语具有模糊性。我们可以用这个术语来表示一般的心理状态，或者用它指代它的一些具体的内容：有时你说你是“有意识的”，这是相对于“无意识”（例如，处于麻醉或睡眠状态下）而言的；有时你又会说你意识（觉知）到了某些信息或行为。事实上，这些说法里有某种一致性，即为了意识到任何特定的信息，你必须是有意识的。本章中，当我们讲到意识的内容时，指的就是你觉知到的信息。

觉知与意识

正如你在第 1 章所见，最早的一些心理学研究中就已经涉及了意识的内容。随着心理学在 19 世纪逐渐从哲学中分离出来，它成为了一门研究心智的科学（the science of the mind）。冯特和铁钦纳使用内省法来探索意识心理的内容，詹姆士观察了他自己的意识流。事实上，在其 1892 年出版的经典教科书《心理学》的第一页，詹姆士就认可了对心理学的这样一个定义：“对意识状态的描述和解释”。

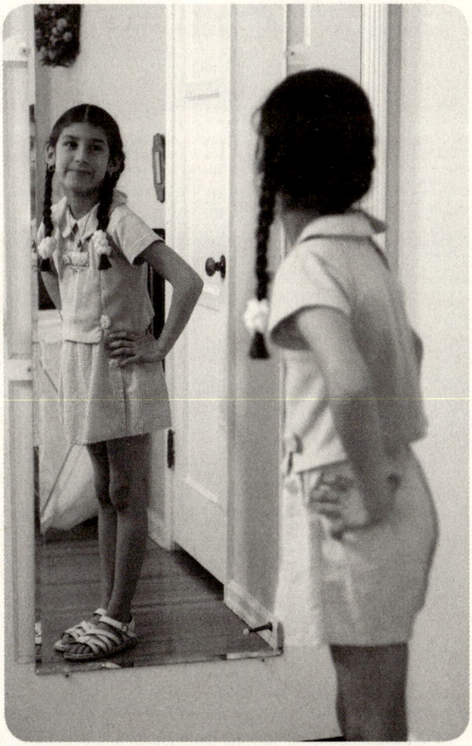

为什么自我觉知被认为是意识中的一个非常重要的方面？

清醒时的意识包括特定时刻的知觉、思维、情感、意象和欲望，即你正集中注意力的所有的心理活动（the mental activity）。你既意识到你正在做的事情，也意识到你正在做这个事实。有时，你会意识到你意识到他人正在观察、评价和回应你正在做的事情。自我感就是来自于从这个“局内人”的特权位置观察你自己的那种经验。总之，这些不同的心理活动构成了意识的内容——在特定时刻你有意识地觉知到的所有经验（Legrand, 2007）。

然而是什么决定了你现在意识到的内容呢？例如，你意识到你刚才在呼吸吗？也许没有；呼吸的控制是非意识过程的一部分。你在想你上一个假期中的经历，或者《哈姆雷特》的作者吗？也许还是没有；对这种思维的控制是前意识记忆的一部分。你觉察到背景噪声了吗，比如钟表的滴答声、交通噪声或荧光灯的嗡嗡声？如果你将全部注意放在了理解本章材料的含义上，你就很难觉知到所有这些噪声；这些刺激是未被注意的信息的一部分。最后，还有一些信息可能是无意识的——不易进入意识觉知——比如使你理解这个句子的一套语法规则。下面，我们分别考察这些觉知的各种类型。

非意识过程　一些躯体活动在**非意识**（nonconscious）的范围内，很少进入意识。一个非意识过程运作的例子是血压的调节。你的神经系统监控着生理信息，一直侦测生理的变化并做出反应，但你并不知晓。某些时候，一些通常是非意识的活动可以有意识地进行：例如，你可以选择有意识地控制你的呼吸模式。尽管如此，你的神经系统在没有意识资源的参与下就能管理许多重要的功能。

前意识记忆　只有在某事物引起你的注意之后方才到达意识的记忆叫作**前意识记忆**（preconscious memory）。记忆的储藏室里充满了大量的信息，比如你关于语言、运动或地理的一般知识，以及你个人经历过的事件的集合。前意识记忆在你心理的背景上默默地起作用，直到一个需要它们进入意识的情境出现（比如当要求你想一件过去你特别中意的事情时）。我们会在第 7 章对记忆进行详细讨论。

未被注意的信息　在任何时候，你都被大量的刺激所包围。就像我们在第 4 章中所描述的，你只能将你的注意集中在一小部分刺激上。

你所注意的事件及其唤起的记忆将在很大程度上决定你意识的内容。实际上，即便是非常不寻常的事件，当它们在注意之外时也照样不为人觉知。在一个经典的实验中，研究的参与者观看两队学生传球的视频。参与者被要求数其中一个队传球的次数。与此同时，随着视频的播放，一个穿成大猩猩样子的人从中走过！很多参与者完全没有觉知到这个巨大的侵入者。研究者对这一实验进行了一些改动，在多种版本的实验中，合计约 50% 的参与者从未注意到那只大猩猩（Simons & Chabris, 1999）。这一现象被称为**无意视盲**（inattentional blindness），因为人们在把注意集中他处时未能知觉到那个东西。鉴于以上关于大猩猩的结果，真正的篮球运动员会遭遇无意视盲的现象可能就不令你意外了。例如，他们可能因为注意力被附近对方防守队员吸引而根本没有看到队友那边出现了空位机会（Furley et al., 2010）。

在任何给定的时间，关于你的工作、你的父母，或你那只饥饿的宠物的记忆也许一直在你的意识水平之下，直到某件事情发生，将你的注意集中到这些主题中的某个上。为什么认为这些记忆是前意识的，而不是无意识的？

无意识　当你无法用你意识到的力量来解释你的某些行为时，你通常会认识到无意识信息的存在。弗洛伊德最先提出了有关无意识力量的理论。正如我们将在第 13 章看到的，他主张某些生活经历对个体的心理幸福感如此具有威胁，以至于关于这些经历的记忆被永久地排除在意识之外。弗洛伊德相信，当这些不可接受的想法或动机受到*压抑*，即被排除在意识之外，而与这些想法联系在一起的强烈情感仍然存在并影响着行为。（我们在第 13 章讨论每个人独特人格的起源时，会再次论述弗洛伊德的思想。）

比起弗洛伊德提到的必须被压抑的那些想法，现在许多心理学家使用*无意识*这个词所指代的信息和过程要无害得多（McGovern & Baars, 2007）。例如，许多一般语言加工类型依赖于无意识加工过程。考虑这样一个句子（Vu et al., 2000）：

She investigated the bark.

你怎么解释这个句子？你想到的是某个女人正在照看一只狗还是在考察一棵树？因为 bark 一词有多个含义，这个句子的上下文几乎没有提供任何帮助，你只能猜测作者想说什么。现在在一个稍大的语境下考虑同样的句子：

The botanist looked for a fungus. She investigated the bark.

你发现这个句子在这个语境下是不是更容易理解了？如果是这样，这是因为你的无意识语言加工利用了语境，在 bark 的两个意思之间迅速地做出了一个选择。

这个例子说明了在意识水平之下运作的过程经常影响你的行为，在这个例子中，它使你很容易对这个句子有一个明确的理解。于是，我们已经从讨论意识的内容，不知不觉地转到了对意识功能的讨论。然而，在详细地讨论这个主题之前，我们简要论述研究意识内容的两条途径。

研究意识的内容

为了研究意识，研究者必须设计一些方法，以使得深层的个人经验能够得到外显测量。一种方法是要求实验参与者在进行各种复杂任务时大声说出思维过程。他们尽可能详细地报告在完成任务时所经历的思维序列（Fox et al., 2011）。参与者的这种报告被称为**出声思维报告**（think-aloud protocol），用于记录参与者在完成任务时所使用的心理策略和知识表征。例如，研究者通过收集出声思维报告来理解专家和新手用以判断产品设计的不同策略（Locher et al., 2008）。

在**经验抽样法**（experience-sampling method）中，参与者提供关于他们在日常生活正常进程中的想法和感受的信息（Hektner et al., 2007）。在经验抽样研究中，参与者通常佩戴一些装置，当它发出信号时，他们就报告意识中的内容。例如，在一种方法中，参与者携带手持电子设备，在一个星期或更长的时间里，这个设备每天会在参与者的清醒时间随机发出声响。只要设备发出声响，就要求参与者回答这样一些问题，如“我很关注当下的感受”（Thompson et al., 2011, p. 1491）。通过这种方法，研究者可以对参与者在日常生活中的思维、觉知和注意的焦点进行跟踪记录。下面这个例子中，研究者使用掌上电脑来获取经验样本。

研究特写

研究者希望确定人们就他们的现状与其他可能性进行比较的频率（Summerville & Roese, 2008）。在两个星期内，掌上电脑每天向 34 名参与者随机发出 7 次信号，让他们报告此刻正在想什么。如果他们的思想集中在比较上，参与者就把这些想法归到**表 5.1** 所示的类别中。研究者发现 12% 的想法都与比较有关，正如他们指出的，“考虑到心理体验的丰富多样，这个比例之大是惊人的”（p. 668）。各种比较在表 5.1 的四个类别中基本上是平均分布的。此外，当参与者的想法转向改变过去（反事实比较）或思忖未来（当前与未来比较）时，他们最常想到的是，境况可能怎样或者能不能更好一些。

你曾留意这些类型的比较进入你意识的频率吗？经验抽样法使得研究者能够对人们如何思考他们的生活以及思考的内容提供细致入微

表 5.1 人们想法中比较的类型

类型	例子
社会性的	“我篮球比汤姆打得好。”
反事实	“如果我能早点动身，可能就准时到这里了。”
当前与过去	“我在高中时睡得更多。”
当前与未来	“我的妹妹要开始交新朋友了。”

资料来源：Summerville & N. J. Roese, Dare to compare: Fact-based versus simulation-based comparison in daily life, *Journal of Experimental Social Psychology, 44*, pp. 664–671, Copyright 2008.

的报告。

如果你快速环顾一下你现在所在的房间，你会发现在这个环境中有很多客体之前并不是你意识内容的一部分。你也可以快速回顾一下你的记忆，你会发现除了你目前有意识关注的信息以外，你还存储着很多其他记忆。像出声思维报告和经验抽样这样的技术，使得研究者可以研究在特定时间和特定任务下，所有可能的信息中哪一部分进入了个体的意识之中。

STOP 停下来检查一下

❶ 前意识记忆是什么意思？

❷ 在弗洛伊德看来信息是如何变成无意识的？

❸ 研究者是如何获取出声思维报告的？

批判性思考：回忆关于比较的研究。为什么在随机的时间获取经验样本很重要？

意识的功能

当我们探讨意识的功能问题时，就是在试图理解为什么我们需要意识，也就是说，意识给我们人类的经验增加了什么？在这一节，我们会描述意识对于人类生存和社会功能的重要性。

意识的作用

人类意识是在其演化环境中与最敌对的力量（其他人类个体）的竞争中锻造出来的。人类心智的演化可能是我们的祖先极度善于社交的结果，而这种社交能力最初也许只是一种对抗捕食者的集体防御，一种更为有效开发资源的手段。然而，紧密的群体生活又产生了新的要求，即与其他人类个体既合作又竞争的能力。自然选择偏好那些能够思考、计划和想象不同的现实以促进与亲缘同类的联结并战胜对手的个体。那些发展出语言和工具的个体获得了“最适心智生存”大奖，而这些心智特征也被我们幸运地继承了下来（Ramachandran, 2011）。

由于意识来自演化，所以你应该不会因为它能提供一系列有助于物种生存的功能而感到惊讶（Bering & Bjorklund, 2007）。同时，意识在个人现实和文化共享现实的建构中也起到了重要的作用。

帮助生存　从生物学的视角来看，因为意识帮助个体理解环境信息，并利用这些信息规划最适宜而有效的行动，所以它才可能进化。很多时候，你会面临感觉信息负荷过大的情况。威廉·詹姆士将海量信息轰击感受器描述为“嘈杂、混乱的嗡嗡声”从四面八方向你袭来。意识可以通过三种方式厘清这种极大的混乱，帮助你适应环境。

首先，意识限制你察觉和注意的范围，从而减少刺激的输入。在第 4 章关于“注意”的讨论中，你或许认识了意识的这种限制功能。意识帮助你滤除与你当前目标无关的大量信息。假设你决定出去散步，享受春天的大好时光，你会注意到树在发芽、鸟在鸣唱，还有孩子们在嬉戏。如果这时突然出现了一只咆哮的狗，你会利用意识把注意限定在这只狗上并评估危险。这种限制功能也适用于你提取自己内部存储的信息。在本章开头，当要求你回忆最中意的一件往事时，你使用意识来把自己的注意集中在过去的一件事情上。

意识的第二个功能是选择性储存。即便在你有意识地注意的信息中，也不是所有的信息都与你要做的事情有关。在你遇到那只咆哮的狗后，你可能会停下来考虑，“我要记住下次不再从这儿走”。意识允许你选择性地储存（记住）你想要分析、解释和指导未来实践的信息。通过选择一些事件和经验而忽视另外一些，意识允许你将事件和经验按照个人的需要分成相关的和无关的。当我们在第 7 章讨论记忆过程时，你会发现并不是所有进入记忆的信息都需要有意识的加工。不过，有意识的记忆与其他类型的记忆相比具有不同的特性，并且涉及的脑区也不同。

意识的第三个功能是让你停下来，基于过去的知识思考可替代的方案和想象各种可能的结果。这种规划功能使你能够压抑那些与道德、伦理和现实考量相冲突的强烈欲望。有了意识的这种功能，你在下次散步时就会规划路线以避开那只咆哮的狗。由于意识给予你广阔的时间观念去规划可能的行动，所以你可以利用过去的知识和对未来的预期来影响你当前的决策。基于所有这些原因，意识赋予你极大的潜能，对你生活中多变的需求做出灵活恰当的反应。

对现实的个人建构和文化建构　不会有两个人以绝对相同的方式解释同一种情境（Higgins & Pittman, 2008）。你对现实的个人建构，是你基于你的一般知识、有关过去经历的记忆、当前的需要、价值观、信念和未来目标，对当前情境做出的独特解释。因为每个人对现实的个人建构已经在对独特输入的选择中形成，所以他会更加注意刺激环境中的某些特征。当你对现实的个人建构保持相对稳定时，你的自我感就具有了较长一段时间上的连续性。

当人们在不同的文化中成长，生活在同一文化的不同环境下或面临不同的生存任务时，对现实的个人建构的个体差异会更大。反之亦然——因为同一文化中的人们拥有许多相同的经历，所以他们经常具有相似的现实建构。对现实的文化建构是由一组特定人群的多数成员所共有的思考世界的方式。一旦社会中的一个成员发展出了一种与文化建构相适应的对现实的个人建构，它会被文化所肯定，同时也肯定文化建构。在第 13 章中，我们会更全面地讨论个体自我和文化自我之间的关系。

研究意识的功能

在大多数时候，人们的行为既受到意识过程的影响，也受到无意识过程的影响。意识的许多功能都包含与无意识内容的内隐比较。也就是说，意识过程经常影响无意识过程或受到无意识过程的影响。为了弄清意识的功能，研究者往往要开展各种研究来说明意识过程和无意识过程的不同结果（McGovern & Baars, 2007）。

例如，研究者认为人们可能利用无意识过程或意识过程来影响生活中的许多决定（Kruglanski & Gigerenzer, 2011）。根据他们所使用的过程系统，人们的反应可能大不相同。考虑道德推理领域（我们将在第 10 章回到这一主题）。你对经典的“哭泣婴儿”困境会如何反应？在这一困境中，“你必须决定要不要闷死自己的婴儿以避免敌军士兵发现和杀死自己、婴儿和其他人”（Greene et al., 2008, p. 1147）。当人们面对这一困境时，他们心底的反应——无意识过程的结果——是他们无论如何不会闷死自己的孩子。然而，当人们有意识地对这个问题深思熟虑后，他们通常决定他们必须做出牺牲以拯救更多的人。

为了证明这一转变反映了对意识过程的使用，研究者让参与者在两个不同的情境中考虑这类困境（Greene et al., 2008）。在一种条件下，参与者在电脑屏幕上阅读这个困境，然后尽快地对某种可能的反应（如“为了救你自己和其他人，对你来说闷死自己的孩子是恰当的吗？”）做出“是”和“否”的判断。在第二种条件下，参与者也阅读困境并做出反应。然而，他们同时还必须监视一串在电脑屏幕上滚动的数字，每当看到数字 5 时按下按钮。第二个任务的目的是使参与者的意识过程超过负荷。同时进行的任务应该让他们很难使用意识过程来对道德困境做出推理。实际上，当参与者受到额外的负荷时，他们花了长得多的时间对道德困境做出代表意识推理的“是”的回答。因此，研究意识功能的一种方式就是证明当意识过程不能正常运作时，人们的反应会如何变化。

另一种研究意识的方式是考察在你每天从事的各种任务中，哪些是需要意识干预的。比如，现在你放下书，在你的房间中找一个红色的物品。假设在你的房间里确实有一个红色的物品。大多数时候，你会觉得你的视线被那个物品吸引而不需要任何意识努力。研究已经证实，人们可以在不需要意识注意或者很少意识注意的情况下搜索物品的某些基本特征，如颜色、形状和大小（Wolfe, 2003）。再假设你现在来寻找一个既有红色又有蓝色的物品。如果你试着去寻找，你就会发现这次需要较多的意识努力。在大多数情况下，搜索同时具有两个特征的物品则需要使用意识注意。

我们再提供另外一个关于使用意识注意的例子。我们来看看图 5.1。

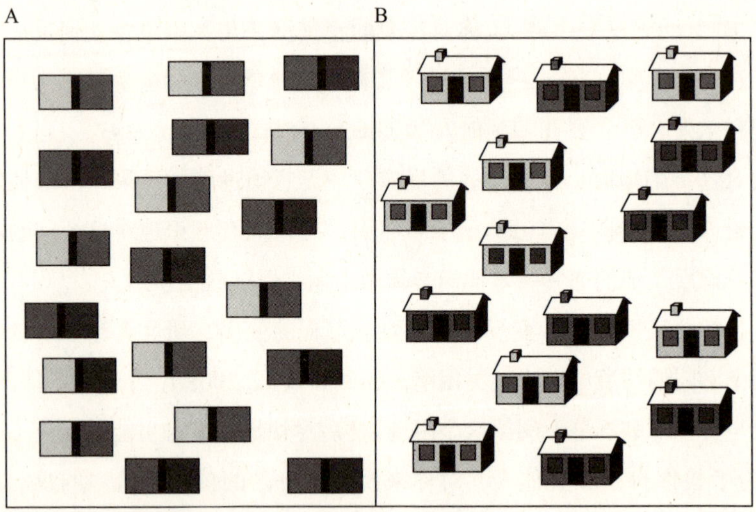

图 5.1 搜索两种颜色的组合

（A）找到有黄色和蓝色的物品。（B）找到有蓝色窗户的黄色房子。（A）当颜色的组合发生在一个物品的两个部分之间时，搜索的效率是很低的。（B）然而，当颜色的组合发生在整体物品及其某一部分之间时，搜索就容易得多了。（见彩插）

资料来源：Jeremy M. Wolfs, Parallel processing of part-whole information in visual search tasks, *Perception & Psychophysics*, 55 (1995), 537–550.

在 A 部分，试试寻找有黄色和蓝色的物品。在 B 部分，试试寻找有蓝色窗户的黄色房子。是不是第二个任务要容易得多呢？当两种颜色被组织成整体和部分的关系时，搜索就会较少受到图片中其他物品的影响（Wolfe et al., 1994）。你能感觉到，当要求寻找有黄色和蓝色的物品时，你需要使用更多的意识注意吗？通过这样的研究结果，研究者对意识发挥作用的环境整合出了一个完整的认识。

我们已经看到怎样界定和研究意识的内容和功能。现在我们转向意识的常规变式，然后是意识的超常变式。

STOP 停下来检查一下

❶ 意识的选择性存储功能是什么？

❷ 什么是对现实的文化建构？

❸ 意识在视觉搜索中起着什么作用？

睡眠与梦

在你的生活中，你的意识几乎每天都会发生相当大的变化：当你决定结束一天的时候，你会进入睡眠——当你睡觉的时候，你肯定会做梦。你生命三分之一的时间是在睡眠中度过的，睡眠的时候你的肌肉处于“良性麻痹”状态，你的大脑充满了各种活动。本节我们首先来看看睡眠与觉醒的一般生理节律，然后直接关注睡眠的生理学。最后，我们考察伴随睡眠的主要心理活动——做梦，探讨梦在人类心理学中所起的作用。

昼夜节律

所有生物都受到昼夜这种自然节律的影响。你的身体受到被称为**昼夜节律**（circadian rhythm）的时间周期的调节：你的唤醒水平、新陈代谢、心率、体温和激素活动依照你内部时钟的节奏而涨落。这些活动通常在白天达到顶峰，而在夜里睡眠时降到低谷。在下面的“生活中的心理学”专栏中，我们将讨论昼夜节律的个体差异。

研究表明，你身体使用的时钟并不完全与墙上的时钟一致：没有外部的时间线索矫正的话，人类的内部“定时器”设定的周期是 24.18 小时（Czeisler et al., 1999）。每天接触阳光有助于你按 24 小时的周期进行微调。阳光的信息是通过你的眼睛收集的，但调节昼夜节律的感受器并不是能让你看到这个世界的感受器（Guido et al., 2010）。比如说，没有杆体细胞和锥体细胞（见第 4 章）的动物仍然可以通过某种方式来感受光线，从而保持它们的昼夜节律。

导致生物钟与睡眠和觉醒周期不匹配的生活境况会影响你的感受和行动（Blatter & Cajochen, 2007; Kyriacou & Hastings, 2010）。例如，上夜班的人经常会体验到生理和认知上的困难，因为他们的昼夜节律被扰乱了（Arendt, 2010）。即使长期上夜班，大多数人还是不能调整他们的昼夜节律以克服这些负面效应（Folkard, 2008）。进行长途航空旅行也会扰乱昼夜节律。当人们跨时区飞行时，他们可能会经历**时差反应**（jet lag），症状包括疲劳、不可抗拒的嗜睡，以及随后与平常不同的睡眠—觉醒时间表。时差反应的发生是因为内部昼夜节律与正常的时间环境不协调（Sack, 2010）。例如，你的身体说现在是凌晨两点，因而是许多生理指标的低谷，但当地时间却要求你的举动仿佛是在正午时分。

什么变量影响时差反应？旅行的方向和跨越时区的数目是最重要的变量。向东飞行比向西飞行会造成更强烈的时差反应。这是因为与缩短相比，你的生物钟更易于延长，而向东旅行需要缩短生物钟（你更容易维持清醒，而不是提前入睡）。

如果你曾遭受过时差反应的痛苦，你可能得到过服用**褪黑激素**的建议。褪黑激素作用于大脑，有助于调节你的觉醒和睡眠周期。为了确定摄入外来的褪黑激素是否有助于克服时差反应，研究者对跨几个时区（如从伦敦到旧金山）飞行的人进行了研究。总体而言，人们在长距离飞行后服用褪黑激素体验到的睡眠困扰更少（Arendt & Skene, 2005）。来自数个研究的总体建议是：旅行者应该在新时区的睡觉时间服用褪黑激素，并且在飞行当天和接下来的四五天持续服用（Pandi-Perumal et al., 2007）。但请注意，几乎没有证据表明褪黑激素有助于缓解中途短暂停留造成的时差反应。研究还发现，褪黑激素有可能帮助夜班工作者调整他们的睡眠和觉醒周期（Pandi-Perumal et al., 2007）。

昼夜节律还受到暴露于光的强烈影响。正因如此，研究者探索了通过让人们暴露于光照之下来帮助他们调整昼夜节律的可能性（Sack, 2010）。这些干预措施通常被证明对夜班工作者是有效的（Fahey & Zee, 2006）。例如，夜班工作者经常遭遇在工作时无法集中注意的困难。在一项研究中，参与者体验几小时的亮光来帮助他们向夜班转换（Santhi et al., 2008）。光照治疗有助于减少夜班对参与者注意表现的负面效应。

睡眠周期

约三分之一的昼夜节律被用于称为睡眠的行为静止期。我们对睡眠了解最多的是脑部的电活动。研究睡眠的方法学突破始于 1937 年，应用脑电图（EEG）技术来记录睡眠者的脑波活动。EEG 提供了在人们清醒或睡眠时，对正在进行的脑活动变化的客观测量。研究者通过分析 EEG 发现，在睡眠开始时脑波的形式发生改变，而在整个睡眠阶段表现出更加系统并可预测的变化（Loomis et al., 1937）。睡眠研究中另一个意义重大的发现是：在睡眠期间以周期性间隔出现的**快速眼动睡眠**（rapid eye movements, REM）（Aserinsky & Kleitman, 1953）。睡眠者不表现出 REM 的时段称为**非快速眼动睡眠**（non-REM, NREM）。接下来我们来看看快速眼动睡眠和非快速眼动睡眠对夜间主要活动之一做梦的意义。

让我们追踪你整个夜晚的脑波。当你准备上床时，EEG 显示你的脑波以每秒约 14 个周期（cps）的频率波动。一旦你舒适地躺在床

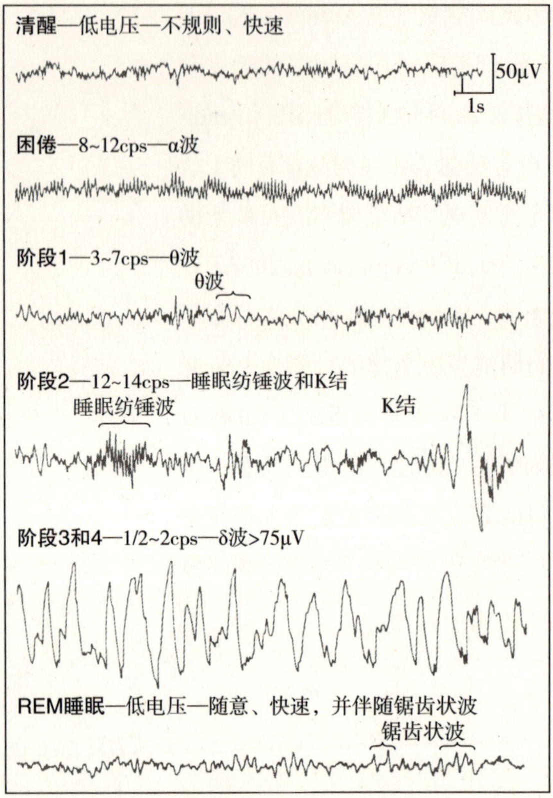

图 5.2 正常夜晚睡眠中各阶段的 EEG 模式
每个睡眠阶段由脑活动的独特模式所界定。

上，开始放松，脑波减缓到大约 8~12cps。当你睡着了，就进入了睡眠周期，其中每个阶段都表现出不同的 EEG 模式。在睡眠阶段 1，EEG 显示脑波大约是 3~7cps。在阶段 2，EEG 的特点是出现睡眠纺锤波，即 12~16cps 的猝发电活动。接下来的睡眠阶段 3 和 4，你进入深度睡眠，即很深的放松睡眠阶段。你的脑波减缓到 1~2cps，呼吸和心率也降低下来。最后阶段，脑的电活动增加；你的 EEG 看起来很像在阶段 1 和 2 时所记录到的波形。这个阶段，你会经历快速眼动睡眠，并开始做梦（见图 **5.2**）。（由于 REM 睡眠的 EEG 模式类似于个体清醒时的模式，快速眼动睡眠最初被称为异相睡眠。）

在前 4 个睡眠阶段，即非快速眼动睡眠，完成一个周期约需要 90 分钟。快速眼动睡眠持续大约 10 分钟。在整夜睡眠中，你会经历 4~6 次这种 100 分钟的周期（见图 **5.3**），每个周期里，你深睡（阶段 3 和 4）的时间都会减少，而快速眼动睡眠的时间会增加。在最后一个周期里，你也许会花 1 小时在快速眼动睡眠上。非快速眼动睡眠占整个睡眠时间的 75%~80%，而快速眼动睡眠则占睡眠时间的 20%~25%。

每个人的睡眠时间不完全相同。尽管人类具有先天遗传的睡眠需求，但每个个体实际所获得的睡眠量受到意识行为的极大影响。人们以几种方式主动控制睡眠长度，如熬夜或使用闹钟。睡眠持续时间也受到昼夜节律的控制，即个体何时入睡会影响睡眠持续的时间。只有

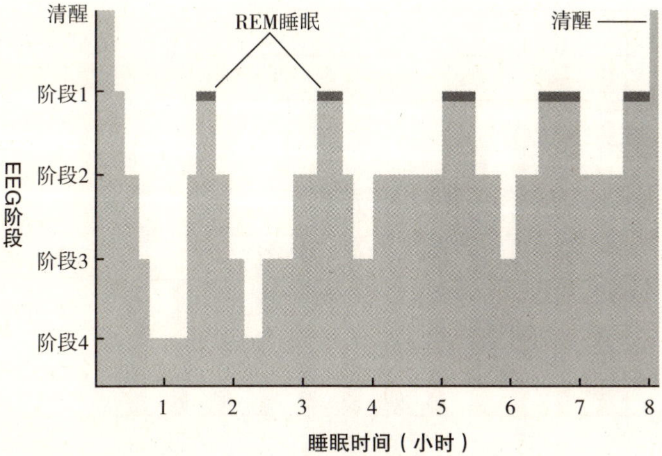

图 5.3 睡眠的各个阶段

一夜中睡眠阶段的典型模式是，在较早的周期中深度睡眠占更多的时间，而在后面的周期中快速眼动睡眠占更多的时间。

资料来源：Carlson, Neil R., *Physiology of Behavior*, 11th Ed., © 2013. Reprinted and Electronically reproduced by permission of Pearson Education, Inc., Upper Saddle River, New Jersey.

你在整个星期（包括周末）都使你的就寝和起床时间标准化，才会获得足够量的非快速眼动和快速眼动睡眠。这样，你睡觉的时间才可能与你昼夜节律中的困倦阶段很好地吻合。

更有意思的是，在人的一生中睡眠模式会发生巨大的变化（见图 5.4）。你刚来到这个世界上的时候，每天睡大约 16 小时，其中近半是快速眼动睡眠。到 50 岁的时候，你可能只睡 6 小时，只有约 15% 的时间花在快速眼动睡眠上。年轻人通常每天睡 7~8 小时，其中约 20% 的时间是快速眼动睡眠。

尽管睡眠模式随着年龄增长而改变，但这并不意味着当你老了之后睡眠就不那么重要了。一项研究追踪健康状况良好的老人，从 60 多岁直到 80 多岁，以考察睡眠与寿命之间的关系（Dew et al., 2003）。研究人员发现，睡眠效率更高的人更有可能活得更长。睡眠效率是通过睡眠的时间除以躺在床上的时间来计算的。这个结果直接引发我们思考下一个问题：人们为什么需要睡眠？

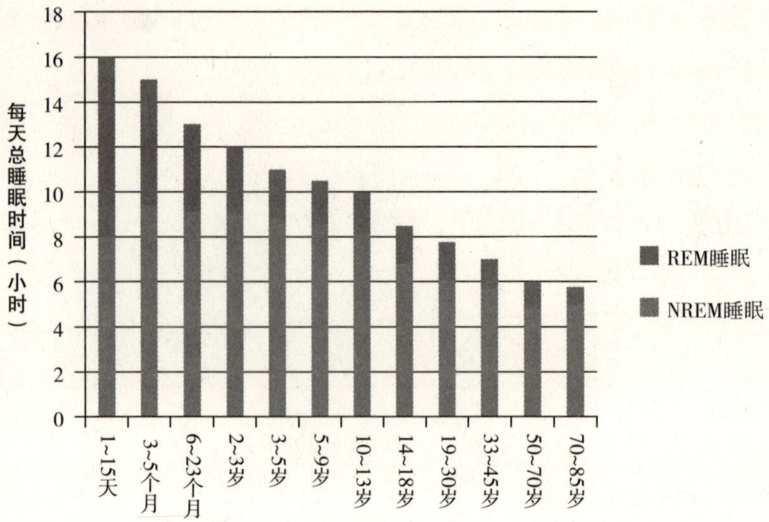

图 5.4 人类一生的睡眠模式

图中显示了每天 REM 睡眠量和 NREM 睡眠量随年龄的变化。注意：REM 睡眠量随年龄的增长而快速减少，而 NERM 睡眠量的减少则相对平缓。

资料来源：Roffwarg et al., Ontogenetic Development of the human sleep-dream cycle, *Science*, 152, 604–619. Reprinted with permission from AAAS.

为什么需要睡眠

人和其他动物都依次经历各个睡眠阶段，表明睡眠具有进化的基础和生物学的需要。如果人们能每夜睡足“黄金标准”7~8 小时，那么其各项功能都会运行良好（Foster & Wulff, 2005; Hublin et al., 2007）。如果你有一段时间睡眠太少，你通常需要额外的睡眠来弥补。人们也会出现特定类型睡眠的反弹。例如，如果剥夺你一晚的快速眼动睡眠，那么第二天你的快速眼动睡眠时间就会比平时长。这些模式表明，人们的睡眠时间和类型都很关键。让我们在这一背景下来考虑睡眠的功能。

睡眠最普遍的功能可能是保存（Siegel, 2009）。睡眠得以演化的原因，可能是因为它可以使动物在无须觅食、寻求配偶或工作时保存能量。但是，睡眠也把动物置于可能受到捕食者攻击的风险之中。研究者认为，睡眠过程中脑活动的周期变化（见图 5.2）之所以得以进化，是因为它能够使被捕食的风险最小化。脑活动的某些模式能够让动物在睡眠的时候依然保持对环境相对较高的觉察（Lesku et al., 2008）。

睡眠还可能对学习和记忆有重要作用（Diekelmann & Born, 2010）。具体而言，研究人员认为，睡眠有助于巩固新记忆：巩固是一种生理过程，新的、脆弱的记忆借此在大脑中获得更永久的编码。（在学习记忆过程的第 7 章中，你将再次看到这个概念。）让我们考虑一个睡眠在记忆巩固中起作用的例子。

研究特写

在一个实验中，参与者的主要任务是学习一系列词对（Wilhelm et al., 2011）。例如，参与者可能需要学习在看到“男孩”线索时，回答“女孩”。在花了大约 1 小时学习词对后，一些参与者被告知他们要在 9 小时后再做一次词汇测试。所以对于这一组参与者来说，记忆测试是意料之中的。然而，对于其他的参与者，记忆测试（在发生时）是出乎意料的。记忆测试在 9 小时后进行的原因是，一些参与者接下来会去睡觉，其他的参与者则在这 9 小时里保持清醒。（实验的学习阶段有时在早上开始，有时在晚上开始。）记忆测试显示出一个清晰的模式：若参与者既预期到记忆测试，又在学完词对后马上睡觉，则他们的表现最好；在没有测试提醒的情况下，参与者的表现较差，并且睡了一觉的参与者和保持清醒状态的参与者的表现大致相同；在没有睡眠的情况下，参与者的表现也较差，而且无论测试是意料之中还是出乎意料，成绩都大致相同。

这个实验的结果应该为你准备未来的考试提供了一个行动方案。你参加的所有考试几乎都是“预料之中的”。因此，你应该认真考虑在睡前进行一段学习，睡眠应该会有助于巩固你所学的知识。注意，快速眼动睡眠和非快速眼动睡眠都在巩固过程中发挥着作用，只不过它们影响使记忆永久化的生理过程的不同部分（Diekelmann & Born,

2010）。

在了解睡眠所有的重要功能之后，你可能不会对此感到惊讶：睡眠太少会造成一些严重的后果。睡眠剥夺对认知表现会产生广泛的负面效应，包括注意和工作记忆方面的困难（Banks & Dinges, 2007）。睡眠剥夺也会损害人们的执行运动技能的能力。例如，睡眠剥夺后的司机比睡眠良好的司机更容易发生交通事故。这个事实也引发一些评论者建议，应该像测量过量饮酒的呼吸式酒精检测仪那样，工程师也发明一种可以测量过度困倦的仪器（Yegneswaran & Shapiro, 2007）。

睡眠障碍

如果你的睡眠一直很好，这是一件值得庆幸的事。不幸的是，许多人受到睡眠障碍的困扰，这给他们的个人生活和事业带来了严重影响。睡眠障碍的成因涉及生物、环境和心理因素。在你阅读的时候请记住，睡眠障碍的严重程度是不同的。

失眠症　当人们对他们的睡眠时间或质量不满意时，他们就患上了**失眠症**（insomnia）。这种使人长期不能得到充足睡眠的障碍具有以下特征：不能很快入睡、经常醒来或早醒。在由 3 643 名美国成人组成的一个样本中，52.5% 的参与者报告一个月内至少有一次失眠；7% 的人报告几乎每晚都会失眠（Hamilton et al., 2007）。这项研究还证实失眠对人们的幸福感有持续的负面影响。

失眠症是由多种心理、环境和生物因素导致的复杂障碍（Bastien, 2011）。相关理论通常聚焦于人们无法从清醒的生活中解脱出来。经历失眠的人，可能很难在试图入睡时将侵入性的想法和感受从意识中驱逐出去。然而，当在睡眠实验室研究失眠病人时，他们实际睡眠的客观时间和质量彼此很不一样，从紊乱的睡眠到正常的睡眠。研究表明，一些抱怨缺乏睡眠的失眠患者实际上表现出了完全正常的睡眠生理模式，研究者将之称为主观性失眠。比如，在一项研究中，20 名被诊断患有主观性失眠的患者和 20 名控制组（无睡眠障碍）个体，在睡眠

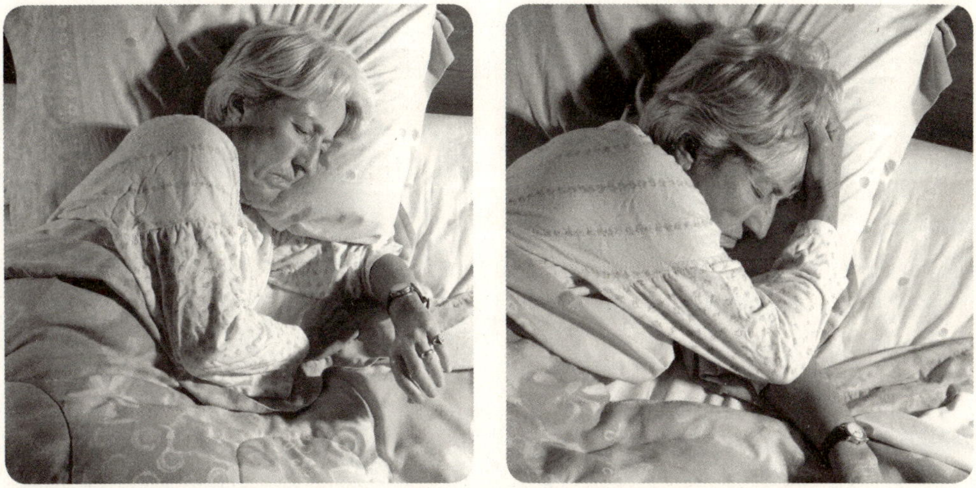

实际的睡眠模式与人们对失眠的知觉之间的关系是什么？

实验室度过一个晚上（Parrino et al., 2009）。两组的实际睡眠情况非常相似：患者的睡眠时间为 447 分钟，控制组为 464 分钟。然而，两组人对自己睡眠时间的主观估计却有很大的不同：患者组估计的睡眠时间为 285 分钟，控制组为 461 分钟。研究人员认为，主观性失眠患者睡眠中不寻常的脑活动模式可能有助于解释现实与其感知之间的差异。

发作性睡病　**发作性睡病**（narcolepsy）是一种以白天突然感到不可抗拒的睡意为特征的睡眠障碍。它通常伴有猝倒症，即由于情绪激动（如大笑、愤怒、恐惧、惊奇或饥饿）引起的肌肉无力或失去肌肉控制而使人突然跌倒。当他们入睡时，发作性睡眠病患者几乎立即进入快速眼动睡眠。快速进入 REM 睡眠会使他们体验到并有意识地觉知梦的生动景象，或有时是可怕的幻觉。发作性睡病的患病率约为 1/2 000。发作性睡病常在家族中流行，科学家们发现了与这种障碍相关的基因（Raizen & Wu, 2011）。由于患者试图避免突然睡去的困窘，因而发作性睡病常给他们带来负性的社会和心理影响（Jara et al., 2011）。

睡眠窒息症　**睡眠窒息症**（sleep apnea，也译作“睡眠呼吸暂停”）是一种上呼吸道睡眠障碍，患者在睡眠时突然停止呼吸。疾病发作的时候，血氧水平下降，应急激素分泌，导致睡眠者醒来并恢复呼吸。尽管多数人一夜中会有几次这样的呼吸暂停，但睡眠窒息症患者每夜会经历几百次这样的周期。有时窒息发作会使睡眠者感到害怕，但由于这种情况通常非常短暂，睡眠者往往不会把逐渐增多的困倦归因于它们（Pagel, 2008）。在成年人中，睡眠窒息症影响大概 2% 的女性和 4% 的男性（Kapur, 2010）。

睡眠期间的呼吸暂停在早产儿中也经常发生，有时他们需要物理刺激才会再次开始呼吸。由于他们的呼吸系统还未发育完善，只要问题存在，他们就必须在重症监护室接受监控。

梦游症　患有**梦游症**（somnambulism）的人会在保持睡眠状态的同时，离开床而四处走动。相对于成年人，梦游在儿童中更为常见（Mason & Pack, 2007）。例如，研究发现，约 7% 的儿童患有梦游症（Nevéus et al., 2001），而在成年人中梦游症患者只有约 2%（Bjorvatn et al., 2010）。梦游与非快速眼动睡眠有关。在睡眠实验室的监测中，成年梦游者在整个夜间睡眠前三分之一的阶段 3 和阶段 4 期间（见图 5.2）会表现出忽然觉醒，包含一些动作和言语（Guilleminault et al., 2001）。与一般人的观念相反，叫醒梦游者并不会造成特别的危险，他们只是会对忽然醒来感到困惑。但是梦游本身还是比较危险的，因为个体是在没有意识觉知的情况下四处行走。

梦魇和夜惊　当一个梦让你感到无助或失去控制而受到惊吓时，你正在经历**梦魇**（nightmare）。大多数人报告每年会经历 6 次到 10 次梦魇（Robert & Zadra, 2008）。然而，从童年到老年之间的这段时间里，女性经历的梦魇比男性要多一些（Schredl & Reinhard, 2011）。女性更容易回忆起她们的梦，这可以部分解释这种差异。梦魇发生的高峰期是在 3 岁到 6 岁，大多数儿童都至少偶尔发生（Mason & Park, 2007）。此外，经历过创伤事件，如强奸或战争的人，可能经历重复的梦魇，迫使他们再次体验创伤的某些方面（Davis et al., 2007）。经历过旧金山大地震的大学生与未经历过地震的匹配组学生相比，梦魇发生的可能性是后者的两倍。而且，正如你可能想到的，许多梦魇与地震的灾难性后果有关（Wood et al., 1992）。

梦魇和夜惊的区别是什么?

夜惊（sleep terror）是指睡眠者突然醒来并进入极度唤醒状态，常常以惊恐的尖叫为标志（DSM-Ⅳ-TR, 2000）。夜惊一般发生在夜晚睡眠前 1/3 的非快速眼动睡眠期。大多数经历夜惊的人都对这些事件毫无记忆。夜惊在儿童期最为常见，高峰是在 5 岁到 7 岁间（Mason & Pack, 2007）。在 4 岁到 12 岁间，大约 3% 的儿童会经历夜惊。只有不到 1% 的成年人发生夜惊。研究者业已发现，一些独特的脑活动模式可以识别哪些儿童存在特别高的夜惊风险（Bruni et al., 2008）。

梦：心理的剧场

在你一生每个寻常的夜晚，你都会进入复杂的梦的世界。这个曾经只属于预言家、通灵者和精神分析师的地盘，如今已经逐渐成为科学研究人员的一个极其重要的研究领域。许多梦的研究是在睡眠实验室展开的，在那里实验者可以监控睡眠者的 REM 和 NREM 睡眠。尽管在将个体从快速眼动睡眠阶段中唤醒时，他们更有可能报告在做梦——大约占唤醒次数的 82%，但做梦也发生在非快速眼动睡眠阶段——大约占唤醒次数的 54%（Foulkes, 1962）。非快速眼动睡眠状态时所做的梦不太可能包含涉及情绪的故事内容。它更类似于日间的思维，较少伴随感觉表象。

由于梦在人们心理生活中的地位如此突出，所以几乎每种文化中都会有同样的问题：梦有意义吗？答案几乎总是肯定的。也就是说，大多数文化抱持这样的信念，即梦具有重要的个人和文化意义。现在我们回顾文化赋予梦意义的一些方式。

弗洛伊德对梦的分析 当代西方文化中，关于梦的最著名的理论创始于弗洛伊德。弗洛伊德把梦称为“暂时性的精神病”和“夜夜发狂”的模式。他也把梦视作“通向无意识的捷径”。他的经典著作《梦的解析》（1900/1965）让梦的分析成为精神分析学派的基石。弗洛伊德提出，所有的梦都是对*愿望的满足*：在他看来，人们的梦允许他们表达强烈的无意识愿望，这些愿望以伪装的象征性形式出现，因为这些愿望包含诸如对异性父母的性欲望这样的禁忌。因此，在梦里有两股动力在运作：*愿望*和抵抗愿望的*审查*。审查将梦的隐藏意义即**潜性梦境**（latent content），通过歪曲过程转化成**显性梦境**（manifest content）呈现给做梦者，弗洛伊德称这种过程为**梦的工作**（dream work）。显性梦境是可接受的版本；潜性梦境代表社会或个人不能接受，但是真实而“未经剪辑”的版本。

按照弗洛伊德的理论，梦的解析需要从显性梦境回溯到潜性梦境。对采用梦的分析来理解和治疗患者问题的精神分析师而言，梦揭示了病人的无意识愿望，附加在那些愿望上的恐惧，以及病人用来处理愿望和恐惧之间精神冲突的典型防御。弗洛伊德相信，梦中的符号和隐喻既具有特异性（对特定个体是特殊的），也具有普遍性含义（许多都有性的性质）。弗洛伊德的释梦理论将梦的符号与人类心理学的外显理论联系起来。弗洛伊德对梦的心理重要性的强调，为梦的内容的当代研究指出了一条道路。

释梦的非西方途径 西方社会中的许多人也许从来没有认真地思考过他们的梦，直到他们成为心理学专业的学生或进入心理治疗。与此形成鲜明对照的是，在许多非西方的文化中，梦的分享与解读是文化架构中的一部分（Lohmann, 2010; Wax, 2004）。考虑一下厄瓜多尔阿丘雅印第安人的日常活动（Schlitz, 1997, p. 2）：

> 像每一个早晨一样，（村里的）男人们围坐成一个小圈……他们一起分享前一晚的梦。这种分享梦的日常仪式在

阿丘雅人的生活中是非常重要的。他们的信念是，每个个体的梦不是他们自己的，而是整个团体的。个体经验服务于集体的行动。

在这些早晨的聚会中，每个做梦者讲出他的梦而其他人提供解释，希望对梦的意义达成某种共识。这种认为个体的梦“属于团体”的信念与弗洛伊德的观点——梦是通向个体无意识的“捷径”——形成了鲜明的对比。

在许多文化中，特定群体中的个体被认为拥有特殊的力量，能帮助人们对梦进行解释。想一想生活在墨西哥、危地马拉、伯利兹和洪都拉斯各个地方的玛雅印第安人的习俗。在玛雅文化中，萨满教的巫师是梦的解释者。事实上，在玛雅人的一些亚群中，当一个人梦到自己被负责宣告萨满任命的神探访时，他就会被选为担任萨满教巫师这种角色。有关宗教仪式的正式程序也通过梦启的方式提供给这些新选出的萨满教巫师。尽管萨满教的巫师和其他宗教人士具有与释梦相关的专门知识，但普通个体也叙述和讨论梦。做梦者通常在夜里叫醒他们的床伴讲述梦境；在一些社会中，母亲每天早晨让她们的孩子讲述他们的梦。如今，玛雅人在他们的家乡已经成为内战的牺牲品；许多人被杀死或被迫逃离。按照人类学家**芭芭拉·特德洛克**的说法，一个重要的反应是，他们“更加强调那些能使得他们与其祖先和其生活的神圣土地保持联系的梦与幻象”（Tedlock, 1992, p. 471）。

许多非西方群体关于梦的文化习俗也反映了完全不同的时间观。弗洛伊德的理论对梦的解释是回顾过去，指向儿童期的经历和被压抑的愿望。在许多其他的文化中，梦被认为呈现了未来的景象（Basso, 1987; Louw, 2010）。例如，在埃塞俄比亚和苏丹接壤的英杰萨那山，节日的时间是由梦的景象来决定的（Jedrej, 1995）。宗教圣地的看护人梦到他们父亲和其他祖先的探访，指示他们“宣告节日的到来”。还有其他一些群体在文化上被赋予了梦的象征和意义之间的关系系统。看一看巴西中部的印第安人的这些解释（Basso, 1987, p. 104）：

> 当我们梦见被火烧，预示着随后我们会被某种野生动物叮咬，比如蜘蛛或蚂蚁。
>
> 当一个男孩在偏僻的地方隐居，他梦到爬上一棵高大的树，或另外一个人看到一条长长的路，他们就会活得很长久。如果我们梦到跨越森林中一条宽阔的河流，也会活得很长久。

注意，这里的每一个解释都指向未来。梦的未来导向解释是丰富的文化传统中的一个重要成分。

梦的内容的当代理论 西方和非西方对梦进行解释的基础都是梦所提供的信息对个人或社群有着真实的价值。当研究者开始考察梦的生物学基础时，他们挑战了这种观点。例如，*激活—整合模型*认为，从脑干发出的神经信号，刺激前脑和皮层联络区，从而产生了随机记忆以及与做梦者过去经历的联系（Hobson, 1988; Hobson & McCarley, 1977）。根据这种观点，这些随机爆发的电“信号”没有逻辑上的联系，没有内在的含义和一致的模式。

然而，当代有关梦的研究又反驳了梦的内容源于随机信号的观点（Nir & Tononi, 2010）。事实上，神经学证据表明，梦产生的基本过程与清醒期间做白日梦和走神时运作的过程是一样的（Domhoff, 2011）。脑成像研究发现，在快速眼动睡眠期间海马表现活跃（Nielsen & Stenstrom, 2005），这是一个对获得某类记忆至关重要的脑结构（见第 7 章）。而另一个对情绪记忆有重要作用的脑结构——杏仁核——也在快速眼动睡眠阶段相当活跃。这些关于梦的生理学方面的深入理解支持这样一种观点，即睡眠的功能之一是“把个体在过去几天中的新近经历与其目标、愿望以及问题”统合起来（Paller & Voss, 2004, p. 667）。根据这种观点，梦境反映了大脑试图围绕在快速眼动睡眠阶段最突显的近期生活片段编织一段叙事。

研究证实了梦境内容与梦者清醒时所关心的事情之间有着极大的连续性（Domhoff, 2005）。然而，梦很少与清醒生活中的事件完全相同。相反，梦的内容往往来自更碎片化的记忆。例如，人们在清醒时投入某些活动的时间越多（如体育活动或阅读），报告包含这些活动的梦的比例也越高（Schredl & Erlacher, 2008）。梦中经常会出现前一天的记忆元素。梦也会表现出滞后效应：它们更有可能包含梦前 5 天到 7 天而非 2 天到 4 天的记忆元素（Blagrove et al., 2011）。这种梦的滞后可能是快速眼动睡眠巩固新记忆的另一个后果。

你可以考虑试着记录梦的日志，即在每天早晨醒后立刻把梦记下来，看看你自己的梦怎样与你日常所关注的事情有关，以及梦的内容怎样随着时间的推移而保持稳定或发生变化。我们需要提醒你，有些人相对于其他人更难想起自己的梦（Wolcott & Strapp, 2002）。比如，当你在快速眼动睡眠期间或者在此之后不久被唤醒，你会更容易想起梦的内容。如果你想回忆起自己的梦，你可以考虑调整闹钟的时间。另一方面，对做梦的态度更加积极的人似乎更容易想起自己的梦。从这个意义上来讲，你记录梦的日志反映了你对梦的兴趣，而这种兴趣可能有助于你更容易回忆起自己的梦。

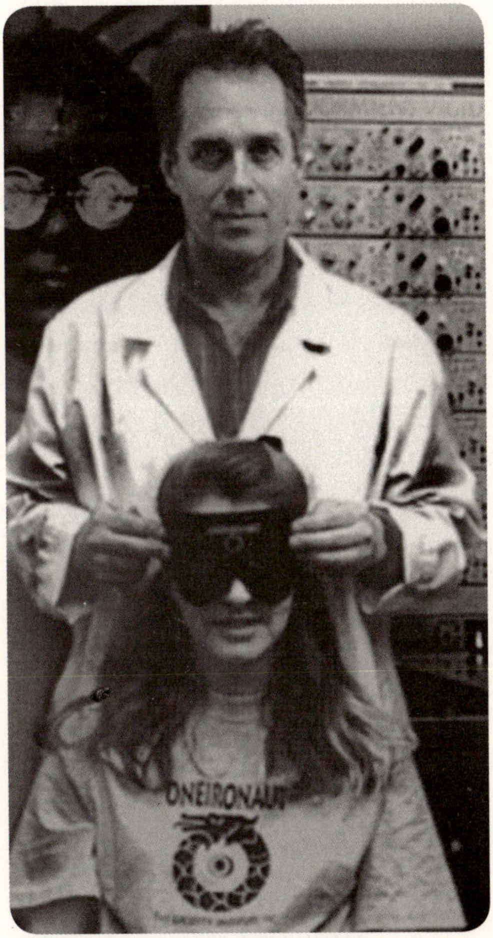

研究者斯蒂芬·拉伯奇在调整一种特制护目镜，它能提示睡眠中的参与者 REM 睡眠正在出现。他训练个体进入一种清醒梦的状态，觉知梦活动的过程和内容。如果你能够体验清醒梦，你会怎样塑造你的梦境？

在我们结束梦的话题之前，让我们考虑最后一个问题：你在做梦的时候有可能意识到自己在做梦吗？答案是肯定的！事实上，**清醒梦**（lucid dreaming）的研究者已经证明，有意识地觉知到自己在做梦是一种技能，可以通过定期练习来提升（LaBerge, 2007）。已有多种方法被用来诱导清醒梦。例如，在一些清醒梦的研究中，睡眠者戴

生活中的心理学

你是晨鸟型还是夜猫子型

我们在介绍昼夜节律的概念时，提到了一天中身体的重要生理功能如唤醒水平、新陈代谢、心率和体温会经历变化。然而，具体的变化模式在不同的人身上有很大的差异。实际上，研究者提出根据所偏好的睡眠—觉醒模式，人们可以分成不同的时型（chronotypes）。

考虑这样一项研究，一组研究者让数千名欧洲成年人回答在他们不需要起床工作的日子里，他们遵循的是什么睡眠模式。最常见的回答是午夜后不久上床睡觉，早上 8:20 左右起床（Roenneberg et al., 2007）。与这样的标准相比，你的偏好是怎样的？如果你早睡早起，你可以算作*晨鸟型*。如果你习惯午夜后上床睡觉，你算作*夜猫子型*。你离标准越远，晨鸟型或夜猫子型的程度就越高。随着成人的年龄增大，人们的偏好往往转向晨鸟型：祖父母一般偏向于比其十几岁的孙子更早得多地起床。然而，在这种总体转变的背景下，个体差异似乎保持稳定。即使到了老年，青少年时期相对更夜猫子型的人仍然倾向于比同龄人更晚起床。

研究者提供了大量的证据，表明昼夜节律有助于决定人们在一天的哪些时段表现最佳（Blatter & Cajochen, 2007; Kyriacou & Hastings, 2010）。由于昼夜节律的影响，时型不同的人最佳表现的时段通常也不同。考虑一项包含 40 名青少年参与者的研究，他们的年龄从 11 岁到 14 岁，每个人都是鲜明的晨鸟型或夜猫子型（Goldstein et al., 2007）。青少年在一天的最佳时段或非最佳时段完成来自标准智力测验（WISC，见第 9 章）的一部分项目。例如，一半的晨鸟型学生在早晨完成测验，另一半则在下午。在他们偏好的时段接受测验的参与者，其智力测验得分平均高出 6 分。（如果你翻到**图 9.2**，你将看到这是一个多么大的差异。）

研究者还从青少年的父母和亲属那里获得关于他们日常行为的信息。晨鸟型的学生在这些测量方式中表现出更强的社交能力，即与夜猫子型的青少年相比，更少报告存在注意力问题和攻击行为。这类结果支持了这样一种观点，即夜猫子型学生会遭受一种叫作“社交时差”的困扰（Wittmann et al., 2006, 2010）。因为他们是被闹钟叫醒的，所以他们的行为表现总是发生在与个人节律不同步的时段。缺乏同步性对成绩和行为都有负性的影响。

那么，你是明确的晨鸟型还是夜猫子型？如果你有着很强的时型，想想该如何安排工作和娱乐以获得最佳表现。

着特制的护目镜。当护目镜侦测到 REM 睡眠时，就会闪烁红灯。参与者先前已经了解到，红灯是让他们有意识地觉知自己正在做梦的线索（LaBerge & Levitan, 1995）。一旦觉知到做梦（但仍未醒），睡眠者就会进入清醒梦的状态，在这种状态下，他们可以控制自己的梦，按照他们自己的目标引导梦，并使梦的结果符合他们当前的需要。即使没有经过特殊训练，人们有时也会意识到自己在做梦。研究者已经开始研究使清醒梦成为可能的大脑过程（Neider et al., 2011; Voss et al., 2009）。

我们可以将梦视为日常意识的边界。现在我们要转向个体有意寻求超越日常体验的情况。

STOP 停下来检查一下

❶ 为什么你会体验到时差反应？

❷ 在整个晚上，非快速眼动睡眠和快速眼动睡眠之间的比例是如何变化的？

❸ 睡眠的两大功能可能是什么？

❹ 患有睡眠窒息症的人有什么症状？

❺ 弗洛伊德的潜性梦境指的是什么？

批判性思考：回想一下那项关于睡眠影响词对学习的研究。有些参与者在早上开始实验而有些人在晚上开始实验，为什么这一点很重要？

意识的其他状态

在任何一种文化中，都有一些人不满足于他们清醒意识的常规变化。他们已经找到了一些方法，可以把他们带入熟悉的意识形式之外，体验意识的其他状态。接下来我们介绍催眠和冥想。

催 眠

如同流行文化中所描绘的那样，催眠师对知情或不知情者都可以施加巨大的操纵力。这种观点正确吗？催眠是什么？它有什么重要特征？它具有哪些有效的心理学用途？**催眠**（hypnosis）这个词是从希腊神话中睡眠之神许普诺斯的名字借用而来的，但事实上催眠和睡眠并不是一回事，除了在一些情况下，人们在催眠中会表现出深度放松、类似睡眠的状态。（如果人们真的睡着了，他们就不能对催眠有所反应。）对催眠的一个广义界定是，它是一种不同的觉知状态，其特征是一些人对暗示有特殊的反应能力，并在知觉、记忆、动机和自我控制感方面发生变化。在催眠状态下，参与者对催眠师暗示的反应性增强，他们经常感到他们的行为是在没有意图或不需任何意识努力的情况下进行的。

研究者对催眠所涉及的心理学机制看法不一（Lynn & Kirsch, 2006）。一些早期的理论家们提出，被催眠的个体进入了一种恍惚（trance）状态，与清醒的意识很不相同。另一些人主张催眠不过是一种高动机状态。还有一些人相信它是一种社会角色扮演，是试图取悦催眠师的安慰剂反应（见第 2 章）。事实上，研究已经在很大程度上排除了以下说法，即催眠涉及特殊的类似恍惚状态的意识改变。然而，尽管未被催眠的个体也会产生某些与催眠个体相同的行为模式，但催眠似乎有一些附加效果，不只是动机或安慰剂作用。在本节中，我们先讨论催眠诱导和可催眠性，之后再来描述催眠的一些效果。

催眠诱导和可催眠性 催眠开始于**催眠诱导**（hypnotic induction），它是一组预备活动，目的是尽可能减少外界干扰，并鼓励参与者只专注于暗示的刺激，而且相信自己即将进入一种特殊的意识状态。诱导活动包括暗示参与者想象特定的经历或对事件和反应进行视觉化表征。重复多次这一练习，诱导程序就变得像一种习得的信号，使参与者可以很快地进入催眠状态。典型的诱导程序使用让人深度放松的暗示，但有些人可以通过一种活跃的警觉性诱导而进入催眠状态，如想象他们正在慢跑或骑自行车（Banyai & Hilgard, 1976）。

可催眠性（hypnotizability）表示个体为体验催眠反应，对标准化暗示的反应程度。催眠的易感性有很大的个体差异，从根本没有反应到完全反应。**图 5.5** 显示了在第一次接受催眠诱导测试时，不同的可催眠性水平的大学生所占的百分比。在这个量表上计分为“高”或“极高”是什么意思呢？进行测试的时候，催眠者做一系列催眠暗示，口述每个个体可能会有的一些体验。当催眠者暗示他们伸出的胳膊变成了铁棍时，可催眠性高的个体可能发现他们自己不能使手臂弯曲了。在适当的暗示下，他们可能掸去并不存在的苍蝇。作为第三个例子，可催眠性高的个体在催眠者暗示他们已经无法点头时，他们就可能真的不能点头了。而那些在可催眠性量表上计分为“低”的学生很少体验到这些反应。

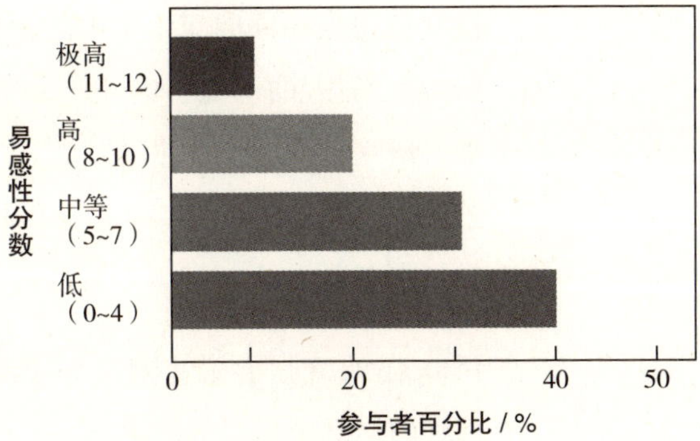

图 5.5　首次诱导的催眠水平

图中显示了 533 名个体首次接受催眠的结果。可催眠性由包含 12 个项目的《斯坦福催眠易感性量表》测量。

可催眠性是一种相对稳定的特质。50 位男女参与者在大学期间和 25 年之后接受可催眠性的测试，结果表明两次可催眠性的分数有相当高的相关（相关系数为 0.71）（Piccione et al., 1989）。与成人相比，儿童往往更易受暗示；催眠反应性的高峰是在青少年期到来之前，随后下降。研究者并未找到太多与可催眠性相关的人格特质（Kihlstrom, 2007）。可催眠性高的人并不更加可能是轻信和顺从者。事实上，与可催眠性正相关最高的一种人格特质是专注（absorption），这种特质是指个体“倾向于高度投入想象或者感觉体验”（Council & Green, 2004, p.364）。比如，如果你在看电影的时候经常感到完全忘却了现实世界，那么你可能具有较高的可催眠性。

有证据表明，可催眠性具有遗传决定因素。早期研究发现，可催眠性得分在同卵双生子中的相似度高于异卵双生子（Morgan et al., 1970）。最近的研究已经开始关注决定这种个体差异的特定基因。例如，研究者识别出一种称为 COMT 的基因会影响脑中神经递质多巴胺的使用。这一基因的多样性与个体可催眠性的差异相关（Szekely et al., 2010）。

催眠的效果 在描述测量可催眠性的方法时，我们已经提到过一些催眠的标准效果：催眠状态下，个体对有关运动能力（如他们的手臂变得不可弯曲）和知觉体验（如他们产生有只苍蝇的幻觉）的暗示做出反应。然而，我们怎么能肯定这些行为是由催眠的某些特性引起的，而不只是源于参与者想取悦催眠师的强烈愿望呢？为了说明这一重要的问题，研究者通常会做实验，对催眠和放松训练的效果进行比较。

研究特写

为了评估催眠的效果，研究者招募了一群患有颞下颌关节紊乱综合征的女性，这种疾病会导致“颌骨和周围组织的急性和慢性疼痛，以及颌骨活动受限”(Abrahamsen et al., 2011, p. 345)。大约有一半的人被随机分配到催眠组。这些女性接受了 4 次时长 1 小时的催眠治疗，在此过程中，她们参与了一系列的活动，包括暗示催眠后“要忘记疼痛，让你的思绪被美好的回忆和喜欢的活动占据”(p. 348)。其余女性被分配到控制组。这组女性也接受了 4 次时长 1 小时的治疗，只不过这些治疗主要聚焦于放松技巧。然而，控制组的女性被告知她们接受的治疗也是一种催眠干预。所有的参与者都提供了治疗前 7 天和后 7 天（每天 3 次）疼痛情况的自我报告。催眠组的报告是：治疗后疼痛持续保持减轻；而控制组没有变化。

这项实验证明了催眠减少疼痛（催眠镇痛）的可能性。心中的预期和害怕会放大疼痛刺激；你可以通过催眠减轻这种心理上的效果（Dillworth & Jensen, 2010）。通过各种催眠暗示可实现疼痛控制：将疼痛的身体部位想象为非器质性的（是由木头或塑料制成的），或是与身体的其他部分分离，以便使一个人的思想从身体中暂时离开，以及以各种方式扭曲时间。人们甚至在他们把所有思想和想象排除出意识之外后，仍可以通过催眠控制疼痛。

一些证据表明，可催眠性高的个体，通过催眠获得的疼痛减少的效果也会更好（De Pascalis et al., 2008）。研究者试图弄清楚这种差异的大脑基础。例如，一项脑成像研究发现，可催眠性高的个体，其胼胝体前部的区域更大（见第 3 章）（Horton et al., 2004）。胼胝体的这个部分在注意和抑制不想要的刺激时发挥着作用，这说明可催眠性高的个体可能拥有更多使得他们可以通过催眠来抑制疼痛的脑组织。EEG 研究同样发现在催眠导致的疼痛减弱中，可催眠性高和可催眠性低的个体的大脑反应是不同的（Ray et al., 2002）。

对催眠最后要说明的是：催眠的力量不在于催眠师的某种特殊能力或技能，而在于被催眠个体的相对可催眠性。被催眠并不意味着放弃自己的个人控制；相反，被催眠的体验使得个体有机会了解实施控制的一些新方法，如催眠者（作为教练）训练参与者（表演者）所展现出来的那些控制。当你观看一个人在催眠状态下完成古怪行为的舞台表演时，你应该记住这一点：舞台上的催眠师只是让一些有强烈表现欲的人当众做一些大多数人永远也不会被人指挥着做的事情，以此取悦观众而已。而研究者和治疗师则将催眠作为一种技术，可以让你探索和塑造你的意识感。

冥　想

许多宗教和东方的传统心理学都致力于引导你的意识摆脱当前的世俗纷扰。它们寻求获得对心理和精神自我的一种内在关注。

冥想（meditation）是一种改变意识的形式，它通过达到深度的宁静状态而增强自我认识和幸福感。在专注（concentrative）冥想期间，人们可能把注意力集中在自己的呼吸和调节呼吸上，采取某些身体姿势（如瑜伽姿势），使外部刺激减至最小，产生特定的心理表

冥想怎样创造了一种改变了的意识状态?

象，或什么都不想。而在正念（mindfulness）冥想中，个体要学会让思绪和记忆在心中自由穿行，而不对其做出反应。

研究往往关注冥想如何帮助必须生活在压力环境中的人们缓解焦虑（Oman et al., 2006）。例如，正念冥想是正念减压的基础（Kabat-Zinn, 1990）。在一项研究中，患有心脏病的妇女进行持续 8 周的正念冥想训练，在训练结束后，这些妇女所报告的焦虑感均比训练前低（Tacón et al., 2003）。而控制组的妇女没有体验到这种改善。因为焦虑感对心脏病的病程发展有影响，所以这个结果为心理有助于治愈身体提供了证据。（在第 12 章的健康心理学中，我们还会讨论这个主题。）

脑成像技术已开始揭示冥想影响脑活动模式的方式（Ives-Deliperi et al., 2011）。事实上，近期的证据表明，随着时间的推移，冥想练习可能对大脑本身有积极的作用。

研究特写

研究者推测，与冥想相关的活动——把注意力集中在内部和外部的感觉——会改变与此有关的脑区之间的连接强度（Kilpatrick et al., 2011）。为检验这个假设，研究者邀请 17 名女性接受为期 8 周的正念减压训练。研究者用一种被称作功能连接磁共振成像（fcMRI）的脑扫描技术来检查她们的脑区之间的连接，这种技术评估的是脑活动的网络情况。将正念减压组的女性大脑与 15 名未接受该训练的女性（但在实验完成后她们也接受了训练）进行比较。结果发现，接受正念减压训练的女性的脑连接增强。研究者推测，短期的正念减压训练使得“感觉加工增强，注意力资源分配更好，注意焦点也更稳定”（p. 297）。

还有一些研究表明，冥想训练可能会减缓通常伴随衰老而来的神经元的减少。例如，一项研究比较了有 3 年及以上的禅宗冥想经验的 13 名个体与在年龄、性别和教育水平上相匹配的 13 名控制组参与者（Pagnoni & Cekic, 2007）。研究发现，控制组参与者中存在一种负相关，即年龄越大的参与者脑体积越小。而在经常冥想的参与者中则没有这种随年龄增大脑体积变小的趋势。

冥想的修行者认为，在有规律地进行练习时，一些冥想形式能够增强你的意识，并且让你以新的方式看待熟悉的事物，从而帮助你获得开悟。上述近期研究则表明，冥想可能还有益于你的大脑。

在这一节中，我们总结了一些人们在清醒时改变意识状态的方式。下面我们通过介绍最常见的改变意识的手段来结束本章，这种最常见的方法就是：药物。

STOP 停下来检查一下

❶ 关于可催眠性遗传基础的研究说明了什么？

❷ 冥想的两种形式是什么？

批判性思考：考虑一下发现催眠组和控制组在疼痛减轻方面存在差异的那项研究。让控制组的女性相信她们接受的训练也是一种催眠干预，为什么这样做很重要？

改变心理的药物

从古代开始，人们就已经通过服用药物来改变他们对现实的知觉。考古学证据表明，在美国西南部和墨西哥，人类不间断地使用侧花槐（红豆槐）的种子已有超过 1 万年的历史。古代的阿兹特克人将侧花槐豆发酵制成啤酒。从古代开始，作为宗教仪式的一部分，北美和南美人也会摄入一种“神圣蘑菇”，这种含有裸头草碱的蘑菇被当地人称为“神之肉”。少量食用这些蘑菇就会让人产生生动逼真的幻觉。

在西方文化中，药物与神圣的公共宗教仪式的联系少于与消遣娱乐的联系。世界各地的人们服用各种药物来放松，应对压力，逃避令人不快的现实，在社交场合让人感到舒适，或者体验意识的一种非寻常状态。100 多年前，威廉·詹姆士，美国心理学的奠基者，前面我们已经多次提及他，在其实验中报告了一种改变精神的药物。在吸入一氧化二氮（笑气）之后，詹姆士解释道："核心体验是巨大的兴奋感，强烈的形而上之光。深埋在使人眼花缭乱的证据深处的真理此时变得显而易见。心智洞穿了所有存在的逻辑关系，其中的微妙和即时性是正常意识不可能提供的"（James, 1882, p. 186）。于是，詹姆士对意识研究的兴趣延伸到了对自我诱发的非寻常状态的研究上。

正如我们将在第 15 章看到的，对人们心理状态有影响的药物往往对治疗心理障碍也有关键作用。事实上，如**表 5.2** 所示，很多类型的药物都有重要的医疗用途。然而，很多人使用这些药物并非为了身体或心理健康。2009 年的美国公民调查中，近 68 700 名 12 岁及以上的受访者中，有 8.7% 的人报告在过去一个月使用过一种或多种违禁药物［Substance Abuse and Mental Health Services Administration (SAMHSA), 2010］。这个比率在接近 20 岁的人群中要高得多——16.7% 的 16~17 岁青少年和 22.2% 的 18~20 岁青少年报告在过去一个月使用过某种违禁药物。此外，样本中 51.9% 的个体在调查前的一个月内喝过酒，27.7% 的人吸过烟。这些数字表明，理解药物使用的生理和心理后果是多么重要。

依赖和成瘾

精神活性药物（psychoactive drug）是指能通过暂时改变意识觉知来影响个体的心理过程和行为的各种化学物质。一旦进入脑部，这些化学物质就与突触受体结合，阻断或刺激某些反应。由此，它们会极大地改变脑的通信系统，进而影响知觉、记忆、心境和行为。然而，持续使用某种药物会产生**耐受性**（tolerance），即若再获得同样的效果

表 5.2 精神活性药物的医疗用途

药物	医疗用途
致幻剂	
LSD（麦角酰二乙基酸胺）	无
PCP（苯环已哌啶）	兽用麻醉
大麻	化疗引起的恶心
鸦片类（麻醉剂）	
吗啡	止痛
海洛因	无
镇静剂	
巴比妥酸盐（如速可眠）	镇静、安眠药、麻醉、抗惊厥
苯（并）二氮䓬（如安定）	抗焦虑、镇静、安眠药、抗惊厥
氟硝安定	安眠药
GHB（γ-羟基丁酸）	治疗发作性睡病
酒精	防腐、杀菌
兴奋剂	
安非他命	多动症、发作性睡病、体重控制
甲基安非他命	无
MDMA（摇头丸）	可能有助于心理治疗
可卡因	局部麻醉剂
尼古丁	戒烟用的尼古丁口香糖
咖啡因	体重控制、急性呼吸衰竭的兴奋剂、止痛

则需要更大的剂量。我们将在第 6 章描述耐受性的某些心理学根源。我们会描述为什么持续地使用药物会使大脑条件反射地发生反应，以对抗药物的作用。因为身体的对抗，人们需要越来越高的药物剂量来获得相同的效果。

与耐受性紧密联系的是**生理依赖**（physiological dependence），即身体逐渐适应与依赖某种物质的过程，部分是因为药物频繁出现导致神经递质耗竭。耐受性和依赖的悲剧后果是**成瘾**（addiction）。成瘾者的身体需要药物，而且在药物不出现时会遭受痛苦的戒断症状（颤抖、出汗、恶心，在酒精戒断个案中甚至会出现死亡）。

当个体发现使用药物如此令人向往或欣快以至出现渴求，那么不管成瘾与否，这种情况都被称为**心理依赖**（psychological dependence）。任何药物都可能引发心理依赖。药物依赖的结果是个体的生活方式变得完全以药物的使用为中心，致使其生活能力受到限制或损害。此外，维持日常用药习惯（并且还不断增加）的花费，常使成瘾者走上抢劫、攻击、卖淫或贩毒之路。

各种精神活性药物

表 5.2 列出了常见的精神活性药物（在第 15 章，我们将讨论用于缓解心理疾病的其他种类的精神活性药物）。我们会简要地描述每类药物怎样产生生理和心理的影响。我们也会提到药物使用的个人和社会后果。

致幻剂　最具戏剧性的意识变化是由**致幻剂**（hallucinogen）或迷幻剂引起的；它们既改变对外部环境的知觉，也改变内在觉知。顾名思义，这些药物常常引发**幻觉**（hallucination），即一种在没有客观刺激的情况下出现的生动知觉。幻觉会导致个体丧失自我与非自我之间的边界。麦角酰二乙基酸胺（LSD）和苯环己哌啶（PCP）是两种常见的实验室合成的致幻剂。致幻剂一般通过影响化学神经递质 5- 羟色胺的使用在脑中起作用（Fantegrossi et al., 2008）。例如，LSD 与 5- 羟色胺受体非常紧密地结合，使得神经元产生持续的激活。

大麻是一种具有精神活性效果的植物。它的活性成分是四氢大麻酚（THC），在大麻凝结的树脂及其干叶子和花中都有发现。吸入 THC 所产生的体验取决于剂量，小剂量引发温和的欣快，大剂量导致长时间的幻觉反应。经常使用者报告欣快感、幸福感、空间和时间的扭曲，偶尔还有“灵魂出窍”的体验。然而，由于情境不同，效果也可能是负性的——恐惧、焦虑和混乱。

研究者多年前就已经知道，大麻中的化学活性成分大麻素与脑中特定的受体结合，这些大麻素的受体在与重要记忆过程有关的脑区海马中特别常见（Goonawardena, 2011）。研究者随后发现了脑内与相同受体结合的内源性物质。第一种被发现的内源性大麻素是花生四烯酸乙醇胺（anandamide，来自梵文“ananda”，意为极乐；Di Marzo & Cristino, 2008）。这个发现使人们了解到，大麻素是通过结合对脑内自然产生的物质敏感的大脑位点，来达到改变心理的效果。这些内源性大麻素在脑中发挥神经调质的作用，比如，它们可以控制海马中神经递质 GABA 的释放（Lee et al., 2010）。在“生活中的批判性思维”专栏中，我们会讨论这些物质在调节食欲和进食行为中的重要作用。

鸦片类药物　鸦片类药物，如海洛因和吗啡，可以抑制身体对刺激的感觉和反应。诸如奥施康定（Oxycontin）之类的止痛药也属于鸦片类药物，具有相同的效果。在过去几年里，滥用奥施康定和其他处方类鸦片类药物的人数急剧上升（Rawson et al., 2007）。第 3 章中，我们曾指出大脑中存在内啡肽（内源性吗啡的简称），它会对心境、疼痛和快乐产生强烈的影响。这种内源性鸦片类药物在大脑应对生理、心理压力的过程中发挥着重要作用（Ribeiro et al., 2005）。鸦片和吗啡等药物在脑中会与跟内啡肽相同的受体位点结合（Trescot et al., 2008）。因此，鸦片类药物和大麻之所以产生效果，是因为它们的活性成分具有和大脑中自然产生的物质相似的化学特性。

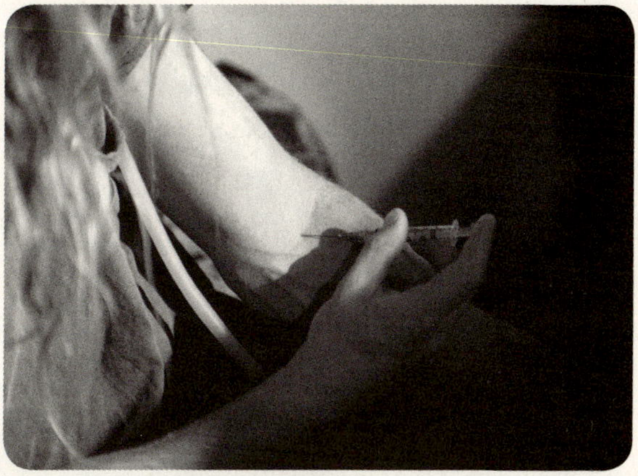

为什么使用海洛因会导致成瘾？

海洛因静脉注射的最初效果是快乐体验的冲击，欣快感替代了所有担忧和对身体需要的觉知。当内源性鸦片系统的神经受

生活中的批判性思维

我们能从“极度饥饿感”中学到什么

即使你从未吸食过大麻，你对大麻臭名昭著的一个效应也大概不会陌生：大麻让人们强烈地渴求食物，这种渴求通常被称为“极度饥饿感”（munchies）。对大麻引发饥饿感的观察至少可以追溯到公元 300 年，当时印度的经文中推荐用大麻刺激食欲（Cota et al., 2003）。花点时间想一想你会如何把“极度饥饿感”变为一个研究项目。你会提出什么样的问题？

你想解决的第一个问题可能是“为什么大麻会影响人们的食欲？”本书中，我们已经告诉你这个故事的重要部分：研究者突破性地发现脑中存在内源性大麻素。有了这个发现，研究者证实了以下假设，即内源性大麻素在调控食物摄取中起着持续性的作用（Vemuri et al., 2008）。这项研究还解释了人们在这种极度饥饿感中会渴求什么类型的食物。除了调控食欲，内源性大麻素还在脑的奖赏系统中发挥作用（Cota et al., 2006）。出于这个原因，内源性大麻素具有促使人们寻求美味或甜味食物的特殊作用。因此，垃圾食品可以最好地满足这种极度饥饿感并非偶然。

现在你知道了内源性大麻素可以增加食欲。你下一步思考的问题可能是：研究者能够设计出利用相同的系统来抑制食欲的药物吗？在过去的几年里，这方面的研究已经取得了很大的成功（Vemuri et al., 2008）。初现曙光的一种药物是利莫那班（rimonabant）。利莫那班阻断脑内的大麻素受体执行正常的功能。在一项测试利莫那班治疗效果的双盲研究中，给予 1 036 名超重者和肥胖者低剂量或高剂量的这种药物，或者是安慰剂（即一种惰性物质）（Després et al., 2005）。在长达一年的研究过程中，安慰剂组的参与者体重减轻约 2 千克；低剂量组参与者减轻约 4 千克；高剂量组参与者减轻了约 9 千克！相似地，高剂量组参与者腰围减少了约 9 厘米，而低剂量组和安慰剂组分别减少约 5 厘米和 3 厘米。基于这一结果，研究者开始探索与利莫那班有着相同效果，但副作用（如抑郁、焦虑、恶心或头晕）更小的药物（Christopoulou & Kiortsis, 2011）。

从这个例子中你可以看到，研究如何从一个现实观察发展成为富有成效的研究项目。实际上，这一研究过程中还显示出更大的未来前景：由于内源性大麻素对脑的奖赏回路有着重要的影响，研究者相信作用于内源性大麻素系统的药物可以成功地治疗疼痛和成瘾（Clapper et al., 2010; Fattore et al., 2007）。

- 为什么测试利莫那班的研究中双盲控制很重要？
- 调节食欲和调节奖赏的大脑系统之间可能存在什么联系？

体受到药物的人为刺激时，大脑就会失去微妙的平衡。大脑会产生反向作用，于是快感冲击消退，取而代之的是强烈的负性情绪状态（Radke et al., 2011）。这些负性情绪会驱动人们再次寻求最初的那种快感冲击。这种从积极到消极的循环是海洛因经常导致成瘾的原因之一。想要戒断鸦片类药物的人会经历严重的生理症状（比如呕吐、疼痛和失眠），还有对药物的强烈渴望。

镇静剂　**镇静剂**（depressant）包括*巴比妥酸盐*、*苯二氮䓬*和*酒精*。这些物质往往通过抑制或减少中枢神经系统神经冲动的传导，来抑制（减缓）个体的心理和生理活动。镇静剂产生这种效果部分是通过促进以 GABA 为神经递质的突触的神经通信实现的（Licata & Rowlett, 2008）。GABA 常常抑制神经传导，这可以解释镇静剂的抑制作用。过去，医生经常开巴比妥酸盐处方，如*戊巴比妥*和*司可巴比妥*，用作镇静或治疗失眠。然而，由于巴比妥酸盐可能成瘾和使用过量，现在人们更可能收到苯二氮䓬处方，如*安定*或*佳乐定*。在第 15 章，我们将看到这些药物也经常用于减缓焦虑。

两种镇静剂，*氟硝安定*（Rohypnol，更为人所知的名字是迷奸药）和 GHB（γ- 羟基丁酸）因被称为“约会强奸药”而臭名昭著（Maxwell, 2005）。这两种药物都可以制成无色的液体加到酒或其他饮料中而不被察觉，致使受害者不知不觉被下了迷药，从而很容易遭到强暴。此外，氟硝安定会引起遗忘，因此，受害者可能会忘记其在药物作用下所经历的事件。大规模研究表明，女性在不知情的情况下摄入这类药物然后被强奸的威胁是真实存在的。然而，相比氟硝安定和 GHB，强奸犯更常使用的是其他药物，比如大麻素和兴奋剂（我们将很快讨论）（Du Mont et al., 2010）。此外，女性主动摄入的另一种镇静剂——酒精，也常让她们陷入危险境地（Lawyer et al., 2010）。

酒精显然是最先被早期人类广泛使用的精神活性物质之一。在酒精的作用下，一些人变得愚蠢、喧闹、友好、多话；另一些人变得口出恶言、暴力；还有一些人变得沉闷、沮丧。酒精似乎促进多巴胺释放，而多巴胺会增强愉悦感。另外与其他的镇静剂一样，它似乎影响了

为什么酒精是大学生改变他们意识状态最常用的物质？

GABA的活动（Lobo & Harris, 2008）。在低剂量下，酒精可以使人放松并轻微地提高成年个体的反应速度。然而，由于人体只能缓慢地分解酒精，因此在短时间里摄取大量酒精会使中枢神经系统负荷过度。当血液中酒精浓度从0.05%增加到0.1%，个体的认知、知觉和运动过程开始快速恶化。当血液中的酒精浓度达到0.15%，就会对思维、记忆和判断造成严重的负面影响，连带还会出现情绪不稳定以及运动协调能力的丧失。

在美国，过度摄入酒精是一个严重的社会问题。当喝酒的频率和数量干扰了工作表现、损害了社会和家庭关系以及引起严重的健康问题时，就可以诊断为**酗酒**（alcoholism）。长时间大量饮酒还会导致生理依赖、耐受性和成瘾。对某些个体而言，酗酒与无法戒酒有关。而对其他人来说，酗酒表现为一旦喝上几口就无法停止。在2009年的一项调查中，13.7%的18~25岁的个体报告有大量饮酒行为，即1个月内至少有5天在喝酒，每次至少喝5杯（SAMHSA, 2010）。在18~22岁这个年龄段，上大学的人大量饮酒的比例是16%，未上大学的人是11.7%。

血液中酒精含量为0.1%的人发生驾驶事故和死亡事故的概率，比酒精含量只有其一半的人高出6倍。与酒精相关的交通事故是15~25岁个体的主要死因。考虑到这些令人不安的数据，研究者试图理解酒精对驾驶表现产生负面影响的几种方式。一部分答案在于酒精影响了饮酒者抑制不良冲动的能力。

研究特写

假设你正开车去赴一个重要的约会，不能迟到。你在驾驶时可能产生冲动，想要放纵自己做一些不良的驾驶行为，比如超速或鲁莽地换道。然而，你的知识，比如你可能得到罚单或发生事故等等，会消除这些负性的冲动。一组研究者检验了一个假设，即当人们在良好冲动和不良冲动之间发生冲突的情况下驾驶时，在酒精影响下的驾驶行为尤其恶劣（Fillmore et al., 2008）。研究中的参与者在摄入酒精或安慰剂后进行模拟驾驶任务。（你能理解为什么研究者不能在真实的路面上进行这个实验。）参与者的驾驶行为在摄入酒精后变得相当恶劣，比如遇到红灯不停车和突然转向。当研究者强化参与者的反应冲突感时，酒精的作用甚至更大。如果参与者很快到达目的地，研究者会给予参与者现金奖励，但是，如果他们车开得不好就会输钱。当参与者处于这样的冲突状态时，他们的表现是最差的：他们的不良冲动明显占了上风。

无疑，你对这样的论断不会陌生：人们在喝醉后会做出清醒时永远不会做出的事情。就驾驶而言，缺乏冲动控制会带来致命的后果。

兴奋剂　诸如安非他命、甲基安非他命（冰毒）和可卡因等**兴奋剂**（stimulant）会让使用者保持唤起和引起欣快状态。兴奋剂通过增加脑中的去甲肾上腺素、5- 羟色胺和多巴胺等神经递质的水平而起作用。例如，兴奋剂作用于大脑，阻止那些将多巴胺从突触中移除的分子的正常活动（Martin-Fardon et al., 2005）。常常伴随兴奋剂使用而来的严重成瘾，可能是由神经递质系统的长期改变引起的（Collins et al., 2011）。

近年来，研究焦点集中在冰毒的滥用上。从 1993 年到 2003 年的 10 年间，美国进入戒毒机构治疗冰毒成瘾的人数增加了 400%（Homer et al., 2008）。民意调查数据显示，2006 年至 2009 年期间，美国使用冰毒的人口比例在 0.1% 到 0.3% 之间变动（SAMHSA, 2010）。与其他兴奋剂一样，冰毒影响大脑利用多巴胺。摄入冰毒的人会体验到欣快感、焦虑减少以及强烈的性欲望。然而，使用冰毒会很快产生负面效应：在持续使用几天或几周后，人们开始体验到可怕的幻觉，形成他人要加害自己的信念。这些信念被称为*偏执妄想*。冰毒是高度成瘾的。长期使用会对大脑造成多种类型的损害，包括多巴胺系统中神经末梢的丢失（Rose & Grant, 2008）。参与决策和计划的大脑皮层受损，这也许是冰毒使用者变得极具攻击性且常遭受社会孤立的一个合理解释（Homer et al., 2008）。

MDMA，更普遍地被称为*摇头丸*，是一种兴奋剂，但也会导致类似致幻剂的时间和知觉扭曲。这种药物的兴奋性让使用者感到无穷无尽的能量；致幻性使声音、颜色和情绪更加强烈。摇头丸之所以具有这些效果，是因为它改变了如多巴胺、去甲肾上腺素和5-羟色胺等神经递质的功能。由于摇头丸对这些神经递质系统具有如此广泛的影响，大量研究关注此药物对大脑的长期影响（Jager et al., 2008）。研究者对摇头丸作为聚会药物的情形尤其感兴趣。他们试图设计研究来精确地反映人们使用这一药物的常态。例如，研究者认识到，摇头丸使用者经常在摄入酒精的同时摄入药物。这产生了一个问题，即酒精和

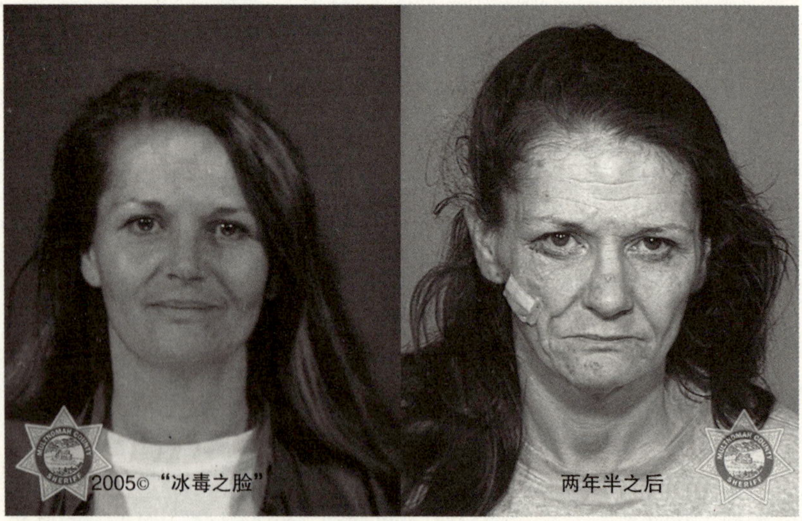

冰毒的成瘾作用如此之强，以至于使用者愿意忍受长期使用造成的身体衰退。左边的照片显示了一名42岁的女性在冰毒成瘾之前的模样。右边的照片拍摄于两年半之后。为什么人们对冰毒和其他兴奋剂如此容易上瘾？

摇头丸是如何共同影响大脑的。研究显示，摇头丸和酒精的结合对大鼠脑产生的负面效应是单独使用摇头丸时所没有出现的（Cassel et al., 2005）。

使用者寻求兴奋剂的三种主要效果：增强自信、精力旺盛且高度警觉、心境趋向欣快。正如上面提到的冰毒那样，这种兴奋剂的重度使用者经常体验到幻觉和偏执妄想。而可卡因的使用者有一个特殊的风险，它会使个体在欣快和抑郁的两极不停地摇摆。这导致使用者不加控制地增加这种药物使用的频率和剂量。快克（crack）是可卡因的一种结晶形式，更增加了这种危险。它能迅速引发欣快感并很快衰退，使用者对这种药物的渴望会非常强烈。

你可能经常忽视的两种兴奋剂是咖啡因和尼古丁。就像你已经从经验中了解到的那样，两杯浓咖啡或茶中的咖啡因足以对心脏、血液和循环功能产生强烈的影响，使你难以入睡。尼古丁是烟草中发现的一种化学物质，它是一种足够强的兴奋剂。美国萨满教的巫师使用高浓度尼古丁，以寻求达到神秘或恍惚的状态。然而，与现代的一些使用者不同，萨满教的巫师知道尼古丁能让人上瘾，因此他们仔细地选择受其影响的时机。像其他成瘾药物一样，尼古丁也类似于大脑释放的自然化学物质。事实上，研究已经发现，尼古丁和可卡因成瘾所激活的是同一脑区（Vezina et al., 2007）。尼古丁会影响那些每次达成奖赏目标后都让你感觉良好的大脑环路（De Biasi & Dani, 2011）。通常这些大脑环路有助于生存。不幸的是，尼古丁刺激那些相同的大脑受体产生反应，就好像吸烟对你是有益的，其实不然。众所周知，尼古丁对健康的负面影响很大。

我们在本章的开始请你回忆过去和规划未来。这些日常的行为使得我们思考一些有关意识的有趣问题：你的思维是从哪儿来的？它们如何出现？什么时候到达？现在你已经学习了一些可以解答这些问题的理论以及检验它们的方法。你已经看到了意识最终让你拥有了作为人类的全部体验。

我们也讨论了一些日常不太使用的意识。为什么人们不满足他们平时的心理状态，而寻求如此多样的方式改变他们的意识？通常，你主要关注的是满足自己所面对的任务和情境的即时要求。然而，你也意识到现实对你的意识的束缚。你认识到它限制了你体验的广度和深度，而且不允许你实现你的潜能。也许，你有时渴望超越常规现实的约束。你可能会寻求不确定的自由，而不是满足于常规的安全状态。

STOP 停下来检查一下

❶ 药物耐受性的定义是什么？

❷ 像海洛因这样的药物在大脑中是如何起作用的？

❸ 尼古丁属于哪一类药物？

要点重述

意识的内容

- 意识是对心理内容的一种觉知。
- 清醒意识的内容不同于非意识过程、前意识记忆、未注意的信息、无意识和意识觉知状态。
- 出声思维报告和经验抽样这样的研究技术被用于研究意识的内容。

意识的功能

- 意识有助于你的生存并使你建构个人的和文化共享的现实。
- 研究者已经研究了意识过程和无意识过程之间的关系。

睡眠与梦

- 昼夜节律反映了生物钟的运转。
- 在夜间睡眠期间脑活动模式会发生变化。快速眼动睡眠以快速眼动为标志。
- 睡眠量和快速眼动与非快速眼动睡眠的相对比例随着年龄而变化。
- 快速眼动睡眠和非快速眼动睡眠具有不同的功能，包括保存和记忆巩固。
- 睡眠障碍如失眠症、发作性睡病和睡眠窒息症都对人们在清醒期间的机能有负面影响。
- 弗洛伊德提出梦的内容是一个睡眠审查者泄露的无意识材料。

- 在其他文化中，梦经常会得到解释，这种解释通常由具有特殊文化角色的人来做出。
- 一些梦的理论集中在梦的来源的生物学解释上。
- 清醒梦是一个人觉知到自己正在做梦。

意识的其他状态

- 催眠是一种不同的意识状态，其特征是被催眠者具有根据暗示改变知觉、动机、记忆和自我控制的能力。
- 冥想通过将注意从外部转向集中于内部体验的仪式化练习，从而来改变意识的运作。

改变心理的药物

- 精神活性药物通过改变神经系统活动来暂时性地改变意识，进而影响心理过程。
- 改变意识的精神活性药物有致幻剂、鸦片类药物、镇静剂和兴奋剂。

关键术语

意识	睡眠窒息症	冥想
非意识	梦游症	精神活性药物
前意识记忆	梦魇	耐受性
无意视盲	夜惊	生理依赖
无意识	潜性梦境	成瘾
昼夜节律	显性梦境	心理依赖
快速眼动睡眠	梦的工作	致幻剂
非快速眼动睡眠	清醒梦	幻觉
失眠症	催眠	镇静剂
发作性睡病	可催眠性	兴奋剂

“停下来检查一下”答案

第1章

停下来检查一下（心理学为何独具特色）

1. 心理学是关于个体的行为及心智过程的科学研究。
2. 心理学家的四个目标是描述、解释、预测和控制行为。
3. 研究者经常试图通过确定潜在的原因来解释行为；而成功的因果解释通常使其能做出准确的预测。

停下来检查一下（现代心理学的发展）

1. 结构主义试图将心理体验理解为各种基本成分的组合。机能主义则关注行为的目的。
2. 伍利认为，性别差异反映的并不是先天能力，而是男性和女性社会经验的差异。
3. 心理动力学观点关注强大的本能力量，行为主义观点则关注行为结果如何塑造行为。
4. 认知神经科学领域的研究者将认知观点与生物学观点相结合，来理解诸如记忆和语言等心理活动的脑基础。
5. 进化观点关注作为人类进化结果的全人类共有的特征。社会文化观点关注的是在这种共同的进化背景下，由文化带来的差异。

停下来检查一下（心理学家们做些什么）

1. 研究会带来新的见解，然后心理学家试图将它们应用到现实世界中去。
2. 心理学家主要在学术机构（如大学和学院）以及医院和其他人类服务机构中工作。

停下来检查一下（如何使用本书）

1. 你必须积极地参与课程学习，对你在课堂上听到的以及课本中读到的内容形成自己的理解。
2. 在提问阶段，你要提出将在阅读过程中引导你注意力的问题；在阅读阶段，你阅读材料以寻找问题的答案。
3. 当你试图重述问题的答案时，你便能清楚地知道自己掌握了哪些内容，未掌握哪些。

第 2 章

停下来检查一下（研究过程）

1. 理论试图解释现象。这些解释应该会产生新的假设，即一个理论可检验的推论。
2. 研究者可以将其程序标准化，并给变量下操作性定义。
3. 研究者之所以采用双盲控制，是为了使其对研究的期望不对研究结果产生影响。
4. 当实验采用被试内设计时，每一名参与者都作为自己的“控制组”。
5. 相关系数表明两个变量相关的程度，但它不能说明这种关系存在的原因。

停下来检查一下（心理测量）

1. 如果一种测量方法是可信的，那么这意味着当研究者用它进行重复测量时，能得到相似的值。然而，这个值可能仍不能准确反映出研究者想要探究的心理变量。这就是为什么用鞋子大小作为幸福感的测量指标，虽然可靠但却无效。
2. 访谈者试图创造出一种情境，使得人们愿意通过自我报告，提供可能高度个人化或敏感的信息。
3. 这位研究者对儿童的行为采用的是自然观察法。

停下来检查一下（人类和动物研究中的伦理问题）

1. 研究的参与者在选择参加实验之前，必须有机会了解他们的权利和责任。
2. 在事后解释期间，参与者有机会了解一些关于研究主题的新信息。此外，通过事后解释，研究者能确保参与者在离开时没有沮丧和困惑。
3. 3R 原则是减少（reduce）、替换（replace）和改善（refine）。

第 3 章

停下来检查一下（遗传与行为）

1. 格兰特夫妇观察到，由于环境的变化，有时大喙地雀能够生存和繁殖，而有时小喙地雀能够生存和繁殖。
2. 基因型是有助于决定表型的潜在遗传物质，而表型是有机体可观察到的性状。
3. 两项关键的进步是两足化和大脑化。
4. 遗传力是一种指标，用于衡量遗传因素对一个生物体的特质和行为集群的相对决定作用。

停下来检查一下（神经系统的活动）

1. 一般来说，树突接收传入信号。胞体整合来自许多树突的信息，并将整合后的信息沿轴突传导。
2. “全或无定律”表明，一旦达到发放的阈值，动作电位的强度将是恒定的。
3. 当突触囊泡破裂后，神经递质被释放到突触间隙中；然后神经递质与接收神经元上的受体分子结合。
4. γ-氨基丁酸是脑中最普遍的抑制性神经递质。

停下来检查一下（生物学与行为）

1. fMRI 使研究人员可以对结构和功能都进行探究。
2. 自主神经系统分为交感神经系统和副交感神经系统两部分。
3. 杏仁核在情绪控制和情绪记忆的形成中起作用。
4. 大多数人在判断空间关系和面部表情时表现出更强的右半球活动。
5. 因为脑垂体产生的激素会影响其他所有内分泌腺的活动。
6. 神经发生是指新神经元的产生。

第 4 章

停下来检查一下（关于世界的感觉知识）

1. 近距刺激是指视网膜上的光学影像。
2. 心理物理学研究的是物理刺激与其心理体验之间的关系。
3. 绝对阈限被定义为有一半次数能够觉察到感觉信号的刺激水平。
4. 判断同时受感觉过程和观察者偏差的影响。
5. 差别阈限是指观察者能够识别出的两个刺激之间的最小物理差异。
6. 换能是指从一种形式的物理能量到另一种形式的转换。

停下来检查一下（视觉系统）

1. 调节是指为了聚焦于近处或远处的客体，晶状体的厚度发生改变的过程。
2. 中央凹全部由锥体细胞组成。
3. 复杂细胞对特定朝向的光棒做出反应，但是这些光棒必须在移动。
4. 这一体验可以用拮抗加工理论来解释。

停下来检查一下（听觉）

1. 你会将不同频率的声音知觉为有着不同的音高。
2. 毛细胞将基底膜的机械振动转换为神经冲动。
3. 地点说将音高知觉与基底膜上刺激的位置相关联。
4. 声音应该先到达右耳，再到达左耳。

停下来检查一下（其他感觉）

1. 神经冲动将气味信息传递至嗅球。
2. 基本味道为甜、酸、苦、咸、鲜。
3. 你有两种不同的温度感受器分别编码关于温暖和寒冷的信息。
4. 前庭觉提供关于身体如何根据重力确定空间朝向的信息。
5. 门控理论试图解释疼痛体验是如何受心理背景影响的。

停下来检查一下（知觉的组织过程）

1. 环境中的刺激特征，如交通灯突然由红变绿，有时会吸引你的注意。
2. 闭合律是指人们倾向于填补小的空隙而将客体知觉为一个整体。
3. 当某人走向你时，他在你视网膜上的成像会变大。
4. 客体离你越近，视轴辐合的角度就越大。
5. 形状恒常性是指你知觉到客体真实形状的能力，即使它在视网膜上成像的形状发生变化。

停下来检查一下（辨认与识别过程）

1. 人们运用关于声音和单词的知识来复原声音信号中缺失的信息。
2. 当环境中的多个客体或事件可以导致相同的近距刺激时，这个刺激就是有歧义的。
3. 定势是一种暂时的准备状态，使人们以某种特定的方式对某刺激进行知觉或反应。

第 5 章

停下来检查一下（意识的内容）

1. 不是当前意识内容的一部分，但很容易进入意识的记忆就是前意识记忆。
2. 弗洛伊德认为，如果某些想法或动机具有足够的威胁性，它们就会被压抑到无意识之中。
3. 研究者要求实验参与者报告他们在执行特定任务时的想法。

停下来检查一下（意识的功能）

1. 选择性储存功能是指意识可以让你明确地决定哪些信息应该得到记忆。
2. 对现实的文化建构是指某一群体的大多数成员所共有的一种思考世界的方式。
3. 人们一般需要使用意识注意来搜索具有组合特征的物体。

停下来检查一下（睡眠与梦）

1. 你之所以会体验到时差反应，是因为你体内的昼夜节律与外部的时间环境不一致。
2. 前半夜你会经历相对较多的 NREM 睡眠，而后半夜你会经历相对较多的 REM 睡眠。
3. 睡眠有保存能量和巩固记忆的作用。
4. 患睡眠窒息症的人会在睡觉时停止呼吸。
5. 潜性梦境是指在心理的审查中被隐藏的潜在意义。

停下来检查一下（意识的其他状态）

1. 早期的双生子研究表明，可催眠性有一定的遗传成分；研究者已经开始发现可能造成这种影响的特定基因。
2. 有些人练习专注冥想，其他人则练习正念冥想。

停下来检查一下（改变心理的药物）

1. 药物耐受性是指需要更大剂量的药物才能产生同样效果的现象。
2. 像海洛因这样的药物是通过结合内源性鸦片物质的受体位点而产生作用的。
3. 尼古丁属于兴奋剂。

专业术语表

绝对阈限

absolute threshold The minimum amount of physical energy needed to produce a reliable sensory experience; operationally defined as the stimulus level at which a sensory signal is detected half the time.

调节

accommodation The process by which the ciliary muscles change the thickness of the lens of the eye to permit variable focusing on near and distant objects.

动作电位

action potential The nerve impulse activated in a neuron that travels down the axon and causes neurotransmitters to be released into a synapse.

成瘾

addiction A condition in which the body requires a drug in order to function without physical and psychological reactions to its absence; often the outcome of tolerance and dependence.

全或无定律

all-or-none law The rule that the size of the action potential is unaffected by increases in the intensity of stimulation beyond the threshold level.

无长突细胞

amacrine cell One of the cells that integrate information across the retina; rather than sending signals toward the brain, amacrine cells link bipolar cells to other bipolar cells and ganglion cells to other ganglion cells.

歧义

ambiguity Property of perceptual object that may have more than one interpretation.

杏仁核

amygdala The part of the limbic system that controls emotion, aggression, and the formation of emotional memory.

联络皮层

association cortex The parts of the cerebral cortex in which many high-level brain processes occur.

注意

attention A state of focused awareness on a subset of the available perceptual information.

听皮层

auditory cortex The area of the temporal lobes that receives and processes auditory information.

听神经

auditory nerve The nerve that carries impulses from the cochlea to the cochlear nucleus of the brain.

自主神经系统

autonomic nervous system (ANS) The subdivision of the peripheral nervous system that controls the body's involuntary motor responses by connecting the sensory receptors to the central nervous system (CNS) and the CNS to the smooth muscle, cardiac muscle, and glands.

轴突

axon The extended fiber of a neuron through which nerve impulses travel from the soma to the terminal buttons.

基底膜

basilar membrane A membrane in the cochlea that, when set into motion, stimulates hair cells that produce the neural effects of auditory stimulation.

行为

behavior The actions by which an organism adjusts to its environment.

行为数据

behavioral data Observational reports about the behavior of organisms and the conditions under which the behavior occurs or changes.

行为测量

behavioral measure Overt actions or reaction that is observed and recorded, exclusive of self-reported behavior.

行为神经科学

behavioral neuroscience A multidisciplinary field that attempts to understand the brain processes that underlie behavior.

行为主义

behaviorism A scientific approach that limits the study of psychology to measurable or observable behavior.

行为主义观点

behaviorist perspective The psychological perspective primarily concerned with observable behavior that can be objectively recorded and with the relationships of observable behavior to environmental stimuli.

被试间设计

between-subjects design A research design in which different groups of participants are randomly assigned to experimental conditions or to control conditions.

双眼深度线索

binocular depth cue Depth cue that uses information from both eyes.

生物学观点

biological perspective The approach to identifying causes of behavior that focuses on the functioning of the genes, the brain, the nervous system, and the endocrine system.

双极细胞

bipolar cell Nerve cell in the visual system that combines impulses from many receptors and transmits the results to ganglion cells.

盲点

blind spot The region of the retina where the optic nerve leaves the back of the eye; no receptors cells are present in this region.

自下而上的加工

bottom-up processing Perceptual analyses based on the sensory data available in the environment; results of analysis are passed upward toward more abstract representations.

脑干

brain stem The brain structure that regulates the body's basic life processes.

明度

brightness The dimension of color space that captures the intensity of light.

布洛卡区

Broca's area The region of the brain that translates thoughts into speech or signs.

个案研究

case study Intensive observation of a particular individual or small group of individuals.

中枢神经系统

central nervous system (CNS) The part of the nervous system consisting of the brain and spinal cord.

小脑

cerebellum The region of the brain attached to the brain stem that controls motor coordination, posture, and balance as well as the ability to learn control of body movements.

大脑皮层

cerebral cortex The outer surface of the cerebrum.

大脑半球

cerebral hemispheres The two halves of the cerebrum, connected by the corpus callosum.

大脑

cerebrum The region of the brain that regulates higher cognitive and emotional functions.

昼夜节律

circadian rhythm A consistent pattern of cyclical body activities, usually lasting 24 to 25 hours and determined by an internal biological clock.

耳蜗

cochlea The primary organ of hearing; a fluid-filled coiled tube located in the inner ear.

认知神经科学

cognitive neuroscience A multidisciplinary field that attempts to understand the brain processes that underlie higher cognitive functions in humans.

认知观点

cognitive perspective The perspective on psychology that stresses human thought and the processes of knowing, such as attending, thinking, remembering, expecting, solving problems, fantasizing, and consciousness.

互补色

complementary colors Colors opposite each other on the color circle; when additively mixed, they create the sensation of white light.

计算机断层扫描术

computerized axial tomography (CT or CAT) A technique that uses narrow beams of X-rays passed through the brain at several angles to assemble complete brain images.

锥体细胞

cone One of the photoreceptors concentrated in the center of the retina that are responsible for visual experience under normal viewing conditions for all experiences of color.

混淆变量

confounding variable A stimulus other than the variable an experimenter explicitly introduces into a research setting that affects a participant's behavior.

意识

consciousness A state of awareness of internal events and the external environment.

控制组

control group A group in an experiment that is not exposed to a treatment or does not experience a manipulation of the independent variable.

控制程序

control procedure Consistent procedure for giving instructions, scoring responses, and holding all other variables constant except those being systematically varied.

视轴辐合

convergence The degree to which the eyes turn inward to fixate on an object.

胼胝体

corpus callosum The mass of nerve fibers connecting the two hemispheres of the cerebrum.

相关系数

correlation coefficient (r) A statistic that indicates the degree of relationship between two variables.

相关法

correlational method Research methodology that determines to what extent two variables, traits, or attributes are related.

肤觉

cutaneous senses The skin senses that register sensations or pressure, warmth, and cold.

暗适应

dark adaptation The gradual improvement of the eyes' sensitivity after a shift in illumination from light to near darkness.

事后解释

debriefing A procedure conducted at the end of an experiment in which the researcher provides the participant with as much information about the study as possible and makes sure that no participant leaves feeling confused, upset, or embarrassed.

树突

dendrite One of the branched fibers of neurons that receive incoming signals.

因变量

dependent variable In an experimental setting, a variable that the researcher measures to assess the impact of a variation in an independent variable.

镇静剂

depressant Drug that depresses or slows down the activity of the central nervous system.

描述统计

descriptive statistics Statistical procedures that are used to summarize sets of scores with respect to central tendencies, variability, and correlations.

决定论

determinism The doctrine that all events—physical, behavioral, and mental—are determined by specific causal factors that are potentially knowable.

差别阈限

difference threshold The smallest physical difference between two stimuli that can still be recognized as a difference; operationally defined as the point at which the stimuli are recognized as different half of the time.

远距刺激

distal stimulus In the processes of perception, the physical object in the world, as contrasted with the proximal stimulus, the optical image on the retina.

脱氧核糖核酸

DNA (deoxyribonucleic acid) The physical basis for the transmission of genetic information.

双盲控制

double-blind control An experimental technique in which biased expectations of experimenters are eliminated by keeping both participants and experimental assistants unaware of which participants have received which treatment.

梦的工作

dream work In Freudian dream analysis, the process by which the internal censor transforms the latent content of a dream into manifest content.

脑电图

electroencephalogram (EEG) A recording of the electrical activity of the brain.

内分泌系统

endocrine system The network of glands that manufacture and secrete hormones into the bloodstream.

雌激素

estrogen The female sex hormone, produced by the ovaries, that is responsible for the release of eggs from the ovaries as well as for the development and maintenance of female eproductive structures and secondary sex characteristics.

进化观点

evolutionary perspective The approach to psychology that stresses the importance of behavioral and mental adaptiveness, based on the assumption that mental capabilities evolved over millions of years to serve particular adaptive purposes.

进化心理学

evolutionary psychology The study of behavior and mind using the principles of evolutionary theory.

兴奋性输入

excitatory input Information entering a neuron that signals it to fire.

期望效应

expectancy effect Result that occurs when a researcher or observer subtly communicates to participants the kind of behavior he or she expects to find, thereby creating that expected reaction.

实验组

experimental group A group in an experiment that is exposed to a treatment or experiences a manipulation of the independent variable.

实验法

experimental method Research methodology that involves the manipulation of independent variables to determine their effects on the dependent variables.

中央凹

fovea Area of the retina that contains densely

packed cones and forms the point of sharpest vision.

频次分布

frequency distribution A summary of how frequently each score appears in a set of observations.

频率说

frequency theory The theory that a tone produces a rate of vibration in the basilar membrane equal to its frequency, with the result that pitch can be coded by the place at which activation occurs.

额叶

frontal lobe Region of the brain located above the lateral fissure and in front of the central sulcus; involved in motor control and cognitive activities.

功能性磁共振成像

functional MRI (fMRI) A brain-imaging technique that combines benefits of both MRI and PET scans by detecting magnetic changes in the flow of blood to cells in the brain.

机能主义

functionalism The perspective on mind and behavior that focuses on the examination of their functions in an organism's interactions with the environment.

神经节细胞

ganglion cell Cell in the visual system that integrates impulses from many bipolar cells in a single firing rate.

门控理论

gate-control theory A theory about pain modulation that proposes that certain cells in the spinal cord act as gates to interrupt and block some pain signals while sending others to the brain.

基因

gene The biological unit of heredity; discrete section of a chromosome responsible for transmission of traits.

遗传学

genetics The study of the inheritance of physical and psychological traits from ancestors.

基因组

genome The genetic information for an organism, stored in the DNA of its chromosomes.

基因型

genotype The genetic structure an organism inherits from its parents.

格式塔心理学

Gestalt psychology A school of psychology that maintains that psychological phenomena can be understood only when viewed as organized, structured wholes, not when broken down into primitive perceptual elements.

胶质细胞

glia The cells that hold neurons together and facilitate neural transmission, remove damaged and dead neurons, and prevent poisonous substances in the blood from reaching the brain.

目标指向注意

goal-directed attention A determinant of why people select some parts of sensory input for further processing; it reflects the choices made as a function of one's own goals.

味觉

gustation The sense of taste.

幻觉

hallucination False perception that occurs in the absence of objective stimulation.

致幻剂

hallucinogen Drug that alters cognitions and perceptions and causes hallucinations.

遗传

heredity The biological transmission of traits from parents to offspring.

遗传力

heritability The relative influence of genetics—versus environment—in determining patterns of behavior.

海马

hippocampus The part of the limbic system

that is involved in the acquisition of explicit memory.

内稳态

homeostasis Constancy or equilibrium of the internal conditions of the body.

水平细胞

horizontal cell One of the cells that integrate information across the retina; rather than sending signals toward the brain, horizontal cells connect receptors to each other.

激素

hormone One of the chemical messengers, manufactured and secreted by the endocrine glands, that regulate metabolism and influence body growth, mood, and sexual characteristics.

色调

hue The dimension of color space that captures the qualitative experience of the color of light.

人类行为遗传学

human behavior genetics The area of study that evaluates the genetic component of individual differences in behaviors and traits.

人本主义观点

humanistic perspective A psychological model that emphasizes an individual's phenomenal world and inherent capacity for making rational choices and developing to maximum potential.

催眠

hypnosis An altered state of awareness characterized by deep relaxation, susceptibility to suggestions, and changes in perception,memory, motivation, and self-control.

可催眠性

hypnotizability The degree to which an individual is responsive to standardized hypnotic suggestion.

下丘脑

hypothalamus The brain structure that regulates motivated behavior (such as eating and drinking) and homeostasis.

假设

hypothesis A tentative and testable explanation of the relationship between two (or more) events or variables; often stated as a prediction that a certain outcome will result from specific conditions.

辨认与识别

identification and recognition Two ways of attaching meaning to percepts.

错觉

illusion An experience of a stimulus pattern in a manner that is demonstrably incorrect but shared by others in the same perceptual environment.

无意视盲

inattentional blindness People's failure to perceive objects when their attention is focused elsewhere.

自变量

independent variable In an experimental setting, a variable that the researcher manipulates with the expectation of having an impact on values of the dependent variable.

推论统计

inferential statistics Statistical procedures that allow researchers to determine whether the results they obtain support their hypotheses or can be attributed just to chance variation.

知情同意

informed consent The process through which individuals are informed about experimental procedures, risks, and benefits before they provide formal consent to become research participants.

抑制性输入

inhibitory input Information entering a neuron that signals it not to fire.

失眠症

insomnia The chronic inability to sleep normally; symptoms include difficulty in falling asleep, frequent waking, inability to return to sleep, and early-morning awakening.

中间神经元

interneuron Brain neuron that relays messages from sensory neurons to other interneurons or to motor neurons.

内省法

introspection Individuals' systematic examination of their own thoughts and feelings.

离子通道

ion channel A portion of neurons' cell membranes that selectively permits certain ions to flow in and out.

最小可觉差

just noticeable difference (JND) The smallest difference between two sensations that allows them to be discriminated.

动觉

kinesthetic sense The sense concerned with bodily position and movement of the body parts relative to one another.

潜性梦境

latent content In Freudian dream analysis, the hidden meaning of a dream.

晶状体

lens The flexible tissue that focuses light on the retina. lesion Injury to or destruction of brain tissue.

损伤

lesion Injury to or destruction of brain tissue.

亮度恒常性

lightness constancy The tendency to perceive the whiteness, grayness, or blackness of objects as constant across changing levels of illuminations.

边缘系统

limbic system The region of the brain that regulates emotional behavior, basic motivational urges, and memory, as well as major physiological functions.

响度

loudness A perceptual dimension of sound influenced by the amplitude of a sound wave; sound waves in large amplitudes are generally experienced as loud and those with small amplitudes as soft.

清醒梦

lucid dreaming The theory that conscious awareness of dreaming is a learnable skill that enables dreamers to control the direction and content of their dreams.

磁共振成像

magnetic resonance imaging (MRI) A technique for brain imaging that scans the brain using magnetic fields and radio waves.

显性梦境

manifest content In Freudian dream analysis, the surface content of a dream, which is assumed to mask the dream's actual meaning.

平均数

mean The arithmetic average of a group of scores; the most commonly used measure of central tendency.

集中量数

measure of central tendency A statistic, such as a mean, median, or mode, that provides one score as representative of a set of observations.

差异量数

measure of variability A statistic, such as a range or standard deviation, that indicates how tightly the scores in a set of observations cluster together.

中数

median The score in a distribution above and below which lie 50 percent of the other scores; a measure of central tendency.

冥想

meditation A form of consciousness alteration designed to enhance self-knowledge and well-being through reduced self-awareness.

延髓

medulla The region of the brain stem that regulates breathing, waking, and heartbeat.

镜像神经元

mirror neuron Neuron that responds when

an individual observes another individual performing a motor action.

众数

mode The score appearing most frequently in a set of observations; a measure of central tendency.

单眼深度线索

monocular depth cue Depth cue that uses information from only one eye.

运动视差

motion parallax A source of information about depth in which the relative distances of objects from a viewer determine the amount and direction of their relative motion in the retinal image.

运动皮层

motor cortex The region of the cerebral cortex that controls the action of the body's voluntary muscles.

运动神经元

motor neuron Neuron that carries messages away from the central nervous system toward the muscles and glands.

髓鞘

myelin sheath Insulating material that surrounds axons and increases the speed of neural transmission.

发作性睡病

narcolepsy A sleep disorder characterized by an irresistible compulsion to sleep during the daytime.

自然选择

natural selection Darwin's theory that favorable adaptations to features of the environment allow some members of a species to reproduce more successfully than others.

自然观察

naturalistic observation A research technique in which unobtrusive observations are made of behaviors that occur in natural environments.

神经发生

neurogenesis The creation of new neurons.

神经调质

neuromodulator Any substance that modifies or modulates the activities of the postsynaptic neuron.

神经元

neuron A cell in the nervous system specialized to receive, process, and/or transmit information to other cells.

神经科学

neuroscience The scientific study of the brain and of the links between brain activity and behavior.

神经递质

neurotransmitter Chemical messenger released from a neuron that crosses the synapse from one neuron to another, stimulating the postsynaptic neuron.

梦魇

nightmare A frightening dream that usually wakes up the sleeper.

非意识

nonconscious Not typically available to consciousness or memory.

非快速眼动睡眠

non-REM (NREM) sleep The period during which a sleeper does not show rapid eye movement; characterized by less dream activity than during REM sleep.

正态曲线

normal curve The symmetrical curve that represents the distribution of scores on many psychological attributes; allows researchers to make judgments of how unusual an observation or result is.

观察者偏差

observer bias The distortion of evidence because of the personal motives and expectations of the viewer.

枕叶

occipital lobe Rearmost region of the brain; contains primary visual cortex.

嗅觉

olfaction The sense of smell.

嗅球

olfactory bulb The center where odor-sensitive receptors send their signals, located just below the frontal lobes of the cortex.

操作性定义

operational definition A definition of a variable or condition in terms of the specific operation or procedure used to determine its presence.

拮抗加工理论

opponent-process theory The theory that all color experiences arise from three systems, each of which includes two "opponent" elements (red versus green, blue versus yellow, and black versus white).

视神经

optic nerve The axons of the ganglion cells that carry information from the eye toward the brain.

痛觉

pain The body's response to noxious stimuli that are intense enough to cause, or threaten to cause, tissue damage.

副交感神经系统

parasympathetic division The subdivision of the autonomic nervous system that monitors the routine operation of the body's internal functions and conserves and restores body energy.

顶叶

parietal lobe Region of the brain behind the frontal lobe and above the lateral fissure; contains somatosensory cortex.

知觉

perception The processes that organize information in the sensory image and interpret it as having been produced by properties of objects or events in the external, three-dimensional world.

知觉恒常性

perceptual constancy The ability to retain an unchanging percept of an object despite variations in the retinal image.

知觉组织

perceptual organization The processes that put sensory information together to give the perception of a coherent scene over the whole visual field.

外周神经系统

peripheral nervous system (PNS) The part of the nervous system composed of the spinal and cranial nerves that connect the body's sensory receptors to the CNS and the CNS to the muscles and glands.

表型

phenotype The observable characteristics of an organism, resulting from the interaction between the organism's genotype and its environment.

信息素

pheromone Chemical signal released by an organism to communicate with other members of the species; pheromones often serve as long-distance sexual attractors.

Φ 现象

phi phenomenon The simplest form of apparent motion, the movement illusion in which one or more stationary lights going on and off in succession are perceived as a single moving light.

光感受器

photoreceptor Receptor cell in the retina that is sensitive to light.

生理依赖

physiological dependence The process by which the body becomes adjusted to or dependent on a drug.

音高

pitch Sound quality of highness or lowness; primarily dependent on the frequency of the sound wave.

脑垂体

pituitary gland Located in the brain, the gland

that secretes growth hormone and influences the secretion of hormones by other endocrine glands.

地点说

place theory The theory that different frequency tones produce maximum activation at different locations along the basilar membrane, with the result that pitch can be coded by the place at which activation occurs.

安慰剂控制

placebo control An experimental condition in which treatment is not administered; it is used in cases where a placebo effect might occur.

安慰剂效应

placebo effect A change in behavior in the absence of an experimental manipulation.

可塑性

plasticity Changes in the performance of the brain; may involve the creation of new synapses or changes in the function of existing synapses.

多基因性状

polygenic trait Characteristic that is influenced by more than one gene.

脑桥

pons The region of the brain stem that connects the spinal cord with the brain and links parts of the brain to one another.

总体

population The entire set of individuals to which generalizations will be made based on an experimental sample.

正电子发射断层扫描术

positron emission tomography (PET) scan Brain image produced by a device that obtains detailed pictures of activity in the living brain by recording the radioactivity emitted by cells during different cognitive or behavioral activities.

前意识记忆

preconscious memory Memory that is not currently conscious but that can easily be called into consciousness when necessary.

近距刺激

proximal stimulus The optical image on the retina; contrasted with the distal stimulus, the physical object in the world.

精神活性药物

psychoactive drug Chemical that affects mental processes and behavior by temporarily changing conscious awareness of reality.

心理动力学观点

psychodynamic perspective A psychological model in which behavior is explained in terms of past experiences and motivational forces; actions are viewed as stemming from inherited instincts, biological drives, and attempts to resolve conflicts between personal needs and social requirements.

心理依赖

psychological dependence The psychological need or craving for a drug.

心理学

psychology The scientific study of the behavior of individuals and their mental processes.

心理测量函数

psychometric function A graph that plots the percentage of detections of a stimulus (on the vertical axis) for each stimulus intensity on the horizontal positions of corresponding images in the two eyes.

心理物理学

psychophysics The study of the correspondence between physical simulation and psychological experience.

瞳孔

pupil The opening at the front of the eye through which light passes.

随机分配

random assignment A procedure by which participants have an equal likelihood of being assigned to any condition within an experiment.

随机取样

random sampling A procedure that ensures that every member of a population has an equal likelihood of participating in an experiment.

全距

range The difference between the highest and the lowest scores in a set of observations; the simplest measure of variability.

快速眼动睡眠

rapid eye movement (REM) A behavioral sign of the phase of sleep during which the sleeper is likely to be experiencing dreamlike mental activity.

感受野

receptive field The area of the visual field to which a neuron in the visual system responds.

不应期

refractory period The period of rest during which a new nerve impulse cannot be activated in a segment of an axon.

信度

reliability The degree to which a test produces similar scores each time it is used; stability or consistency of the scores produced by an instrument.

重复经颅磁刺激

repetitive transcranial magnetic stimulation (rTMS) A technique for producing temporary inactivation of brain areas using repeated pulses of magnetic stimulation.

代表性样本

representative sample A subset of a population that closely matches the overall characteristics of the population with respect to the distribution of males and females, racial and ethnic groups, and so on.

反应偏差

response bias The systematic tendency as a result of nonsensory factors for an observer to favor responding in a particular way.

静息电位

resting potential The polarization of cellular fluid within a neuron, which provides the capability to produce an action potential.

网状结构

reticular formation The region of the brain stem that alerts the cerebral cortex to incoming sensory signals and is responsible for maintaining consciousness and awakening from sleep.

视网膜

retina The layer at the back of the eye that contains photoreceptors and converts light energy to neutral responses.

视网膜像差

retinal disparity The displacement between the horizontal positions of corresponding images in the two eyes.

杆体细胞

rod One of the photoreceptors concentrated in the periphery of the retina that is most active in dim illumination; rods do not produce sensation of color.

样本

sample A subset of a population selected as participants in an experiment.

饱和度

saturation The dimension of color space that captures the purity and vividness of color sensations.

科学方法

scientific method The set of procedures used for gathering and interpreting objective information in a way that minimizes error and yields dependable generalizations.

自我报告法，也译作自陈法

self-report measure A self-behavior that is identified through a participant's own observations and reports.

感觉

sensation The process by which stimulation of a sensory receptor gives rise to neutral impulses that result in an experience, or awareness, of conditions inside or outside the body.

感觉适应

sensory adaptation A phenomenon in which receptor cells lose their power to respond after a period of unchanged stimulation; allows a more rapid reaction to new sources of information.

感觉神经元

sensory neuron Neuron that carries messages from sense receptors toward the central nervous system.

感受器

sensory receptor Specialized cell that converts physical signals into cellular signals that are processed by the nervous system.

定势

set A temporary readiness to perceive or react to a stimulus in a particular way.

性染色体

sex chromosome Chromosome that contains the genes that code for the development of male or female characteristics.

形状恒常性

shape constancy The ability to perceive the true shape of an object despite variations in the size of the retinal image.

信号检测论

signal detection theory A systematic approach to the problem of response bias that allows an experimenter to identify and separate the roles of sensory stimuli and the individual's criterion level in producing the final response.

显著差异

significant difference A difference between experimental groups or conditions that would have occurred by chance less than an accepted criterion; in psychology, the criterion most often used is a probability of less than 5 times out of 100, or $p < 0.05$.

大小恒常性

size constancy The ability to perceive the true size of an object despite variations in the size of its retinal image.

睡眠窒息症

sleep apnea A sleep disorder of the upper respiratory system that causes the person to stop breathing while asleep.

夜惊

sleep terrors Episodes in which sleepers wake up suddenly in an extreme state of arousal and panic.

社会生物学

sociobiology A field of research that focuses on evolutionary explanations for the social behavior and social systems of humans and other animal species.

社会文化观点

sociocultural perspective The psychological perspective that focuses on cross-cultural differences in the causes and consequences of behavior.

胞体

soma The cell body of a neuron, containing the nucleus and cytoplasm.

躯体神经系统

somatic nervous system The subdivision of the peripheral nervous system that connects the central nervous system to the skeletal muscles and skin.

躯体感觉皮层

somatosensory cortex The region of the parietal lobes that processes sensory input from various body areas.

梦游症

somnambulism A disorder that causes sleepers to leave their beds and wander while still remaining asleep; also known as sleepwalking.

声音定位

sound localization The auditory processes that allow the spatial origins of environmental sounds.

标准差

standard deviation (SD) The average difference of a set of scores from their mean; a measure of variability.

标准化

standardization A set of uniform procedures for treating each participant in a test, interview, or experiment, or for recording data.

兴奋剂

stimulant Drug that causes arousal, increased activity, and euphoria.

刺激驱动注意

stimulus-driven attention A determinant of why people select some parts of sensory input for further processing; occurs when features of stimuli—objects in the environment—automatically capture attention, independent of the local goals of a perceiver.

结构主义

structuralism The study of the structure of mind and behavior; the view that all human mental experience can be understood as a combination of simple elements or events.

交感神经系统

sympathetic division The subdivision of the autonomic nervous system that deals with emergency response and the mobilization of energy.

突触

synapse The gap between one neuron and another.

突触传递

synaptic transmission The relaying information from one neuron to another across the synaptic gap.

颞叶

temporal lobe Region of the brain found below the lateral fissure; contains auditory cortex.

终扣

terminal button A bulblike structure at the branched ending of an axon that contains vesicles filled with neurotransmitters.

睾酮

testosterone The male sex hormone, secreted by the testes, that stimulates production of sperm and is also responsible for the development of male secondary sex characteristics.

丘脑

thalamus The brain structure that relays sensory impulses to the cerebral cortex.

理论

theory An organized set of concepts that explains a phenomenon or set of phenomena.

音色

timbre The dimension of auditory sensation that reflects the complexity of a sound wave.

耐受性

tolerance A situation that occurs with continued use of a drug in which an individual requires greater dosages to achieve the same effect.

自上而下的加工

top-down processing Perceptual processes in which information from an individual's past experience, knowledge, expectations, motivations, and background influence the way a perceived object is interpreted and classified.

换能

transduction Transformation of one form of energy into another; for example, light is transformed into neutral impulses.

三原色理论

trichromatic theory The theory that there are three types of color receptors that produce the primary color sensations of red, green, and blue.

效度

validity The extent to which a test measures what it was intended to measure.

变量

variable In an experimental setting, a factor that varies in amount and kind.

前庭觉

vestibular sense The sense that tells how one's own body is oriented in the world with respect to gravity.

视皮层

visual cortex The region of the occipital lobes

in which visual information is processed.

齐射原理

volley principle An extension of frequency theory, which proposes that when peaks in a sound wave come too frequently for a single neuron to fire at each peak, several neurons fire as a group at the frequency of the stimulus tone.

韦伯定律

Weber's law An assertion that the size of a difference threshold is proportional to the intensity of the standard stimulus.

维尔尼克区

Wernicke's area A region of the brain that allows fluent speech production and comprehension.

被试内设计

within-subjects design A research design that uses each participant as his or her own control; for example, the behavior of an experimental participant before receiving treatment might be compared to his or her behavior after receiving treatment.

参考文献

Abrahamsen, R., Baad-Hansen, L., Zachariae, R., & Svensson, P. (2011). Effect of hypnosis on pain and blink reflexes in patients with painful temporomandibular disorders. *The Clinical Journal of Pain, 27*, 344–351.

Adaval, R., & Wyer, R. S., Jr. (2011). Conscious and nonconscious comparisons with price anchors: Effects on willingness to pay for related and unrelated products. *Journal of Marketing Research, 48*, 355–365.

Aly, M., Knight, R. T., & Yonelinas, A. P. (2010). Faces are special but not too special: Spared face recognition in amnesia is based on familiarity. *Neuropsychologia, 48*, 3941–3948.

American Psychological Association. (2002). Ethical principles of psychologists and code of conduct. *American Psychologist, 57*, 1060–1073.

Association. (2011). Summary report of journal operations, 2010. *American Psychologist, 66*, 405–406.

Appleby, D. C. (2006). Defining, teaching, and assessing critical thinking in introductory psychology. In D. S. Dunn & S. L. Chew (Eds.), *Best practices for teaching introduction to psychology* (pp. 57–69). Mahwah, NJ: Erlbaum.

Arendt, J. (2010). Shift work: Coping with the biological clock. *Occupational Medicine, 60*, 10–20.

Arendt, J., & Skene, D. J. (2005). Melatonin as a chronobiotic. *Sleep Medicine Reviews, 9*, 25–39.

Arnett, J. J. (2008). The neglected 95%: Why American psychology needs to become less American. *American Psychologist, 63*, 602–614.

Badzakova-Trajov, G., Häberling, I. S., Roberts, R. P., & Corballis, M. C. (2010). Cerebral asymmetries: Complementary and independent processes. *PLoS ONE, 5*, e9862.

Banks, S., & Dinges, D. F. (2007). Behavioral and physiological consequences of sleep restriction. *Journal of Clinical Sleep Medicine, 3*, 519–528.

Banyai, E. I., & Hilgard, E. R. (1976). Comparison of active-alert hypnotic induction with traditional relaxation induction. *Journal of Abnormal Psychology, 85*, 218–224.

Bartoshuk, L. M. (1993). The biological basis of food perception and acceptance. *Food Quality and Preference, 4*, 21–32.

Bartoshuk, L. M., & Beauchamp, G. K. (1994). Chemical senses. *Annual Review of Psychology, 45*, 419–449.

Basso, E. B. (1987). The implications of a progressive theory of dreaming. In B. Tedlock (Ed.), *Dreaming: Anthropological and psychological interpretations* (pp. 86–104). Cambridge, UK: Cambridge University Press.

Bastardi, A., Uhlmann, E. L., & Ross, L. (2011). Wishful thinking: Belief, desire, and the motivated evaluation of scientific evidence. *Psychological Science, 22*, 731–732.

Bastien, C. H. (2011). Insomnia: Neurophysiological and neuropsychological approaches. *Neuropsychology Review, 21*, 22–40.

Baum, J. R., Bird, B. J., & Singh, S. (2011). The practical intelligence of entrepreneurs: Antecedents and a link with new venture growth. *Personnel Psychology, 64*, 397–425.

Baumgartner, T., Heinrichs, M., Vonlanthen, A., Fischbacher, U., & Fehr, E. (2008). Oxytocin shapes the neural circuitry of trust and trust adaptation in humans. *Neuron, 58*, 639–650.

Beauchamp, G. K., & Mennella, J. A. (2011). Flavor perception in human infants: Development and functional significance. *Digestion, 83*, 1–6.

Becker, S. W., & Eagly, A. H. (2004). The heroism of women and men. *American Psychologist, 59*, 163–178.

Bellebaum, C., & Daum, I. (2011). Mechanisms of cerebellar involvement in associate learning. *Cortex, 47*, 128–136.

Bem, S. L. (1974). The measurement of psychological androgyny. *Journal of Consulting and Clinical Psychology, 42*, 155–162.

Bem, S. L. (1981). *The Bem Sex Role Inventory: Professional manual*. Palo Alto, CA: Consulting Psychology Press.

Benjamin, L. T., Jr. (2007). *A brief history of modern psychology*. Malden, MA: Blackwell.

Berenson, K. R., Downey, G., Rafaeli, E., Coifman, K. G., & Paquin, N. L. (2011). The rejection-rage contingency in borderline personality disorder. *Journal of Abnormal Psychology, 120*, 681–690.

Bering, J. M., & Bjorklund, D. F. (2007). The serpent's gift: Evolutionary psychology and consciousness. In P. D. Zelazo, M. Moscovitch, & E. Thompson (Eds.), *The Cambridge handbook of consciousness* (pp. 597–629). New York: Cambridge University Press.

Bersoff, D. N. (Ed.) (2008). *Ethical conflicts in psychology* (4th ed.). Washington, DC: American Psychological Association.

Bierbach, D., Kronmarck, C., Hennige-Schulz, C., Stadler, S., & Plath, M. (2011). Sperm competition risk affects male mate choice copying. *Behavioral Ecology and Sociobiology, 65*, 1699–1707.

Bjorvatn, B., Grønli, J., & Pallesen, S. (2010). Prevalence of different parasomnias in the general population. *Sleep Medicine, 11*, 1031–1034.

Blagrove, M., Henley-Einion, J., Barnett, A., Edwards, D., & Seage, C. H. (2011). A replication of the 5–7 day dream-lag effect with comparisons of dreams to future events as control for baseline matching. *Consciousness and Cognition, 20*, 384–391.

Blatter, K., & Cajochen, C. (2007). Circadian rhythms in cognitive performance: Methodologocial constrains, protocols, theoretical underpinnings. *Physiology & Behavior, 90*, 196–208.

Bock, K. (1990). Structure in language: Creating form in talk. American Psychologist, 45, 1221–1236.

Botella, C., Bretón-López, J., Quero, S., Baños, R., & García-Palacios, A. (2010). Treating cockroach phobia with augmented reality. *Behavior Therapy, 41*, 401–413.

Boyd, J. E., Katz, E. P., Link, B. G., & Phelan, J. C. (2010). The relationship of multiple aspects of stigma and personal contact with someone hospitalized for mental illness, in a nationally representative sample. *Social Psychiatry and Psychiatric Epidemiology, 45*, 1063–1070.

Breslin, P. A. S., & Spector, A. C. (2008). Mammalian taste perception. *Current Biology, 18*, R148–R155.

Bruni, O., Ferri, R., Novelli, L., Finotti, E., Miano, S., & Guilleminault, C. (2008). NREM sleep instability in children with sleep terrors: The role of slow wave activity interruptions. *Clinical Neurophysiology, 119*, 985–992.

Büchel, C., Brassen, S., Yacubian, J., Kalisch, R., & Sommer, T. (2011). Ventral striatal signal changes represent missed opportunities and predict future choice. *NeuroImage, 57*, 1124–1130.

Bustillo, J. R., Chen, H., Gasparovic, C., Mullins, P., Caprihan, A., Qualls, C., Apfeldorf, W., Lauriello, J., & Posse, S. (2011). Glutamate as a marker of cognitive function in schizophrenia: A proton spectroscopic imaging study at 4 Tesla. *Biological Psychiatry, 69*, 19–27.

Cantlon, J. F., Pinel, P., Dehaene, S., & Pelphrey, K. A. (2011). Cortical representations of symbols, objects, and faces are pruned back during early childhood. *Cerebral Cortex, 21*, 191–199.

Cappelletti, M., Fregni, F., Shapiro, K., Pascual-Leone, A., & Caramazza, A. (2008). Processing nouns and verbs in the left frontal cortex: A transcranial magnetic stimulation study. *Journal of Cognitive Neuroscience, 20*, 707–720.

Carleton, A., Accolla, R., & Simon, S. A. (2010). Coding in the mammalian gustatory system. *Trends in Neurosciences, 33*, 326–334.

Carlson, E. A. (2004). *Mendel's legacy: The origin of classical genetics*. Cold Spring Harbor, NY: Cold Spring Harbor Laboratory Press.

Carroll, M. E., & Overmier, J. B. (Eds.). (2001). *Animal research and human health: Advancing human welfare through behavioral science*. Washington, DC: American Psychological Association.

Cassel, J.-C., Riegert, C., Rutz, S., Koenig, J., Rothmaier, K., Cosquer, B., Lazarus, C., Birthelmer, A., Jeltsch, H., Jones, B. C., & Jackisch, R. (2005). Ethanol, 3,4-methylenedioxymethamphetamine (Ecstasy) and their combination: Long-term behavioral, neurochemical and neuropharmacological effects in the rat. *Neuropsychopharmacology, 30*, 1870–1882.

Christensen, A. J., Howren, M. B., Hillis, S. L., Kaboli, P., Carter, B. L., Cvengros, J. A., Wallston, K. A., & Rosenthal, G. E. (2010). Patient and physician beliefs about control over health: Association of symmetrical beliefs with medication regimen. *Journal of General Internal Medicine, 25*, 397–402.

Christopoulou, F. D., & Kiortsis, D. N. (2011). An overview of the metabolic effects of rimonabant in randomized controlled trials: Potential for other cannabinoid 1 receptor blockers in obesity. *Journal of Clinical Pharmacy and Therapeutics, 36*, 10–18.

Chun, M. M., Golomb, J. D., & Turk-Browne, N. B. (2011). A taxonomy of external and internal attention. *Annual Review of Psychology, 62*, 73–101.

Clamp, M., Fry, B., Kamal, M., Xie, X., Cuff, J., Lin, M. F., Kellis, M., Lindblad-Toh, K., & Lander, E. S. (2007). Distinguishing proteincoding and noncoding genes in the human genome. *PNAS, 104*, 19428–19433.

Clapper, J. R., Moreno-Sanz, G., Russo, R., Guijarro, A., Vacondio, F., Duranti, A., Tontini, A., Sanchini, S., Sciolino, N. F., Spradley, J. M., Hohmann, A. G., Caglignano, A., Mor, M. Tarzia, G., & Piomelli, D. (2010). Anandamide suppresses pain initiation through a peripheral endocannabinoid mechanism. *Nature Neuroscience, 13*, 1265–1270.

Collins, G. T., Truong, Y. N.-T., Levant, B., Chen, J., Wang, S., & Woods, J. H. (2011). Behavioral sensitization to cocaine in rats: Evidence for temporal differences in dopamine D_3 and D_2 receptor sensitivity. *Psychopharmacology, 215*, 609–620.

Coren, S., Ward, L. M., & Enns, J. T. (1999). *Sensation and perception* (5th ed.). Fort Worth, TX: Harcourt Brace.

Cornelis, M. C., Monda, K. L., Yu, K., Paynter, N., Azzato, E. M., Bennett, S. N., Berndt, S. I., Boerwinkle, E., Chanock, S., Chatterjee, N., Couper, D., Curhan, G., Heiss, G., Hu, F. B., Hunter, D. J., Jacobs, K., Jensen, M. K., Kraft, P., Landi, M. T., Nettleton, J. A., Purdue, M. P., Rajaraman, P., Rimm, E. B., Rose, L. M., Rothman, N., Silverman, D., Stolzenberg-Solomon, R., Subar, A., Yeager, M., Chasman, D. I., van Dam, R. M., & Caporaso, N. E. (2011). Genome-wide meta-analysis identifies regions on 7p21 (*AHR*) and 15q24 (*CYP1A2*) as determinants of habitual caffeine consumption. *PLoS Genetics, 7*, e10002033.

Coslett, H. B., & Lie, G. (2008). Simultanagnosia: When a rose is not red. *Journal of Cognitive Neuroscience, 20*, 36–48.

Cota, D., Marsicano, G., Lutz, B., Vicennati, V. Stalla, G. K., Pasquali, R., & Pagotto, U. (2003).

Endogenous cannabinoid system as a modulator of food intake. *International Journal of Obesity, 27*, 289–301.

Cota, D., Tschöp, M. H., Horvath, T. L., & Levine, A. S. (2006). Cannabinoids, opioidis and eating behavior: The molecular face of hedonism? *Brain Research Reviews, 51*, 85–107.

Council, J. R., & Green, J. P. (2004). Examining the absorption-hypnotizability link: The roles of acquiescence and consistency motivation. *International Journal of Clinical and Experimental Hypnosis, 52*, 364–377.

Cox, J. J., Reimann, F. Nicholas, A. K., Thornton, G., Roberts, E., Springell, K., Karbani, G., Jafri, H., Mannan, J., Raashid, Y., Al-Gazali, L., Hamamy, H., Valente, E. M., Gorman, S., Williams, R., McHale, D. P., Wood, J. N., Gribble, F. M., & Woods, C. G. (2006). An SCN9A channelopathy causes congenital inability to experience pain. *Nature, 444*, 894–898.

Craig, L. A., Hong, N. S., & McDonald, R. J. (2011). Revisiting the cholinergic hypothesis in the development of Alzheimer's disease. *Neuroscience and Biobehavioral Reviews, 35*, 1397–1409.

Croarkin, P. E., Levinson, A. J., & Daskalakis, Z. J. (2011). Evidence for GABA-ergic inhibitory deficits in major depressive disorder. *Neuroscience and Biobehavioral Reviews, 35*, 818–825.

Czeisler, C. A., Duffy, J. F., Shanahan, T. L., Brown, E. N., Mitchell, J. F., Rimmer, D. W., Ronda, J. M., Silva, E. J., Allan, J. S., Emens, J. S., Dijk, D. J., & Kronauer, R. E. (1999). Stability, precision, and near-24-hour period of the human circadian pacemaker. *Science, 284*, 2177–2181.

Dagan, M., Sanderman, R., Schokker, M. C., Wiggers, T., Baas, P. C., van Haastert, M., & Hagedoorn, M. (2011). Spousal support and changes in distress over time in couples coping with cancer: The role of personal control. *Journal of Family Psychology, 25*, 31–318.

Davis, J. L., Byrd, P., Rhudy, J. L., & Wright, D. C. (2007). Characteristics of chronic nightmares in a trauma-exposed treatment-seeking sample. *Dreaming, 17*, 187–198.

De Pascalis, V, Cacace, I., & Massicolle, F. (2008). Focused analgesia in waking and hypnosis: Effects on pain, memory, and somatosensory eventrelated potentials. *Pain, 134*, 197–208.

Degnan, K. A., Hane, A. A., Henderson, H. A., Moas, O. L., Reeb-Sutherland, B. C., & Fox, N. A. (2011). Longitudinal stability of temperamental exuberance and social-emotional outcomes in early childhood. *Developmental Psychology, 47*, 765–780.

Després, J.-P., Golay, A., & Sjöström, L. (2005). Effects of rimonabant on metabolic risk factors in overweight patients with dyslipidemia. *The New England Journal of Medicine, 353*, 2121–2134.

Deutsch, D., Henthorn, T., & Lapidis, R. (2011). Illusory transformation from speech to song. *Journal of the Acoustical Society of America, 129*, 2245–2252.

Dewey, J. (1896). The reflex arc concept in psychology. *Psychological Review, 3*, 357–370.

Dhont, K., & Van Hiel, A. (2009). We must not be enemies: Interracial contact and the reduction of prejudice among authoritarians. *Personality and Individual Differences, 46*, 172–177.

Di Biasi, M., & Dani, J. A. (2011). Reward, addiction, withdrawal to nicotine. *Annual Review of Neuroscience, 34*, 105–130.

Di Marzo, V., & Cristino, L. (2008). Why endocannabinoids are not all alike. *Nature Neuroscience, 11*, 124–126.

Dickinson, C. A., & Intraub, H. (2008). Transsaccadic representation of layout: What is the time course of boundary extension? *Journal of Experimental Psychology: Human Perception and Performance, 34*, 543–555.

Diekelmann, S., & Born, J. (2010). The memory function of sleep. *Nature Reviews Neuroscience, 11*, 114–126.

DiGrande, L., Neria, Y., Brackbill, R. M., Pulliam, P., & Galea, S. (2011). Long-term posttraumatic stress symptoms among 3,271 civilian survivors of the September 11, 2001, terrorist attacks on the World Trade Center. *American Journal of Epidemiology, 173*, 271–281.

Dillworth, T., & Jensen, M. P. (2010). The role of suggestions in hypnosis for chronic pain: A review of the literature. *The Open Pain Journal, 3*, 39–51.

Domhoff, G. W. (2005). Refocusing the neurocognitive approach to dreams: A critique of the Hobson versus Solms debate. *Dreaming, 15*, 3–20.

Domhoff, G. W. (2011). The neural substrate for dreaming: Is it a subsystem of the default network? *Consciousness and Cognition, 20*, 1163–1174.

Douglas, K. S., & Skeem, J. L. (2005). Violence risk assessment: Getting specific about being dynamic. *Psychology, Public Policy, and Law, 11*, 347–383.

DSM-IV-TR. (2000). *Diagnostic and statistical manual of mental disorders* (4th ed., Text revision). Washington, DC: American Psychiatric Association.

Du Mont, J., Macdonald, S., Rotbard, N., Bainbridge, D., Asllani, E., Smith, N., & Cohen, M. M. (2010). Drug-assisted sexual assault in Ontario, Canada: Toxicological and DNA findings. *Journal of Forensic and Legal Medicine, 17*, 333–338.

Dube, C., Rotello, C. M., & Heit, E. (2010). Assessing the belief bias effect with ROCs: It's a response bias effect. *Psychological Review, 117*, 931–863.

Ebbinghaus, H. (1973). *Psychology: An elementary text-book*. New York: Arno Press. (Original work published 1908)

Eich, T. S., & Metcalfe, J. (2009). Effects of the stress of marathon running on implicit and explicit memory. *Psychonomic Bulletin & Review, 16*, 475–479.

Elbert, T., Pantev, C., Wienbruch, C., Rockstroh, B., & Taub, E. (1995). Increased cortical representation of the fingers of the left hand in string players. *Science, 270*, 305–307.

Elsabagh, S., Hartley, D. E., Ali, O., Williamson, E. M., & File, S. E. (2005). Differential cognitive effects of Ginkgo biloba after acute and chronic treatment in healthy young volunteers. *Psychopharmacology, 179*, 437–446.

Engelhardt, C. R., Bartholow, B. D., Kerr, G. T., & Bushman, B. J. (2011). This is your brain on violent video games: Neural desensitization to violence predicts increased aggression following violent video game exposure. *Journal of Experimental Social Psychology, 47*, 1033–1036.

Evers, C., Stok, F. M., & de Ridder, D. T. D. (2010). Feeding your feelings: Emotion regulations strategies and emotional eating. *Personality and Social Psychology Bulletin, 36*, 792–804.

Fabian, J. M. (2006). A literature review of the utility of selected violence and sexual violence risk assessment instruments. *The Journal of Psychiatry & Law, 34*, 307–350.

Fahey, C. D., & Zee, P. C. (2006). Circadian rhythm sleep disorders and phototherapy. *Psychiatric Clinics of North America, 29*, 989–1007.

Fan, F., Zhang, Y., Yang, Y., Mo, L., & Liu, X. (2011). Symptoms of posttraumatic stress disorder, depression, and anxiety among adolescents following the 2008 Wenchuan earthquake in China. *Journal of Traumatic Stress, 24*, 44–53.

Fantegrossi, W. E., Murnane, K. S., & Reissig, C. J. (2008). The behavioral pharmacology of hallucinogens. *Biochemical Pharmacology, 75*, 17–33.

Fattore, L., Spano, M. S., Deiana, S., Melis, V., Cossu, G., Fadda, P. & Fratta, W. (2007). An endocannabinoid mechanism in relapse to drug seeking: A review of animal studies and clinical perspectives. *Brain Research Reviews, 53*, 1–16.

Fausey, C. M., & Boroditsky, L. (2011). Who dunnit? Cross-linguistic differences in eye-witness memory. *Psychonomic Bulletin & Review, 18*, 150–157.

Fechner, G. T. (1966). *Elements of psychophysics* (H. E. Adler, Trans.). New York: Holt, Rinehart & Winston. (Original work published 1860)

Fillmore M. T., Blackburn, J. S., & Harrison, E. L. R. (2008). Acute disinhibiting effects of alcohol as a factor in risky driving behavior. *Drug and Alcohol Dependence, 95*, 97–106.

Finn, B. (2010). Ending on a high note: Adding a better end to effortful study. *Journal of Experimental Psychology: Learning, Memory, and Cognition, 36*, 1548–1553.

Fitzpatrick, B. M., Fordyce, J. A., & Gavrilets, S. (2008). What, if anything, is sympatric speciation? *Journal of Evolutionary Biology, 21*, 1452–1459.

Folkard, S. (2008). Do permanent night workers show circadian adjustment? A review based on endogenous melatonin rhythm. *Chronobiology International, 25*, 215–224.

Fortin, A., LeFebvre, M. B., & Ptito, M. (2010). Traumatic brain injury and olfactory deficits: The tale of two smell tests! *Brain Injury, 24*, 27–33.

Foster, R. G., & Wulff, K. (2005). The rhythm of rest and excess. *Nature Reviews Neuroscience, 6*, 407–414.

Foulkes, D. (1962). Dream reports from different states of sleep. *Journal of Abnormal and Social Psychology, 65*, 14–25.

Fox, M. C., Ericsson, K. A., & Best, R. (2011). Do procedures for verbal reporting of thinking have to be reactive? A meta-analysis and recommendations for best reporting methods. *Psychological Bulletin, 137*, 316–344.

Frank, M. E., & Nowlis, G. H. (1989). Learned aversions and taste qualities in hamsters. *Chemical Senses, 14*, 379–394.

Freud, S. (1965). *The interpretation of dreams*. New York: Avon. (Original work published 1900)

Friesen, C. A., & Kammrath, L. K. (2011). What it pays to know about a close other: The value of if-then personality knowledge in close relationships. *Psychological Science, 22*, 567–571.

Furley, P., Memmert, D., & Heller, C. (2010). The dark side of visual awareness in sport: Inattentional blindness in a real-world basketball task. *Attention, Perception, and Psychophysics, 72*, 1327–1337.

Galati, A., & Brennan, S. E. (2010). Attenuating information in spoken communication: For the speaker, or for the addressee? *Journal of Memory and Language, 62*, 35–51.

Galesic, M., & Garcia-Retamero, R. (2011). Do low-numeracy people avoid shared decision making? *Health Psychology, 30*, 336–341.

Gallace, A., & Spence, C. (2010). The science of interpersonal touch: An overview. *Neuroscience and Biobehavioral Reviews, 34*, 246–259.

Garrison, M. M., Liekweg, K., & Christakis, D. A. (2011). Media use and child sleep: The impact of content, timing, and environment. *Pediatrics, 128*, 29–35.

Gatchel, R. J., Peng, Y. B., Peters, M. D., Fuchs, P. N., & Turk, D. C. (2007). The biopsychosocial approach to chronic pain: Scientific advances in future directions. *Psychological Bulletin, 133*, 581–624.

Gaultney, J. F. (2010). The prevalence of sleep disorders in college students: Impact on academic performance. *Journal of American College Health, 59*, 91–97.

Gautron, L., & Elmquist, J. K. (2011). Sixteen years and counting: An update on leptin in energy balance. *The Journal of Clinical Investigation, 121*, 2087–2093.

Gazzaniga, M. S. (1985). *The social brain*. New York: Basic Books.

Gergen, K. J., Gulerce, A., Lock, A., & Misra, G. (1996). Psychological science in a cultural context. *American Psychologist, 51*, 496–503.

Gibson, J. J. (1979). *An ecological approach to visual perception*. Boston: Houghton Mifflin.

Goddard, A. W., Ball, S. G., Martinez, J., Robinson, M. J., Yang, C. R., Russell, J. M., & Shekhar, A. (2010). Current perspectives of the roles of the central norepinephrine system in anxiety and depression. *Depression and Anxiety, 27*, 339–250.

Goldstein, D., Hahn, C. S., Hasher, L., Wiprzycka, U. J., & Zelazo, P. D. (2007). Time of day, intellectual performance, and behavioral problems in morning versus evening type adolescents: Is there a synchrony effect? *Personality and Individual Differences, 42*, 431–440.

Goonawardena, A. V., Riedel, G., & Hampson, R. E. (2011). Cannabinoids alter spontaneous firing, bursting, and cell synchrony of hippocampal principal cells. *Hippocampus, 21*, 520–531.

Grant, P. R., & Grant, B. R. (2006). Evolution of character displacement in Darwin's finches. *Science, 313*, 224–226.

Grant, P. R., & Grant, B. R. (2008). *How and why species multiply*. Princeton, NJ: Princeton University Press.

Green, D. M., & Swets, J. A. (1966). *Signal detection theory and psychophysics*. New York: Wiley.

Greene, J. D., Morelli, S. A., Lowenberg, K., Nystrom, L. E., & Cohen, J. D. (2008). Cognitive load selectively interferes with utilitarian moral judgment. *Cognition, 107*, 1144–1154.

Gregory, R. (1966). *Eye and brain*. New York: McGraw-Hill.

Guido, M. E., Garbarino-Pico, E., Contin, M. A., Valdez, D. J., Nieto, P. S., Verra, D. M., Acosta-Rodriguez, V. A., de Zavalía, N., & Rosenstein, R. E. (2010). Inner retinal circadian clocks and non-visual photoreceptors: Novel players in the circadian system. *Progress in Neurobiology, 92*, 484–504.

Guilleminault, C., Poyares, D., Aftab, F., & Palombini, L. (2001). Sleep and wakefulness in somnambulism: A spectral analysis study. *Journal of Psychosomatic Research, 51*, 411–416.

Gupta, R. Koscik, T. R., Bechara, A., & Tranel, D. (2011). The amygdala and decision-making. *Neuropsychologia, 49*, 760–765.

Hajcak, G., & Olvet, D. M. (2008). The persistence of attention to emotion: Brain potentials during and after picture presentation. *Emotion, 8*, 250–255.

Hamilton, N. A., Gallagher, M. W., Preacher, K. J., Stevens, N., Nelson, C. A., Karlson, C., & McCurdy, D. (2007). Insomnia and well-being. *Journal of Consulting and Clinical Psychology, 75*, 939–946.

Han, J.-S. (2011). Acupuncture analgesia: Areas of consensus and controversy. *Pain, 152*, S41–S48.

Harati, H., Majchrzak, M., Cosquer, B., Galani, R., Kelche, C., Cassel, J.-C., & Barbelivien, A. (2011). Attention and memory in aged rats: Impact of lifelong environmental enrichment. *Neurobiology of Aging, 32*, 718–736.

Harbluk, J. L., Noy, Y. I., Trbovich, P. L., & Eizenman, M. (2007). An on-road assessment of cognitive distraction: Impacts on drivers' visual behavior and braking performance. *Accident Analysis and Prevention, 39*, 372–379.

Harlow, J. M. (1868). Recovery from the passage of an iron bar through the head. *Publications of the Massachusetts Medical Society, 2*, 327–347.

Hektner, J. M., Schmidt, J. A., Csikszentmihaly, M. (2007). *Experience sampling method: Measuring the quality of everyday life*. Thousand Oaks, CA: Sage.

Hendry, A. P., Huber, S. K., De León, L. F., Herrel, A., & Podos, J. (2009). Disruptive selection in a bimodal population of Darwin's finches. *Proceedings of the Royal Society B, 276*, 753–759.

Henneberger, C., & Rusakov, D. A. (2010). Synaptic plasticity and Ca^{2+} signaling in astrocytes. *Neuron Glia Biology, 6*, 141–146.

Herbst, C., Baier, B., Tolasch, T., & Steidle, J. L. M. (2011). Demonstration of sex pheromones in the predaceous diving beetle Rhantus suturalis (MacLeay 1825) (Dytiscidae). *Chemoecology, 21*, 19–23.

Higgins, E. T., & Pittman, T. S. (2008). Motives of the human animal: Comprehending, managing, and sharing inner states. *Annual Review of Psychology, 59*, 361–385.

Hobson, J. A. (1988). *The dreaming brain*. New York: Basic Books.

Hobson, J. A., & McCarley, R. W. (1977). The brain as a dream state generator: An activation-synthesis hypothesis of the dream process. *American Journal of Psychiatry, 134*, 1335–1348.

Hoffmann, A. A., & Willi, Y. (2008). Detecting genetic responses to environmental change. *Nature Reviews Genetics, 9*, 421–432.

Hollins, M. (2010). Somesthetic senses. *Annual Review of Psychology, 61*, 243–271.

Homer, B. D., Solomon, T. M., Moeller, R. W., Mascia, A., DeRaleau, L., & Halktis, P. N. (2008). Methamphetamine abuse and impairment of social functioning: A review of the underlying neurphysiological causes and behavioral implications. P*sychological Bulletin, 134*, 301–310.

Horton, J. E., Crawford, H. J., Harrington, G., & Downs, J. H. III. (2004). Increased anterior corpus callosum size associated positively with hypnotizability and the ability to control pain. *Brain, 127*, 1741–1747.

Howe, C. Q., & Purves, D. (2005). The Müller-Lyer illusion explained by the statistics of image-source relationships. *PNAS, 102*, 1234–1239.

Hublin, C., Partinen, M., Koskenvuo, M., & Kaprio, J. (2007). Sleep and mortality: A population-based 22-year follow-up study. *Sleep, 30*, 1245–1253.

Imada, T., & Ellsworth, P. C. (2011). Proud Americans and lucky Japanese: Cultural differences in appraisal and corresponding emotion. *Emotion, 11*, 329–345.

Ireland, M. E., Slatcher, R. B., Eastwick, P. W., Scissors, L. E., Finkel, E. J., & Pennebaker, J. W. (2011). Language style matching predicts relationship initiation and stability. *Psychological Science, 22*, 39–44.

IsHak, W. W., Kahloon, M., & Fakhry, H. (2011). Oxytocin role in enhancing well-being: A literature review. *Journal of Affective Disorders, 130*, 1–9.

Ives-Deliperi, V. L., Solms, M., & Meintjes, E. M. (2011). The neural substrates of mindfulness: An fMRI investigation. *Social Neuroscience, 6*, 231–242.

Jager, G., de Win, M. M. L., van der Tweel, I., Schilt, T., Kahn, R. S., van den Brink, W., van Ree, J. M., & Ramsey, N. F. (2008). Assessment of cognitive brain function in ecstasy users and contributions of other drugs of abuse: Results from an fMRI study. *Neuropsychopharmacology, 33*, 247–258.

James, W. (1882). Subjective effects of nitrous oxide. *Mind, 7*, 186–208.

Jara, C., Popp, R., Zulley, J., Hajcak, G., & Geisler, P. (2011). Determinants of depressive symptoms in narcoleptic patients with and without cataplexy. *The Journal of Nervous and Mental Disease, 199*, 329–334.

Jedrej, M. C. (1995). *Ingessana: The religious institutions of a people of the Sudan–Ethiopia borderland*. Leiden: Brill.

Jowkar-Baniani, F., & Schmuckler, M. A. (2011). Picture perception in infants: Generalization from two-dimensional to three-dimensional displays. *16*, 211–226.

Kabat-Zinn, J. (1990). *Full catastrophe living: Using the wisdom of your body and mind to face stress, pain, and illness*. New York: Dell.

Kalueff, A. V., & Nutt, D. J. (2007). Role of GABA in anxiety and depression. *Depression and Anxiety, 24*, 495–517.

Kandler, C., Bleidorn, W., Riemann, R., Spinath, F. M., Thiel, W., & Angleitner, A. (2010). Sources of cumulative continuity in personality: A longitudinal multiple-rater twin study. *Journal of Personality and Social Psychology, 98*, 995–1008.

Kapur, V. K. (2010). Obstructive sleep apnea: Diagnosis, epidemiology, and economics. *Respiratory Care, 55*, 1155–1167.

Káradóttir, R., Hamilton, N. B., Bakiri, Y., & Attwell, D. (2008). Spiking and nonspiking classes of oligodendrocyte precursor glia in CNS white matter. *Nature Neuroscience, 11*, 450–456.

Keller, M. C., & Miller, G. (2006). Resolving the paradox of common, harmful, an heritable mental disorders: Which evolutionary genetic models work best? *Behavioral and Brain Sciences, 29*, 385–452.

Kempermann, G. (2008). The neurogenic reserve hypothesis: What is adult hippocampus neurogenesis good for? *Trends in Neurosciences, 31*, 163–169.

Keshavan, M. S., Nasrallah, H. A., & Tandon, R. (2011). Schizophrenia, "Just the facts" 6. Moving ahead with the schizophrenia concept: From the elephant to the mouse. *Schizophrenia Research, 127*, 3–13.

Kettenmann, H., & Verkhratsky, A. (2008). Neuroglia: The 150 years after. *Trends in Neuroscience, 31*, 653–659.

Kihlstrom, J. F. (2007). Consciousness in hypnosis. In P. D. Zelazo, M. Moscovitch, & E. Thompson (Eds.), *The Cambridge handbook of consciousness* (pp. 445–479). New York: Cambridge University Press.

Kilpatrick, L A., Suyenobu, B. Y., Smith, S. R., Bueller, J. A., Goodman, T., Creswell, J. D., Tillisch, K., Mayer, E. A., & Naliboff, B. D. (2011). Impact of mindfulness-based stress reduction training on intrinsic brain connectivity. *NeuroImage, 56*, 290–298.

Kim, Y.-K. (Ed.) (2009). *Handbook of behavior genetics*. New York: Springer.

King, D. B., Viney, W., & Woody, W. D. (2009). *A History of psychology: Ideas and context* (4th ed.). Boston: Allyn & Bacon.

Kingdom, F. A. A. (2011). Lightness, brightness and transparency: A quarter century of new ideas, captivating demonstrations and unrelenting controversy. *Vision Research, 51*, 652–673.

Kitayama, S., & Uskul, A. K. (2011). Culture, mind, and the brain: Current evidence and future directions. *Annual Review of Psychology, 62*, 419–449.

Kleider, H. M., Parrott, D. J., & King, T. Z. (2010). Shooting behaviour: How working memory and negative emotionality influence police officer shoot decisions. *Applied Cognitive Psychology, 24*, 707–717.

Knobloch, L. K., Miller, L. E., Bond, B. J., & Mannone, S. E. (2007). Relational uncertainty and message processing in marriage. *Communication Monographs, 74*, 154–180.

Kochanska, G., Kim, S., Barry, R. A., & Philibert, R. A. (2011). Children's genotypes interact with maternal responsive care in predicting children's competence: Diathesis-stress or differential susceptibility? *Development and Psychopathology, 23*, 605–616.

Kohn, N., Kellermann, T., Gur, R. C., Schneider, F., & Habel, U. (2011). Gender differences in the neural correlates of humor processing: Implications for different processing modes. *Neuropsychologia, 49*, 888–897.

Konen, C. S., & Kastner, S. (2008). Two hierarchically organized neural systems for object information in human visual cortex. *Nature Neuroscience, 11*, 224–231.

Kounios, J., Fleck, J. I., Green, D. L., Payne, L., Stevenson, J. L., Bowdend, E. M., Jung-Beeman, M. (2008). The origins of insight in resting-state brain activity. *Neuropsychologia, 46*, 281–291.

Kross, E., Berman, M. G., Mischel, W., Smith, E. E., & Wager, T. D. (2011). Social rejection shares somatosensory representations with physical pain. *Proceedings of the National Academy of Sciences, 108*, 6270–6275.

Kruglanski, A. W., & Gigerenzer, G. (2011). Intuitive and deliberate judgments are based on common principles. *Psychological Review, 118*, 97–109.

Kyriacou, C. P., & Hastings, M. H. (2010). Circadian clocks: Genes, sleep, and cognition. *Trends in Cognitive Sciences, 14*, 259–267.

LaBerge, S. (2007). Lucid dreaming. In D. Barret & P. McNamara (Eds.), *The new science of dreaming: Vol 2. Content, recall, and personality correlates* (pp. 307–328). Westport, CT: Praeger.

LaBerge, S., & Levitan, L. (1995). Validity established of DreamLight cues for eliciting lucid dreaming. *Dreaming: Journal of the Association for the Study of Dreams, 5*, 159–168.

Laborde, S., Brüll, A., Weber, J., & Anders, L. S. (2011). Trait emotional intelligence in sports: A protective role against stress through heart rate variability? *Personality and Individual Differences, 51*, 23–27.

Lammers, J., Stoker, J. I., Jordan, J., Pollmann, M., & Stapel, D. A. (2011). Power increases infidelity among men and women. *Psychological Science, 22*, 1191–1197.

Lander, E. S., & Weinberg, R. A. (2000). Genomics: Journey to the center of biology. *Science, 287*, 1777–1782.

Langton, S. R. H., Law, A. S., Burton, A. M., & Schweinberger, S. R. (2008). Attention capture by faces. *Cognition, 107*, 330–342.

Lawyer, S., Resnick, H., Bakanic, V., Burkett, T., & Kilpatrick, D. (2010). Forcible, drug-facilitated, and incapacitated rape and sexual assault among undergraduate women. *Journal of American College Health, 58*, 453–460.

Lee, K. (2011). Impacts of the duration of head start enrollment on children's academic outcomes: Moderation effects of family risk factors and early outcomes. *Journal of Community Psychology, 39*, 698–716.

Lee, M., Zimbardo, P., & Bertholf, M. (1977, November). Shy murderers. *Psychology Today*, pp. 68–70, 76, 148.

Lee, S.-H., Födy, C., & Soltesz, I. (2010). Distinct endocannabinoid control of GABA release at perisomatic and dendritic synapses in the hippocampus. *The Journal of Neuroscience, 30*, 7993–8000.

Legrand, D. (2007). Pre-reflective self-as-subject from experiential and empirical perspectives. *Consciousness and Cognition, 16*, 583–599.

Lemay, E. P., Jr., Clark, M. S., & Greenberg, A. (2010). What is beautiful is good because what is beautiful is desired: Physical attractiveness stereotyping as projection of personal goals. *Personality and Social Psychology Bulletin, 36*, 339–353.

Lesku, J. A., Bark, R. J., Martinez-Gonzalez, D., Rattenborg, N. C., Amlaner, C. J., & Lima, S. L. (2008). Predator-induced plasticity in sleep architecture in wild-caught Norway rats (Rattus norvegicus). *Behavioural Brain Research, 189*, 298–305.

Leuner, B., & Gould, E. (2010). Structural plasticity and hippocampal function. *Annual Review of Psychology, 61*, 111–140.

Li, J.-Y., Christophersen, M. S., Hall, V., Soulet, D., & Brundin, P. (2008). Critical issues of clinical human embryonic stem cell therapy for brain repair. *Trends in Neurosciences, 31*, 146–153.

Licata, S. C., & Rowlett, J. K. (2008). Abuse and dependence liability of benzodiazepine-type drugs: $GABA_A$ receptor modulation and beyond. *Pharmacology, Biochemistry and Behavior, 90*, 74–89.

Lobo, I. A., & Harris, R. A. (2008). $GABA_A$ receptors and alcohol. *Pharmacology, Biochemistry and Behavior, 90*, 90–94.

Locher, P., Frens, J., & Overbeeke, K. (2008). The influence of induced positive affect and design experience on aesthetic responses to new product designs. *Psychology of Aesthetics, Creativity, and the Arts, 2*, 1–7.

Lohmann, R. I. (2010). How evaluating dreams makes history: Asabano examples. *History & Anthropology, 21*, 227–249.

London, B., Nabet, B., Fisher, A. R., White, B., Sammel, M. D., & Doty, R. L. (2008). Predictors of prognosis in patients with olfactory disturbance. *Annals of Neurology, 63*, 159–166.

Loomis, A. L., Harvey, E. N., & Hobart, G. A. (1937). Cerebral states during sleep as studied by human brain potentials. *Journal of Experimental Psychology, 21*, 127–144.

Louw, M. E. (2010). Dreaming up futures: Dream omens and magic in Bishkek. *History & Anthropology, 21*, 277–292.

Luijk, M. P. C. M., Tharner, A., Bakermans-Kranenburg, M. J., van IJzendoorn, M. H., Jaddoe, V. W. V., Hofman, A., Verhulst, F. C., & Tiemeier, H. (2011). The association between parenting and attachment security is moderated by a polymorphism of the mineralocorticoid receptor gene: Evidence for differential susceptibility. *Biological Psychology, 88*, 37–40.

Lumpkin, E. A., & Caterina, M. J. (2007). Mechanisms of sensory transduction in the skin. *Nature, 445*, 858–865.

Lynn, S. J., & Kirsch, I. (2006). *Essentials of clinical hypnosis: An evidencebased approach.* Washington, DC: American Psychological Association.

MacDonald, G., & Leary, M. R. (2005). Why does social exclusion hurt? The relationship between social and physical pain. *Psychological Bulletin, 131*, 202–223.

MacKay, D. G., James, L. E., Hadley, C. B., & Fogler, K. A. (2011). Speech errors of amnesic H.M.: Unlike everyday slips-of-the-tongue. *Cortex, 47*, 377–408.

MacKay, D. G., James, L. E., Taylor, J. K., & Marian, D. E. (2007). Amnesic H.M. exhibits parallel deficits and sparing in language and memory: Systems versus binding theory accounts. *Language and Cognitive Processes, 22*, 377–452.

Mackinnon, S. P., Jordan, C. H., & Wilson, A. E. (2011). Birds of a feather sit together: Physical similarity predicts seating choice. *Personality and Social Psychology Bulletin, 37*, 879–892.

Macknik, S. L., King. M., Randi, J., Robbins, A., Teller, Thompson, J., & Martinez-Conde, S. (2008). Attention and awareness in stage magic: Turning tricks into research. *Nature Research Neuroscience*.

Macmillan, M. (2008). Phineas Gage—Unravelling the myth. *Psychologist, 21*, 828–831.

MacSweeney, M., Capek, C. M., Campbell, R., & Woll, B. (2008). The signing brain: The neurobiology of sign language. *Trends in Cognitive Sciences, 12*, 432–440.

Maddux, W. W., Yang, H., Falk, C., Adam, H., Adair, W., Endo, Y., Carmon, Z., & Heine, S. J. (2010). For whom is parting with possessions more painful? Cultural differences in the endowment effect. *Psychological Science, 21*, 1910–1917.

Ma-Kellams, C., & Blascovich, J. (2011). Culturally divergent responses to mortality salience. *Psychological Science, 22*, 1019–1024.

Malinowski, B. (1927). *Sex and repression in savage society*. London: Routledge & Kegan Paul.

Manoussaki, D., Chadwick, R. S., Ketten, D. R., Arruda, J., Dimitriadis, E. K., & O'Malley, J. T. (2008). *Proceedings of the National Academy of Sciences, 105*, 6162–6166.

Markou, A. (2007). Metabotropic glutamate receptor antagonists: Novel therapeutics for nicotine dependence and depression? *Biological Psychiatry, 61*, 17–22.

Marshal, M. P., Dietz, L. J., Friedman, M. S., Stall, R., Smith, H. A., McGinley, J., Thoma, B., Murray, P. J., D'Augelli, A. R., & Brent, D. A. (2011). Suicidality and depression disparities between sexual minority and heterosexual youth: A meta-analytic review. *Journal of Adolescent Health, 49*, 115–123.

Martin-Fardon, R., Lorentz, C. U., Stuempfig, N. D., & Weiss, F. (2005). Priming with BTCP, a dopamine reuptake blocker, reinstates cocaineseeking and enhances cocaine cue-induced reinstatement. *Pharmacology, Biochemistry, and Behavior, 92*, 46–54.

Mason, T. B. A. II, & Pack, A. I. (2007). Pediatric parasomnias. *Sleep, 30*, 141–151.

Maxwell, J. C. (2005). Party drugs: Properties, prevalence, patterns, and problems. *Substance Abuse & Misuse, 40*, 1203–1240.

McCabe, C., & Rolls, E. T. (2007). Umami: A delicious flavor formed by convergence of taste and olfactory pathways in the human brain. *European Journal of Neuroscience, 25*, 1855–1864.

McGlone, F., & Reilly, D. (2010). The cutaneous sensory system. *Neuroscience and Biobehavioral Reviews, 34*, 148–159.

McGovern, K., & Baars, B. J. (2007). Cognitive theories of consciousness. In P. D. Zelazo, M. Moscovitch, & E. Thompson (Eds.), *The Cambridge handbook of consciousness* (pp. 177–205). New York: Cambridge University Press.

McGrath, M. P., & Zook, J. M. (2011). Maternal control of girls versus boys: Relations to empathy and persuasive style with peers. *Journal of Child and Family Studies, 20*, 57–65.

Meineri, S., & Guéguen, N. (2011). "I hope I'm not disturbing you, am I?" Another operationalization of the foot-in-the-mouth paradigm. *Journal of Applied Social Psychology, 41*, 965–975.

Melzack, R. (1973). The puzzle of pain. New York: Basic Books.

Melzack, R. (1980). *Psychological aspects of pain*. In J. J. Bonica (Ed.), Pain. New York: Raven Press.

Melzack, R. (2005). *Evolution of the neuromatrix theory of pain*. Pain Practice, 5, 85–94.

Mercadillo, R. E., Díaz, J. L., Pasaye, E. H., & Barrios, F. A. (2011). Perception of suffering and compassion experience: Brain gender disparities. *Brain and Cognition, 76*, 5–14.

Milar, K. S. (2000). The first generation of women psychologists and the psychology of women. *American Psychologist, 55*, 616–619.

Miller, G. A. (1969). Psychology as a means of promoting human welfare. *American Psychologist, 24*, 1063–1075.

Miyashita, T., Kubik, S., Lewandowski, G., & Guzowski, J. F. (2008). Networks of neurons, networks of genes: An integrated view of memory consolidation. *Neurobiology of Learning and Memory, 89*, 269–284.

Mogil, J. S., Davis, K. D., & Derbyshire, S. W. (2010). The necessity of animal models in pain research. *Pain, 151*, 12–17.

Moncrieff, R. W. (1951). *The chemical senses*. London: Leonard Hill.

Morgan, A. H., Hilgard, E. R., & Davert, E. C. (1970). The heritability of hypnotic susceptibility of twins: A preliminary report. *Behavior Genetics, 1*, 213–224.

Moulton, E. A., Schmahmann, J. D., Becerra, L., & Borsook, D. (2010). The cerebellum and pain: Passive integrator or active participator? *Brain Research Reviews, 65*, 14–27.

Murdoch, B. E. (2010). The cerebellum and language: Historical perspective and review. *Cortex, 46*, 858–868.

Murty, V. P., Ritchey, M., Adcock, R. A., & LaBar, K. S. (2011). Reprint of: fMRI studies of successful emotional memory encoding: A quantitative meta-analysis. *Neuropsychologia, 49*, 695–705.

Myers, K. M., Carlezon, W. A., Jr., & Davis, M. (2011). Glutamate receptors in extinction and extinction-based therapies for psychiatric illness. *Neuropsychopharmacology, 36*, 274–293.

National Science Foundation, Division of Science Resources Statistics. (2010). *Doctorate Recipients from U.S. Universities: 2009*.

Neider, M., Pace-Schott, E. F., Forselius, E., Pittman, B., & Morgan, P. T. (2011). Lucid dreaming and ventromedial versus dorsolateral prefrontal task performance. *Consciousness and Cognition, 20*, 234–244.

Neitz, J., & Neitz, M. (2011). The genetics of normal and defective color vision. *Vision Research, 51*, 633–651.

Nevéus, T., Cnattingius, S., Olsson, U., & Hetta, J. (2001). Sleep habits and sleep problems among a community sample of schoolchildren. *Acta Paediatr, 90*, 1450–1455.

Newman, G. E., Keil, F. C., Kuhlmeier, V. A., & Wynn, K. (2010). Early understandings of the link between agents and order. *PNAS, 107*, 17140–17145.

Nielsen, T. A., & Stenstrom, P. (2005). What are the memory sources of dreaming? *Nature, 437*, 1286–1289.

Nir, Y., & Tononi, G. (2010). Dreaming and the brain: From phenomenology to neurophysiology. *Trends in Cognitive Sciences, 14*, 88–100.

Olsson, I. A. S., Hansen, A. K., & Sandøe, P. (2007). Ethics and refinement in animal research. *Science, 317*, 1680.

Oman, D., Hedberg, J., & Thoresen, C. E. (2006). Passage meditation reduces perceived stress in health professionals: A randomized, controlled trial. *Journal of Consulting and Clinical Psychology, 74*, 714–719.

Orban, G. A., van Essen, D., & Vandeuffel, W. (2004). Comparative mapping of higher areas in monkeys and humans. *Trends in Cognitive Science, 8*, 315–324.

Packer, I. K. (2008). Specialized practice in forensic psychology: Opportunities and obstacles. *Professional Psychology: Research and Practice, 39*, 245–249.

Pagel, J. F. (2008). The burden of obstructive sleep apnea and associated excessive sleepiness. *Journal of Family Practice, 57*, S3–S8.

Pagnoni, G., & Cekic, M. (2007). Age effects on gray matter volume and attentional performance in Zen meditation. *Neurobiology of Aging, 28*, 1623–1627.

Paller, K. A., & Voss, J. L. (2004). Memory reactivation and consolidation during sleep. *Learning & Memory, 11*, 664–670.

Pandi-Perumal, S. R., Srinivasan, V., & Spence, D. W., & Cardinali, D. P. (2007). Rold of the melatonin system in the control of sleep: Therapeutic implications. *CNS Drugs, 21*, 995–1018.

Parrino, L., Milioli, G., De Paolis, F., Grassi, A., & Terzano, M. G. (2009). Paradoxical insomnia: The role of CAP and arousals in sleep misperception. *Sleep Medicine, 10*, 1139–1145.

Paterson, H. M., Kemp, R. I., & Ng, J. R. (2011). Combating co-witness contamination: Attempting to decrease the negative effects of discussion on eye-witness memory. *Applied Cognitive Psychology, 25*, 43–52.

Peters, E., Västfjäll, D., Slovic, P., Mertz, C. K., Mazzocco, K., & Dickert, S. (2006). Numeracy and decision making. *Psychological Science, 17*, 407–413.

Petry, N. M., & Roll, J. M. (2011). Amount of earnings during prize contingency management treatment is associated with posttreatment abstinence outcomes. *Experimental and Clinical Psychopharmacology, 19*, 445–450.

Piccione, C., Hilgard, E. R., & Zimbardo, P. G. (1989). On the degree of stability of measured hypnotizability over a 25-year period. *Journal of Personality and Social Psychology, 56*, 289–295.

Pickel, K. L. (2009). The weapon focus effect on memory for female versus male perpetrators. *Memory, 17*, 664–678.

Podell, J. L., & Kendall, P. C. (2011). Mothers and fathers in family cognitivebehavioral therapy for anxious youth. *Journal of Child and Family Studies, 20*, 182–195.

Polivy, J., Herman, C. P., & Deo, R. (2010). Getting a bigger slice of the pie. Effects on eating and emotion in restrained and unrestrained eaters. *Appetite, 55*, 426–430.

Pollo, A., Carlino, E., & Benedetti, F. (2011). Placebo mechanisms across different conditions: From the clinical setting to physical performance. *Philosophical Transactions of the Royal Society B, 366*, 1790–1798.

Radke, A. K., Rothwell, P. E., & Gewirtz, J. C. (2011). An anatomical basis for opponent processes mechanisms of opiate withdrawal. *The Journal of Neuroscience, 31*, 7533–7539.

Raizen, D. M., & Wu, M. N. (2011). Genome-wide association studies of sleep disorders. *Chest, 139*, 446–452.

Ramachandran, V. S. (2011). *The tell-tale brain*. New York: Norton.

Ramirez, G., & Beilock, S. L. (2011). Writing about testing worries boosts exam performance in the classroom. *Science, 331*, 211–213.

Rasmussen, T., & Milner, B. (1977). The role of early left-brain injury in determining lateralization of cerebral speech functions. *Annals of the New York Academy of Sciences, 299*, 355–369.

Rawson, R. A., Maxwell, J., & Rutkowski, B. (2007). OxyContin abuse: Who are the users? *The American Journal of Psychiatry, 164*, 1634–1636.

Ray, W. J., Keil, A., Mikuteit, A., Bongartz, W., & Elbert, T. (2002). High resolution EEG indicators of pain responses in relation to hypnotic susceptibility and suggestion. *Biological Psychology, 60*, 17–36.

Recanzone, G. H., & Sutter, M. L. (2008). The biological basis of audition. *Annual Review of Psychology, 59*, 119–142.

Reyna, V. R., Nelson, W. L., Han, P. K., & Dieckmann, N. F. (2009). How numeracy influences risk comprehension and medical decision making. *Psychological Bulletin, 135*, 943–973.

Ribeiro, S. C., Kennedy, S. E., Smith, Y. R., Stohler, C. S., & Zubieta, J. K. (2005). Interface of physical and emotional stress regulation through the endogenous opioid system and μ-opioid receptors. *Progress in Neuro-Psychopharmacology & Biological Psychiatry, 29*, 1264–1280.

Riela, S., Rodriguez, G., Aron, A., Xu, Xiaomeng, & Acevedo, B. P. (2010). Experiences of falling in love: Investigating culture, ethnicity, gender, and speed. *Journal of Social and Personal Relationships, 27*, 473–493.

Rizolatti, G., & Sinigaglia, C. (2010). The functional role of the parietofrontal mirror circuit: Interpretations and misinterpretations. *Nature Reviews Neuroscience, 11*, 264–274.

Robert, G., & Zadra, A. (2008). Measuring nightmare and bad dream frequency: Impact of retrospective and prospective instruments. *Journal of Sleep Research, 17*, 132–139.

Roenneberg, T., Kuehnle, T., Juda, M., Kantermann, T., Allebrandt, K., Gordijn, M., & Merrow, M. (2007). Epidemiology of the human circadian clock. *Sleep Medicine Reviews, 11*, 429–438.

Rose, M. E., & Grant, J. E. (2008). Pharmacotherapy for methamphetamine dependence: A review of the pathophysiology of methamphetamine addiction and the theoretical basis and efficacy of pharmacotherapeutic interventions. *Annals of Clinical Psychiatry, 20*, 145–155.

Rosenthal, R., & Fode, K. L. (1963). The effect of experimenter bias on the performance of the albino rat. *Behavioral Science, 8*, 183–189.

Rosenzweig, M. R. (1996). Aspects of the search for neural mechanisms of memory. *Annual Review of Psychology, 47*, 1–32.

Rosenzweig, M. R. (1999). Effects of differential experience on brain and cognition throughout the life span. In S. H. Broman & J. M. Fletcher (Eds.), *The changing nervous system: Neurobehavioral consequences of early brain disorders* (pp. 25–50). New York: Oxford University Press.

Ruby, M. B., Dunn, E. W., Perrino, A., Gillis, R., & Viel, S. (2011). The invisible benefits of exercise. *Health Psychology, 30*, 67–74.

Rule, N. O., & Ambady, N. (2008). The face of success: Inferences from chief executive officers' appearance predict company profits. *Psychological Science, 19*, 109–111.

Rule, N. O., Rosen, K. S., Slepian, M. L., & Ambady, N. (2011). Mating interest improves women's accuracy in judging male sexual orientation. *Psychological Science, 22*, 881–886.

Ryder, R. D. (2006). Speciesism in the laboratory. In P. Singer (Ed.), *In defense of animals: The second wave*. Oxford, UK: Blackwell.

Sack, R. L. (2010). Jet lag. *The New England Journal of Medicine, 362*, 440–447.

Samuel, A. G. (1997). Lexical activation produces potent phonemic percepts. *Cognitive Psychology, 32*, 97–127.

Samuel, A. G. (2011). Speech perception. *Annual Review of Psychology, 62*, 49–72.

Sandrini, M., Umiltà, C., & Rusconi, E. (2011). The use of transcranial magnetic stimulation in cognitive neuroscience: A new synthesis of methodological issues. *Neuroscience and Biobehavioral Reviews, 35*, 516–536.

Santhi, N., Aeschbach, D., Horowitz, T. S., & Czeisler, C. A. (2008). The impact of sleep timing and bright light exposure on attentional impairment during night work. *Journal of Biological Rhythms, 23*, 341–352.

Scherr, K. C., Madon, S., Guyll, M., Willard, J., & Spoth, R. (2011). Self-verification as a mediator of mothers' self-fulfilling effects on adolescents' educational attainment. *Personality and Social Psychology Bulletin, 37*, 587–600.

Schlitz, M. (1997). *Dreaming for the community: Subjective experience and collective action among the Anchuar Indians of Ecuador*. Research proposal. Marin, CA: Institute of Noetic Sciences.

Schredl, M., & Erlacher, D. (2008). Relation between waking sport activities, reading, and dream content in sports students and psychology students. *The Journal of Psychology, 142*, 267–275.

Schredl, M., & Reinhard, I. (2011). Gender differences in nightmare frequency: A meta-analysis. *Sleep Medicine Reviews, 15*, 115–121.

Schwarzkopf, D. S., Sterzer, P., & Rees, G. (2011). Decoding of coherent but not incoherent motion signals in early dorsal visual cortex. *NeuroImage, 56*, 688–698.

Selfridge, O. G. (1955). Pattern recognition and modern computers. *Proceedings of the Western Joint Computer Conference*. New York: Institute of Electrical and Electronics Engineers.

Shaw, K. L., & Mullen, S. P. (2011). Genes versus phenotypes in the study of speciation. *Genetica, 139*, 649–661.

Sherwood, C. C., Subiaul, F., & Zawidzki, T. W. (2008). A natural history of the human mind: Tracing evolutionary changes in brain and cognition. *Journal of Anatomy, 212*, 426–454.

Siegel, J. M. (2009). Sleep viewed as a state of adaptive inactivity. *Nature Reviews Neuroscience, 10*, 747–753.

Silva, S., Martins, Y., Matias, A., & Blickstein, I. (2011). Why are monozygotic twins different? *Journal of Perinatal Medicine, 39*, 195–202.

Simmons, J. A., Ferragamo, M. J., & Moss, C. F. (1998). Echo-delay resolution in sonar images of the big brown bat, *Eptesicus fuscus*. *Proceedings of the National Academy of Sciences of the United States, 95*, 12647–12652.

Simons, D. J., & Ambinder, M. S. (2005). Change blindness: Theory and consequences. *Current Directions in Psychological Science, 14*, 44–48.

Simons, D. J., & Chabris, C. F. (1999). Gorillas in our midst: Sustained inattentional blindness for dynamic events. *Perception, 28*, 1059–1074.

Simons, D. J., & Levin, D. T. (1998). Failure to detect changes to people during a real-world interaction. *Psychonomic Bulletin & Review, 5*, 644–649.

Simons-Morton, B. G., Ouimet, M. C., Zhang, Z., Klauer, S. E., Lee, S. E., Wang, J., Chen, R., Albert, P., & Dingus, T. A. (2011). The effect of passengers and risk-taking friends on risky driving and crashes/near crashes among novice teenagers. *Journal of Adolescent Health, 49*, 587–593.

Singh, J. P., Grann, M., & Fazel, S. (2011). A comparative study of violence risk assessment tools: A systematic review and metaregression analysis of 68 studies involving 25,980 participants. *Clinical Psychology Review, 31*, 599–513.

Sinigaglia, C., & Rizolatti, G. (2011). Through the looking glass: Self and others. *Consciousness and Cognition, 20*, 64–74.

Slovic, P., Monahan, J., & MacGregor, D. G. (2000). Violence risk assessment and risk communication: The effects of using actual cases, providing instruction, and employing probability versus frequency formats. *Law and Human Behavior, 24*, 271–296.

Smith, P. L., Smith, J. C., & Houpt, T. A. (2010). Interactions of temperatures and taste in conditioned aversions. *Physiology & Behavior, 99*, 324–333.

Sörqvist, P., Haling, N., & Hygge, S. (2010). Individual differences in susceptibility to the effects of speech on reading comprehension. *Applied Cognitive Psychology, 24*, 67–76.

Spiers, H. J., & Maguire, E. A. (2007). Decoding human brain activity during real-world experiences. *Trends in Cognitive Sciences, 11*, 356–365.

Stepanova, E. V., Strube, M. J., & Hetts, J. J. (2009). They saw a triple lutz: Bias and perception in American and Russian newspaper coverage of the 2002 Olympic figure skating scandal. *Journal of Applied Social Psychology, 39*, 1763–1784.

Strayer, D. L., Drews, R. A., & Johnston, W. A. (2003). Cell phone-induced failures of visual attention during simulated driving. *Journal of Experimental Psychology: Applied, 9*, 23–32.

Strayer, D. L., Watson, J. M., & Drews, F. A. (2011). Cognitive distraction while multitasking in the automobile. In B. H. Ross (Ed.), *The psychology of learning and motivation* (Vol. 54, pp. 29–58). Burlington, MA: Academic Press.

Substance Abuse and Mental Health Service Administration (SAMHSA). (2010). *Results from the 2009 national survey on drug use and health: Volume I. Summary of national findings*.

Sulem, P., Gudbjartsson, D. F., Geller, F., Prokopenko, Feenstra, B., Aben, K. K. H., Franke, B., den Heijer, M., Kovacs, P., Stumvoll, M., Mägi, R., Yanek, L. R., Becker, L. C., Boyd, H. A., Stacey, S. N., Walters, G. B., Jonasdottir, A., Thorleifsson, G., Holm, H., Gudjonsson, S. A., Rafnar, T., Björnsdottir, G., Becker, D. M., Melbye, M., Kong, A., Tönjes, A., Thorgeirsson, T., Thorsteinsdottir, U., Kiemeney, L. A., & Stefansson, K. (2011). Sequence variants at CYP1A1–CYP1A2 and AHR associate with coffee consumption. *Human Molecular Genetics, 20*, 2071–2077.

Summerville, A., & Roese, N. J. (2008). Dare to compare: Fact-based versus simulation-based comparison in daily life. *Journal of Experimental Social Psychology, 44*, 664–671.

Szekely, A., Loránd, E., Kovacs-Nagy, R., Bányai, E. I., Gosi-Greguss, A. C., Varga, K., Halmai, Z.,

Ronai, Z., & Sasvari-Szekely, M. (2010). Association between hypnotizability and the catechol-o-methyltransferase (COMT) polymorphism. *International Journal of Clinical and Experimental Hypnosis, 58*, 301–315.

Tacón, A. M., McComb, J., Caldera, Y., & Randolph, P. (2003). Mindfulness meditation, anxiety reduction, and heart disease: A pilot study. *Family and Community Health, 26*, 25–33.

Taylor, C. T., Bomyea, J., & Amir, N. (2010). Attentional bias away from positive social information mediates the link between social anxiety and anxiety vulnerability to a social stressor. *Journal of Anxiety Disorders, 24*, 403–408.

Tedlock, B. (1992). The role of dreams and visionary narratives in Mayan cultural survival. *Ethos, 20*, 453–476.

Thomas, E. L., & Robinson, H. A. (1972). *Improving reading in every class: A sourcebook for teachers*. Boston: Allyn & Bacon.

Thomas, M. L. (2011). Detection of female mating status using chemical signals and cues. *Biological Reviews, 86*, 1–13.

Thompson, R. J., Mata, J., Jaeggi, S. M., Buschkuehl, M., Jonides, J., & Gotlib, I. H. (2011). Concurrent and prospective relations between attention to emotion and affect intensity: An experience sampling study. *Emotion, 11*, 1489–1494.

Thomson, D. R., Milliken, B., & Smilek, D. (2010). Long-term conceptual implicit memory: A decade of evidence. *Memory & Cognition, 38*, 42–46.

Thorpe, S. K. S., Holder, R. L., & Crompton, R. H. (2007). Origin of human bipedalism as an adaptation for locomotion on flexible branches. *Science, 316*, 1328–1331.

Timmann, D., Drepper, J., Frings, M., Maschke, M., Richter, S., Gerwig, M., & Kolb, F. P. (2010). The human cerebellum contributes to motor, emotional and cognitive associative learning. A review. *Cortex, 46*, 845–857.

Titchener, E. B. (1910). *A textbook of psychology*. New York: Macmillan.

Toblin, R. L., Mack, K. A., Pervenn, G., & Paulozzi, L. J. (2011). A populationbased survey of chronic pain and its treatment with prescription drugs. *Pain, 152*, 1249–1255.

Todrank, J., & Bartoshuk, L. M. (1991). A taste illusion: Taste sensation localized by touch. *Physiology & Behavior, 50*, 1027–1031.

Tran, V., Wiebe, D. J., Fortenberry, K. T., Butler, J. M., & Berg, C. A. (2011). Benefit finding, affective reactions to diabetes stress, and diabetes management among early adolescents. *Health Psychology, 30*, 212–219.

Trescot, A. M., Datta, S., Lee, M., & Hansen, H. (2008). Opiod pharmacology. *Pain Physician, 11*, S133–S153.

Troisi, J. D., & Gabriel, S. (2011). Chicken soup really is good for the soul: "Comfort food" fulfills the need to belong. *Psychological Science, 22*, 747–753.

Tsakiris, M., Carpenter, L., James, D., & Fotopoulou, A. (2010). Hands only illusion: Multisensory integration elicits sense of ownership for body parts but not for non-corporeal objects. *Experimental Brain Research, 204*, 343–352.

Tucker-Drob, E., Rhemtulla, M., Harden, K. P., Turkheimer, E., & Fask, D. (2011). Emergence of a gene x socioeconomic status on infant mental ability between 10 months and 2 years. *Psychological Science, 22*, 125–133.

Tun, P. A., & Lachman, M. E. (2010). The association between computer use and cognition across adulthood: Use it so you won't lose it? *Psychology and Aging, 25*, 560–568.

Turkeltaub, P. E., Messing, S., Norise, C., & Hamilton, R. H. (2011). Are networks for residual language function and recovery consistent across aphasic patients? *Neurology, 76*, 1726–1734.

Vanden Bogaerde, A., & De Raedt, R. (2011). The moderational role of anxiety sensitivity in flight phobia. *Journal of Anxiety Disorders, 25*, 422–426.

Vemuri, V. K., Janero, R., & Makriyannis, A. (2008). Pharmacotherapeutic targeting of the endocannabinoid system: Drugs for obesity and the metabolic syndrome. *Physiology & Behavior, 93*, 671–686.

Vezina, P., McGehee, D. S., & Green, W. N. (2007). Exposure to nicotine and sensitization of nicotine-induced behaviors. *Progress in Neuro-Psychopharmacology & Biological Psychiatry, 31*, 1625–1638.

Vink, J. M., Staphorsius, A. S., & Boomsma, D. I. (2009). A genetic analysis of coffee consumption in a sample of Dutch twins. *Twin Research and Human Genetics, 12*, 127–131.

Vishwanath, A., Herath, T., Chen, R., Wang, J., & Rao, H. R. (2011). Why do people get phished? Testing individual differences in phishing vulnerability within an integrated information processing model. *Decision Support Systems, 51*, 576–586.

Vocks, S., Busch, M., Grönemeyer, D., Schulte, D., Herpertz, S., & Suchan, B. (2010). Differential neuronal responses to the self and others in the extrastriate body area (EBA) and the fusiform body area. *Cognitive, Affective, and Behavioral Neuroscience, 10*, 422–429.

Vohs, K. D., & Schooler, J. W. (2008). The value of believing in free will: Encouraging a belief in determinism increases cheating. *Psychological Science, 19*, 49–54.

Voss, U., Holzmann, R., Tuin, I., & Hobson, J. A. (2009). Lucid dreaming: A state of consciousness with features of both waking and non-lucid dreaming. *Sleep, 32*, 1191–1200.

Vu, H., Kellas, G., Metcalf, K., & Herman, R. (2000). The influence of global discourse on lexical ambiguity resolution. *Memory & Cognition, 28*, 236–252.

Vuong, M., Brown-Welty, S., & Tracz, S. (2010). The effects of self-efficacy on academic success of first-generation college sophomore students. *Journal of College Student Development, 51*, 50–64.

Wang, S.-H., & Morris, R. G. M. (2010). Hippocampal-neocortical interactions in memory formation, consolidation, and reconsolidation. *Annual Review of Psychology, 61*, 49–79.

Warren, R. M. (1970). Perceptual restoration of missing speech sounds. *Science, 167*, 392–393.

Wax, M. L. (2004). Dream sharing as social practice. *Dreaming, 14*, 83–93.

Weidner, R., & Find, G. R. (2007). The neural mechanisms underlying the Müller-Lyer illusion and its interaction with visuospatial judgments. *Cerebral Cortex, 17*, 878–884.

Wever, E. G. (1949). *Theory of hearing*. New York: Wiley.

Wilhelm, I., Diekelmann, S., Molzow, I., Ayoub, A., Mölle, M., & Born, J. (2011). Sleep selectively enhances memory expected to be of future relevance. *The Journal of Neuroscience, 31*, 1563–1569.

Wilkinson, S. (2010). *Choosing tomorrow's children: The ethics of selective reproduction*. Oxford: Oxford University Press.

Wittmann, M., Dinich, J., Merrow, M., & Roenneberg, T. (2006). Social jetlag: Misalignment of biological and social time. *Chronobiology International, 23*, 497–509.

Wolcott, S., & Strapp, C. M. (2002). Dream recall frequency and dream detail as mediated by personality, behavior, and attitude. *Dreaming, 12*, 27–44.

Wolf, H. (2011). Odometry and insect navigation. *The Journal of Experimental Biology, 214*, 1629–1641.

Wolfe, J. M. (2003). Moving towards solutions to some enduring controversies in visual search. *Trends in Cognitive Science, 7*, 70–76.

Wolfe, J. M., Friedman-Hill, S. R., & Bilsky, A. B. (1994). Parallel processing of part-whole information in visual search tasks. *Perception & Psychophysics, 55*, 537–550.

Wolmer, L., Hamiel, D., & Laor, N. (2011). Preventing children's stress after disaster with teacher-based intervention: A controlled study. *Journal of the Academy of Child & Adolescent Psychiatry, 50*, 340–348.

Wong, S. C. P., & Gordon, A. (2006). The validity and reliability of the violence risk scale: A treatment-friendly violence risk assessment tool. *Psychology, Public Policy, and Law, 12*, 279–309.

Wood, J. M., Bootzin, R. R., Rosenhan, D., Nolen-Hoeksema, S., & Jourden, F. (1992). Effects of the 1989 San Francisco earthquake on frequency and content of nightmares. *Journal of Abnormal Psychology, 101*, 219–224.

Woolley, H. T. (1910). Psychological literature: A review of the recent literature on the psychology of sex. *Psychological Bulletin, 7*, 335–342.

Wright, A. A., Katz, J. S., Magnotti, J., Elmore, L. C., Babb, S., & Alwin, S. (2010). Testing pigeon memory in a change detection task. *Psychonomic Bulletin & Review, 17*, 243–249.

Wright, L. B., Gregoski, M. J., Tingen, M. S., Barnes, V. A., & Treiber, F. A. (2011). Impact of stress reduction interventions on hostility and ambulatory systolic blood pressure in African American adolescents. *Journal of Black Psychology, 37*, 210–233.

Wright, M., Creed, P., & Zimmer-Gembeck, M. J. (2010). The development and initial validation of a brief daily hassles scale suitable for use with adolescents. *European Journal of Psychological Assessment, 26*, 220–226.

Wu, G. F., & Alvarez, E. (2011). The immunopathophysiology of multiple sclerosis. *Neurologic Clinics, 29*, 257–278.

Yang, C. Y., Kim, S. J., & Lee, S. G. (2011). Identification and field evaluation of the sex pheromone of Synanthedon bicingulata (Staudinger). *Journal of Chemical Ecology, 37*, 398–402.

Yang, M., Wong, S. C. P., & Coid, J. (2010). The efficacy of violence prediction: A meta-analytic comparison of nine risk assessment tools. *Psychological Bulletin, 136*, 740–767.

Yegneswaran, B., & Shapiro, C. (2007). Do sleep deprivation and alcohol have the same effects of psychomotor performance? *Journal of Psychosomatic Medicine, 63*, 569–572.

You, D., Maeda, Y., & Bebeau, M. J. (2011). Gender differences in moral sensitivity: A meta-analysis. *Ethics & Behavior, 21*, 262–282.

Zheng, Z. Z., MacDonald, E. N., Munchall, K. G., & Johnsrude, I. S. (2011). Perceiving a stranger's voice as being one's own: A "rubber voice" illusion? *PLoS ONE, 6(4)*, e18655.

Zimbardo, P. G., & Radl, S. L. (1999). *The shy child* (2nd ed.). Los Altos, CA: Malor Press.